旗 標 FLAG

好書能增進知識 提高學習效率 卓越的品質是旗標的信念與堅持

旗標 FLAG
http://www.flag.com.tw

從零開始！

Java 程式設計入門

Learning Effectively

感謝您購買旗標書,
記得到旗標網站
www.flag.com.tw
更多的加值內容等著您…

<請下載 QR Code App 來掃描>

1. FB 粉絲團：旗標知識講堂
2. 建議您訂閱「旗標電子報」：精選書摘、實用電腦知識搶鮮讀; 第一手新書資訊、優惠情報自動報到。
3. 「更正下載」專區：提供書籍的補充資料下載服務, 以及最新的勘誤資訊。
4. 「旗標購物網」專區：您不用出門就可選購旗標書!

買書也可以擁有售後服務，您不用道聽塗說，可以直接和我們連絡喔！

我們所提供的售後服務範圍僅限於書籍本身或內容表達不清楚的地方，至於軟硬體的問題，請直接連絡廠商。

● 如您對本書內容有不明瞭或建議改進之處，請連上旗標網站,點選首頁的 讀者服務 ,然後再按右側 讀者留言版 ,依格式留言，我們得到您的資料後，將由專家為您解答。註明書名(或書號)及頁次的讀者，我們將優先為您解答。

學生團體　訂購專線：(02)2396-3257 轉 362
　　　　　傳真專線：(02)2321-2545

經銷商　服務專線：(02)2396-3257 轉 331
　　　　將派專人拜訪
　　　　傳真專線：(02)2321-2545

國家圖書館出版品預行編目資料

從零開始！Java 程式設計入門 / 洪國勝作. --
臺北市：旗標, 2018.08
面；公分

ISBN 978-986-312-533-4 (平裝)

1.Java (電腦程式語言)

312.32J3　　107006968

作　者／洪國勝

發 行 所／旗標科技股份有限公司

台北市杭州南路一段15-1號19樓

電　話／(02)2396-3257(代表號)

傳　真／(02)2321-2545

劃撥帳號／1332727-9

帳　戶／旗標科技股份有限公司

監　督／陳彥發

執行企劃／張根誠

執行編輯／張根誠

美術編輯／林美麗

封面設計／古鴻杰

校　對／張根誠

新台幣售價：580 元

西元 2022 年 11 月 初版 7 刷

行政院新聞局核准登記-局版台業字第 4512 號

ISBN 978-986-312-533-4

序言 Preface

由於坊間程式設計書大多是在解釋程式指令，不然就是翻譯所有類別與方法，完全是使用手冊的翻版，若有範例，就洋洋灑灑兩三頁，造成很多學生學了一整年的程式設計，也寫不出任何簡單程式。筆者任教程式設計 30 年，深知學習程式設計的困境，也年年指導學生參加程式設計比賽，累積不少解題實務經驗，也寫過 Visual Basic、VB.NET、Java、C/C++、Delphi、C#、PHP、JavaScript、組合語言及單晶程式設計等書籍，累積品評程式語言的精華。由於目前已經退休，有較多時間，逢此 Java 改版，所以就重新改寫了這本 Java 程式設計。本書特色是由簡入門、範例導向及統一所有程式語言章節架構，分別說明如下：

▶ 由簡入門

由於任教高職資訊科，高職生剛從國中畢業就學習程式設計，且高職生 PR 值大都屬於中後段學生，所以我想出很多小程式來引導學生入門，其實這些小程式也非常適合初學者學習程式設計。例如，解一元二次、解二元一次方程式、計算三角形面積、判別成績等級、三角形種類判斷、兩人猜拳等。

▶ 範例導向

前面的基本運算與輸出入、決策等章節我們用很多小程式解釋指令與語法，但是到了迴圈與陣列以後，程式設計功能變得非常強大，往往一個迴圈就可讓初學者打結而無法順利離開，二維陣列與雙迴圈那就更神奇了，有時腦筋真會不斷揪結，所以本書用了很多具體範例來闡述。例如，暴力法解乘法、暴力法解一元二次方程式、雙迴圈求質數與輸出九九乘法表、三迴圈求阿姆斯壯數；用除法、進位轉換、二分猜值法闡述不定數量 while 迴圈、實例探討積分與 sin(x) 函數的求解，期望這些範例能讓您瞭解神奇的雙層迴圈與二維陣列。

▶ 統一程式語言架構

目前程式語言至少超過 50 種，每一程式語言都各有其特色與用途，軟體工程師不可能僅學習一種程式語言，但不管是哪一程式語言、都要面臨程式的編譯與執行、資料型態與運算子、基本運算、輸出入、決策、迴圈、陣列、方法、類別、輸出入元件等問題，所以筆者的所有程式設計書的架構也都相同，也用相同的範例闡述所有程式語言，希望這個理念能讓您快速學習任何新的程式語言。

最後，個人能力還是有限，本書雖然多次校閱，但難免以偏概全、難免疏漏，還盼望大家能集思廣益，給予提供寶貴意見、或協助更正錯誤，能於再版時大力修正，以便嘉惠更多莘莘學子，來信請寄 aa163677@yahoo.com.tw，在此先向大家感謝再感謝，每年我也會抽出與選出精彩回函，寄發紀念品。更多的訊息可瀏覽本人教學網站（www.goodbooks.idv.tw)，裡面還有很多三十年教學寶貴資料，等您來探勘與挖寶。此書得以順利發行，感謝旗標圖書公司編輯團隊的協助與張根誠編輯的鼓勵，在此致謝。其次，108 新課綱，教育部將程式設計列為國中、高中、大學必修課程，教師專長排課勢必有所調整，由於本人已經退休，工作其實就是樂趣，若各校或各縣市教師研習中心需要本書心得分享或快速入門，也歡迎邀約。

洪國勝 敬上 2018/07
www.goodbooks.idv.tw

下載取得本書範例、習題

範例、習題的下載網址：

http://www.flag.com.tw/DL.asp?FT735

您只要透過瀏覽器開啟以上網址就可以下載取得本書所附檔案，內容包括**各章範例**、**部份章節的習題**、以及一些額外的**學習資源**。下載後請自行解壓縮，使用前請先閱讀檔案內的『本書下載檔案說明 .doc』。

目錄

content

第 1 章 概論

1-1 Java 是當前最紅程式語言 1-2
1-2 Java 的歷史 1-2
1-3 Java 的特色 1-5

第 2 章 程式的編譯與執行

2- 1 下載 JDK 與 APIs 2-2
2-2 Java 的整合開發工具 2-13

第 3 章 基本觀念

3-1 保留字 (Keywords) 3-2
3-2 識別字 (Identifier) 3-3
3-3 資料種類 3-4
3-4 變數宣告 3-7
3-5 運算子 (Operator) 3-14
3-6 運算式 (Expression) 與敘述 (Statement) 3-23
習題：請見本書下載檔案

第 4 章　基本輸出入

4-1　輸出 4-2

4-2　輸入 4-4

4-3　綜合範例 4-10

習題：請見本書下載檔案

第 5 章　決策敘述

5-1　if..else.. 5-2

5-2　switch...case 5-12

5-3　實例探討 5-18

習題：請見本書下載檔案

第 6 章　迴圈結構

6-1　for 6-2

6-2　巢狀迴圈 6-12

6-3　while 6-18

6-4　實例探討 6-24

習題：請見本書下載檔案

第 7 章　陣列

7-1　一維陣列 7-2

7-2　二維與多維陣列 7-10

7-3　實例探討 7-19

習題：請見本書下載檔案

第 *8* 章　方法

8-1　方法的設計與呼叫 8-2

8-2　參數的傳遞 8-7

8-3　遞迴 (Recursion) 8-10

8-4　多型 (Polymorphism) 8-13

8-5　抽象化 (Abstraction) 8-16

8-6　實例探討 8-16

習題：請見本書下載檔案

第 *9* 章　類別

9-1　物件導向的程式設計 9-2

9-2　類別與物件的設計 9-4

9-3　繼承 (Inheritance) 9-30

9-4　介面 (Interface) 9-44

9-5　套件 (Package) 9-51

第 *10* 章　公用類別庫

10-1　數值處理 10-3

10-2　字串處理 10-14

10-3　陣列處理 10-34

10-4　時間處理 10-38

10-5　資料結構 10-48

習題：請見本書下載檔案

第 *11* 章　例外處理

11-1　例外型別 11-2

11-2　例外處理模式 11-4

第 12 章 檔案

12-1 檔案屬性 12-3
12-2 檔案的輸入 12-8
12-3 文字檔輸出 12-14
12-4 隨機檔 12-25

第 13 章 視窗程式設計 AWT

13-1 表單與表單控制項 13-2
13-2 滑鼠動作事件 13-8
13-3 視窗事件 13-23
13-4 滑鼠事件 13-28
13-5 滑鼠滾輪事件 13-33
13-6 鍵盤事件 13-35

第 14 章 版面配置

14-1 FlowLayout 類別 14-2
14-2 GridLayout 14-5
14-3 BorderLayout 14-8
14-4 CardLayout 14-13
14-5 實例探討 14-15

第 15 章 Swing 元件

15-1 JFrame 15-3
15-2 JLabel 15-7
15-3 JTextfield 15-10
15-4 JButton 15-13

15-5 JCheckBox 15-19
15-6 JRadioButton 15-23
15-7 ButtonGroup 15-24
15-8 JPanel 15-27
15-9 JScrolPane 15-36
15-10 JSplitPane 15-37
15-11 JList 15-39
習題：請見本書下載檔案

第 16 章 繪圖

16-1 繪圖的基本認識 16-2
16-2 繪圖方法 16-6
16-3 繪圖相關類別 16-26
16-4 影像處理 16-32
16-5 動畫 16-41
16-6 實例探討 16-47
習題：請見本書下載檔案

第 17 章 專題製作

17-1 十點半遊戲之製作 17-2
17-2 梭哈遊戲 17-14
17-3 參考專題 17-28
17-4 何處有題目可增加程式設計功力 17-28

1 CHAPTER

概論

JAVA

1-1 Java 是當前最紅程式語言

下表是 TIOBE (https://www.tiobe.com/tiobe-index//，2018/07) 調查美國大企業使用程式語言的種類，並加上排序的前十名名單，Java 是目前第一名，所以 Java 可說是目前當紅的程式開發工具，學習 Java 的投資報酬率顯然最高了。本章將陸續介紹 Java 語言的發展簡史與為什麼能高居第一名的原因。

Jul 2018	Jul 2017	Change	Programming Language	Ratings	Change
1	1		Java	16.139%	+2.37%
2	2		C	14.662%	+7.34%
3	3		C++	7.615%	+2.04%
4	4		Python	6.361%	+2.82%
5	7	˄	Visual Basic .NET	4.247%	+1.20%
6	5	˅	C#	3.795%	+0.28%
7	6	˅	PHP	2.832%	-0.26%
8	8		JavaScript	2.831%	+0.22%
9	-	˄˄	SQL	2.334%	+2.33%
10	18	˄˄	Objective-C	1.453%	-0.44%

補充說明 **第 11 到第 50 名的軟體，請自行參閱以上網站。其次，1950 年起，就有電腦、有電腦就有程式語言，若對這些程式語言的歷史、興衰與主要用途有興趣者，可參考 http://technews.tw/2013/12/17/programming-languages/ 網站。**

1-2 Java 的歷史

昇陽電腦 (Sun) 公司於 1990 年代初開發 Java 語言的雛形，最初被命名為 Oak，目標設定在家用電器等小型系統的程式語言，應用在電視機、電話、鬧鐘、烤麵包機等家用電器的控制和通訊。由於這些智慧型家電的市場需求沒有預期的高，Sun 公司放棄了該項計劃。隨著 1990 年代網際網路的發展，Sun 公司看見 Oak 在網際網路上應用的前景，於是改造了 Oak，於 1995 年 5 月以 Java 的名稱正式釋出，接著伴隨著網際網路的迅速發展而攻城掠地，成為重要的網路程式語言。

Java 是一種廣泛使用的電腦程式設計語言，擁有**跨平台、物件導向、泛型程式設計**的特性，廣泛應用於企業級 Web 應用開發和行動應用開發。

Java 程式語言的風格十分接近 C++ 語言。繼承了 C++ 語言物件導向技術的核心，捨棄了 C++ 語言中容易引起錯誤的指標，改以參照取代，同時移除原 C++ 與運算子多載，也移除多重繼承特性，改用介面取代，增加垃圾回收器功能。在 Java SE 1.5 版本中引入了泛型程式設計、類型安全的列舉、不定長參數和自動裝 / 拆箱特性。

Java 不同於一般的編譯語言或直譯語言。它首先將原始碼編譯成位元組碼 (Bytecode)，然後依賴各種不同平台上的虛擬機器 (JVM) 來解釋執行位元組碼，從而實現了「一次編寫，到處執行」的跨平台特性。在早期 JVM 中，這在一定程度上降低了 Java 程式的執行效率。但在 J2SE1.4.2 釋出後，Java 的執行速度有了大幅提升。

與過去傳統程式語言不同，Sun 公司在推出 Java 時就將其作為開放的技術。全球數以萬計的 Java 開發公司被要求所設計的 Java 軟體必須相互相容。「Java 語言靠群體的力量而非公司的力量」是 Sun 公司的口號之一，並獲得了廣大軟體開發商的認同。這與微軟公司所倡導的注重精英和封閉式的模式完全不同，此外，微軟公司後來推出了與之競爭的 .NET 平台以及模仿 Java 的 C# 語言，也一直未打敗 Java。2010 年 Sun 公司被甲骨文公司 (Oracle) 併購，Java 轉為由甲骨文公司繼續維護與推廣。以下是 Java 版本更新發展簡史。

- 1995 年 5 月，Java 語言誕生。
- 1996 年 1 月，第一個 JDK-JDK1.0 誕生。
- 1996 年 4 月，10 個最主要的作業系統供應商申明將在其產品中嵌入 Java 技術。
- 1997 年 2 月，JDK1.1 釋出。

- 1998 年 12 月，Java2 企業平台 J2EE 釋出。
- 1999 年 6 月，SUN 公司釋出 Java 的三個版本：標準版 (J2SE)、企業版 (J2EE) 和微型版 (J2ME)。
- 2000 年 5 月，JDK1.3 釋出。
- 2000 年 5 月，JDK1.4 釋出。
- 2001 年 9 月，J2EE1.3 釋出。
- 2002 年 2 月，J2SE1.4 釋出，自此 Java 的計算能力有了大幅提升。
- 2004 年 9 月，J2SE1.5 釋出，成為 Java 語言發展史上的又一里程碑，為了表示該版本的重要性，J2SE1.5 更名為 Java SE 5.0。
- 2005 年 6 月，SUN 公司公開 Java SE 6。此時，Java 的各種版本已經更名，已取消其中的數字「2」：J2EE 更名為 Java EE（企業版），J2SE 更名為 Java SE（標準版），J2ME 更名為 Java ME（精簡版）。
- 2006 年 12 月，SUN 公司釋出 JRE6.0。
- 2009 年 12 月，SUN 公司釋出 Java EE 6。
- 2010 年 11 月，由於 Oracle 公司併購 Sun，所以 Java 技術的開發與推廣改由 Oracle（甲骨文）公司接手。
- 2011 年 7 月，Oracle 公司發布 Java SE 7。
- 2014 年 3 月，Oracle 公司發表 Java SE 8。
- 2017 年 9 月，Oracle 公司發表 Java SE 9。
- 2018 年 3 月，Oracle 公司發表 Java SE 10。

1-3 Java 的特色

Java 目前已是所有程式語言使用率排行榜第一名，根據昇陽公司當時的廣告，Java 的特色有：Java 是簡單的、物件導向、分散式、解譯式、穩健的、安全的、跨平台、可攜式、高效率、多執行緒及動態的語言，茲將以上特色摘要說明如下。

簡單的 (Simple)

在 Java 發表之前，C++ 是最流行的程式發展工具，但 Java 號稱比 C++ 簡單，例如指標和多重繼承通常造成程式設計者的困惑，所以 Java 移除指標並用介面 (Interface) 取代多重繼承。其次，C++ 必須由程式設計者動態的分配與收集記憶體，但 Java 卻將記憶體的回收與管理改為自動化，所以昇陽宣稱 Java 是簡單的。

物件導向的 (Object-Oriented)

當時 (1995 年) 的程式語言都是函式導向，但是物件導向的程式設計觀念 1970 就有人提出，Java 是第一個以物件導向為基礎所開發的程式語言。(備註 C++ 是繼承 C，再加上物件導向)。那什麼是物件導向呢？那是因為物件導向才是真實世界的寫照，因為完整的物件包含方法 (物件導向稱方法，函式導向稱函式) 與屬性，例如，設計一部汽車，不僅要強調他有哪些方法 (或稱性能)，也要包含其長，寬、高、顏色等屬性；設計一部電梯，也是有其屬性與方法。

但函式導向僅談到函式 (物件導向稱為方法)，其次這些函式都沒有分類，那會造成函式命名困擾與取用的錯亂。所以物件導向裡，要先將所有方法，依照其功能分類，此稱為「類別」，此類別不僅有方法也有屬性。此類別就像一個模子，您就可以重複使用這些模子，創造許許多多相同的產品，這些產品就稱為物件。方法依照功能分類還有一個優點，因為方法分類後，方法的命名就簡單了，因為傳統程式導向的領域，您將會有汽車開門、電梯開門等方法；每一個函式名稱將會很長，而且有可能用錯方法，例如用電梯開門去開汽車門等，物件導向就不會有此一問題，反正在電梯或汽車類別裡的開門，都可命名為開門，取用時就是電梯 . 開門，汽車 . 開門，那命名與取用就簡單了。其次，物件導向也符合工業產品的開發程序，因為軟體的設計也要能像工業產品一樣，要能有**封裝**、要能有**繼承**、要能有**多形**的特性，以上三個特性請看本書第八、九兩章。

分散式的 (Distributed)

所謂的分散式系統是指數台電腦藉由網路連結，而一起工作並彼此分享資料。昇陽宣稱撰寫這些網路程式對 Java 而言，就如同將資料放入自己硬碟的檔案，或從自己硬碟檔案取出資料一樣容易。

解譯式的 (Interpreted)

Java 程式需要一個編譯程式將原始程式 (*.java) 編譯為 Java 虛擬機器碼 (Virtual Machine Code)，此機器碼稱為 Bytecode。此種 Bytecode 與機器無關，只要此機器具有 JRE (Java Runtime Environment)，即能將 Bytecode 解譯成可執行的 Java 虛擬機器碼。通常，當一個編譯器將一種高階語言轉為機器碼，則此種機器碼僅能在此機器上執行，假如你要將此程式放在別台電腦上執行，你必須在別台電腦重新編譯才能執行。例如，你在 Windows 上編譯 C++ 或 Delphi 程式，則此機器碼僅能在 Windows 作業平台上執行，但如果你將 Java 程式編譯成 Bytecode，則此 Bytecode 可在任何具有 JRE 的機器解譯並執行（備註，也就是不同作業系統會有其向對應的 JRE，這樣使用者就不用理會您的程式要在哪種作業系統執行，也就是您的程式就可跨平台了）。

穩健的 (Robust)

穩健的程式象徵此程式值得信賴，有許多程式語言均在執行階段才發生錯誤，導致程式無預警結束。昇陽卻宣稱 Java 編譯器在編譯階段費了很大的心思，希望找出任何可能的錯誤。其次，Java 也去掉指標型別，因為指標型別較易導致執行階段錯誤。

第三，Java 有一種錯誤處理機制，請看本書第十一章，此種機制可以攔截使用者的操作錯誤，如輸入資料型別不符，或機器的例外處理，或磁碟機已滿等例外情況，而確保程式穩健地執行。

安全的 (Secure)

當一支 Java Applet 被下載而執行的時候，JVM (Java Virtual Machine) 可以監視它的動作，比如說不可以讀或寫入使用者的硬碟，這樣使用者的硬碟才不會被惡意程式破壞或竊取，這更增添了網際網路程式執行的安全性。除此之外，您還可以自行調整 Java 的安全性設定，這種做法比較有彈性。舉例來講，您也可以依程式來設定它的 Java 安全性，以便指定每一支 Java 程式的權限。還有，您的程式也可以由 Java 認證，取得一個安全的數位簽章，以便告知使用者您的 Java 程式是無害的。

結構中立的 (Architecture-Neutral)

Java 最值得稱道的特性就是它是一種結構中立的語言，此又稱為與平台無關 (platform-independent) 的語言，只要你寫完程式，則該程式就可以在任何具有 JRE 的任意作業系統執行。

1990 年以前的程式語言如 C、C++、Fortran、Cobol、Basic 都僅能有一項功能，僅能撰寫 Application，網頁設計則要另外使用其它語言。Java 的成功根基在於其使用相同的語法與類別庫寫出 Application 與網頁 (Applet) 程式的能力。甚至只要你使用 Java 完成一個 *.java 的程式，則此程式可由 JRE 自動分辨為 Application 或 Applet，並自動執行在任何平台 (Windows、OS/2、Mac OS X、UNIX、IBM AS/400、IBM mainframes) 上執行。

可攜式的 (Portable)

Java 程式是一種可攜式的語言，因為它的 Bytecode 並不用重新編譯即可在別台電腦執行，此外，它也不特別限定在何種平台執行。有一些語言，例如 Ada，它的整數型別所佔用位元組卻因作業系統的不同而有所不同。但是 Java 就無此缺點，所以可在不同的作業系統正確的執行，事實上 Java 編譯器本身也是由 Java 程式完成。

高效率的 (Performance)

以往 Java 的執行效率最為人所詬病，因為 Bytecode 的執行效率永遠比不上諸如 C/C++ 的編譯式的語言。因為 Java 的 Bytecode 是對 JRE 而言是解譯式的，所以 Bytecode 並不直接由系統所執行，而是由 Java JRE 解譯而執行。然而，解譯器的效率對輸出入交錯的應用程式而言是足夠的。因為此種程式 CPU 通常閒置等待使用者的輸入或輸出資料。

CPU 在這幾年已有驚人的進步，而這種趨勢亦是持續進步中。且有許多演算法可以提高執行效能，假如你使用早期的昇陽 Java Virtual Machine (JVM)，你會發現 Java 的執行效率的確慢，但是甲骨文公司所設計的 Java Hotspot Performance Engine，此種機制直接箝入 JVM 裡面，以提昇 Java 的執行效率。所以，Java 的執行效率是無庸置疑的。

多執行緒的 (Multithreaded)

多執行緒是指一個程式具有同時執行多個工作的能力。例如從網路下載影片的同時，也要播放影片，此即為多執行緒的應用。多執行緒對 Java 而言是自動控制的，但對其它語言而言，卻須勞煩作業系統指派。

多執行緒對圖形介面 (Graphic User Interface, GUI) 及網路應用程式 (Network Programming) 而言特別有用，例如在 GUI 的程式，有很多事必須同時進行，如下載網頁的同時也要播放音樂；於網路程式裡，一台伺服器必須同時服務或監控好幾台 clients，所以多執行緒已是程式語言的必備功能。

動態的 (Dynamic)

Java 是設計來適合會進化的環境，你可以自由地在原類別中新增屬性或方法而不影響舊有程式的進行，物件的繼承請看本書第九章。

2

CHAPTER

程式的編譯與執行

JAVA

上一章已經說明 Java 在程式設計領域的地位、Java 的改版歷史與特色。本章 2-1 節即要開始下載此程式開發工具、然後介紹如何編譯與執行程式。其次，2-2 節將會介紹使用 Java 整合開發工具編譯與執行程式。

2-1 下載 JDK 與 APIs

Java 的發展工具（Java Development Kids，簡稱 JDK），內含**編譯程式**（**javac.exe**）、**執行程式**（**java.exe**）及**公用類別庫**等檔案。目前最新的版本是 Java 10，並依照使用者的需求分為三個包裝，分別是 Java SE、Java EE 及 Java ME。Java SE 是 Java Software Development Kits，Standard Edition 的縮寫，是 Java 最通行的版本，通常用來開發桌上型應用與網路程式。除了 Java SE之外，尚有Java ME(Micro Edition，精簡版)與Java EE(Enterprise Edition，企業版)。Java ME 通常用來開發行動通訊的工具，例如手機程式的開發;Java EE 則用來開發企業的 Web Services 服務。本書是採用 **Java SE** 作為開發程式的工具。

檔案的下載

1. 下載前請先確認自己電腦的作業系統與系統類型（32 或 64 位元），如下圖：

2. 請開啟甲骨文公司網站（http://www.oracle.com/technetwork/java/javase/downloads/index.html），畫面如下圖。

補充說明 下圖的 **NetBeans** 是『Oracle(甲骨文)』公司所開發的『Java 整合開發環境』，與本書所介紹的 **Eclipse** 同等功能，但筆者偏向喜好 Eclipse，請有興趣的讀者自行探索；Server JRE(Server Java Runtime Environment) 是執行 Java 伺服器程式用；**JRE**(Java Runtime Environment) 是僅要執行 Java 程式用，若下載 JDK 就會含 JRE 了。

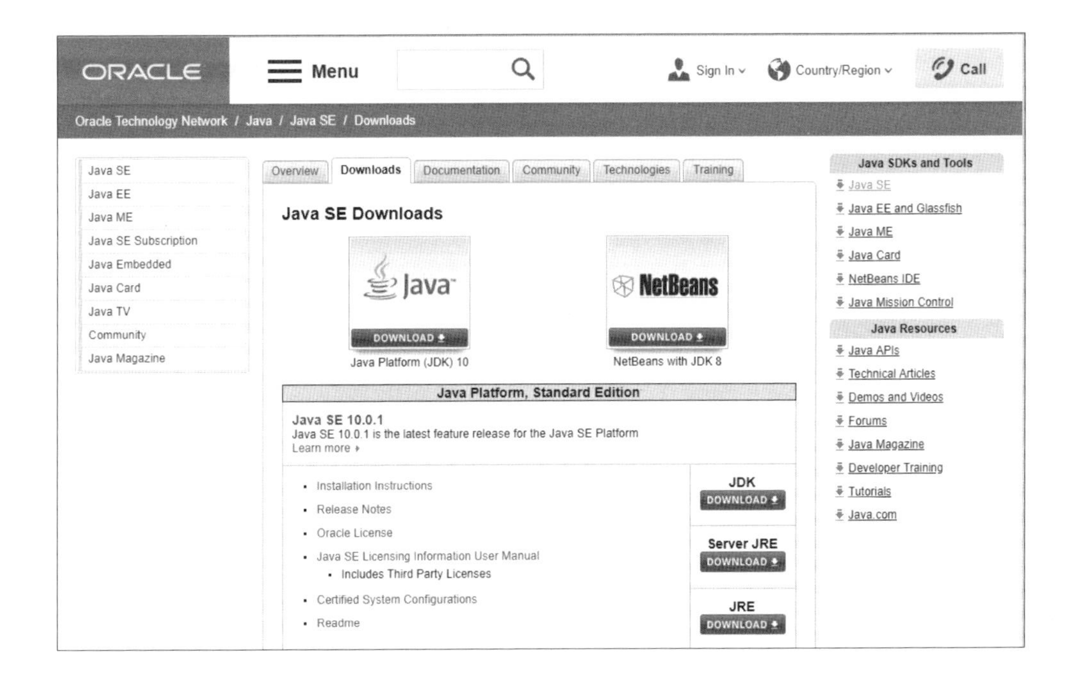

3. 請點選上圖的『Java DOWNLOAD』或『JDK DOWNLOAD』，結果都相同，畫面都會繼續出現如下圖。

Java SE Development Kit 10.0.1

You must accept the Oracle Binary Code License Agreement for Java SE to download this software.

○ Accept License Agreement ◉ Decline License Agreement

Product / File Description	File Size	Download
Linux	305.97 MB	jdk-10.0.1_linux-x64_bin.rpm
Linux	338.41 MB	jdk-10.0.1_linux-x64_bin.tar.gz
macOS	395.46 MB	jdk-10.0.1_osx-x64_bin.dmg
Solaris SPARC	206.63 MB	jdk-10.0.1_solaris-sparcv9_bin.tar.gz
Windows	390.19 MB	jdk-10.0.1_windows-x64_bin.exe

4. 在上圖請點選『Accept License Agreement』、『jdk-10.0.1_windows-x64_bin.exe』，即可下載一個 (*.exe) 的可執行檔 (在 JDK 9~10 版本中，Oracle 已不再開發與提供 32 位元系統的版本，如上圖所示，僅可以看到目前只有 64 位元的 JDK 10 版本供開發人員下載，若您的電腦屬於 32 位元，那只好下載較舊版本)。完成下載後，請到自己電腦的『**下載**』區按兩下『jdk-10.0.1_windows-x64_bin.exe』，即可執行此程式。安裝的過程沒有什麼特別，都是**下一步**，只有以下畫面的安裝路徑要記下來 (此即為編譯程式 (javac.exe) 與執行程式 (java.exe) 的路徑)，等會『**設定搜尋路徑**』用的上。

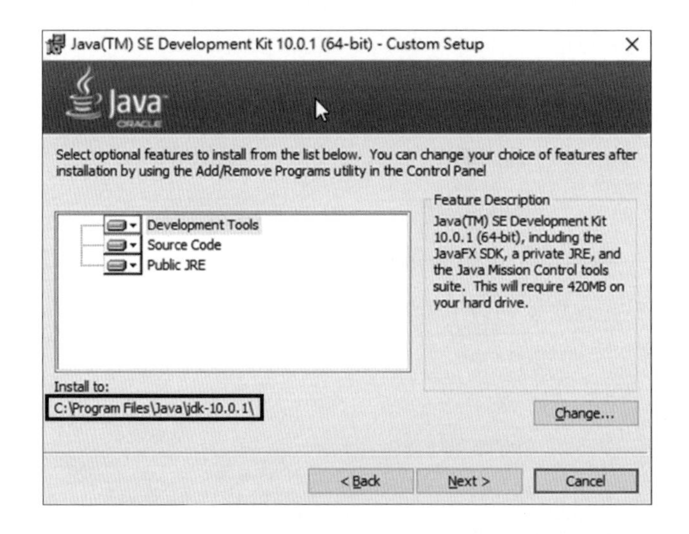

5. 安裝的過程也會同時安裝 JRE，如右圖。

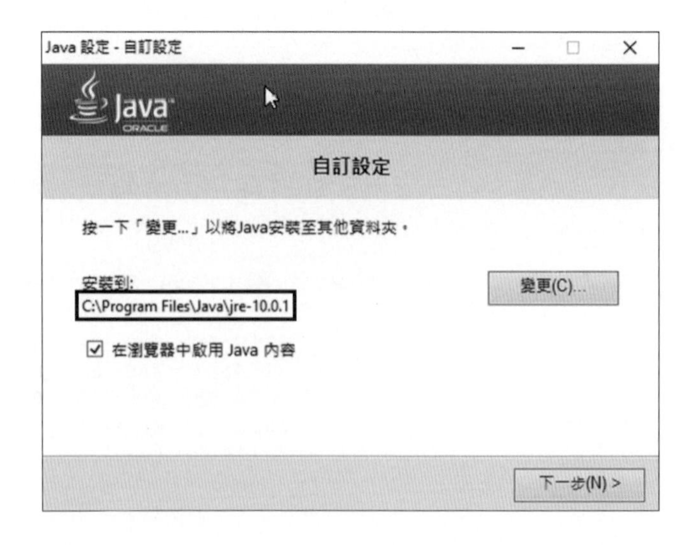

6. 完成安裝，請於下圖按一下『Close』。補充說明：下圖的『Next Steps』可開啟線上 APIs，請自行探索，但不影響 Java 的安裝。

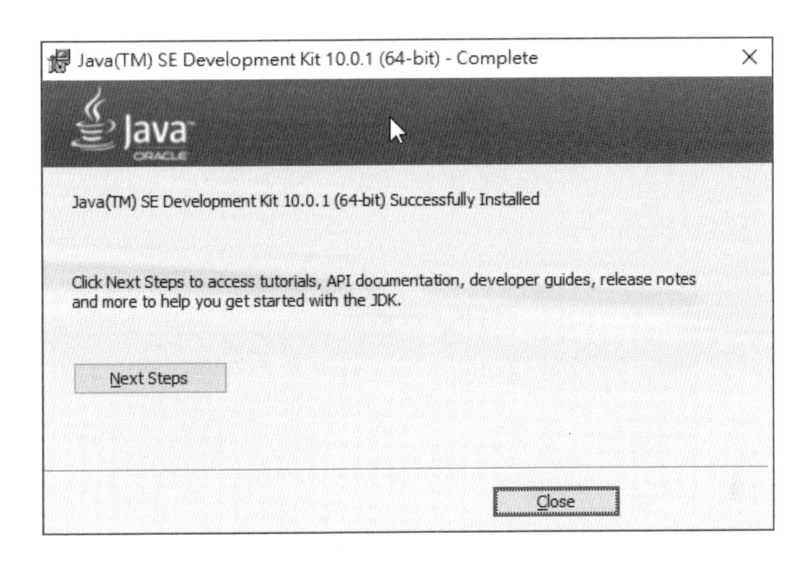

7. 安裝完成後，bin 資料夾將會有 Java 編譯程式 **javac.exe**，與 Java 執行程式 **Java.exe**，如下圖，此兩個執行檔就是 Java 的編譯與執行程式，等會用得上。

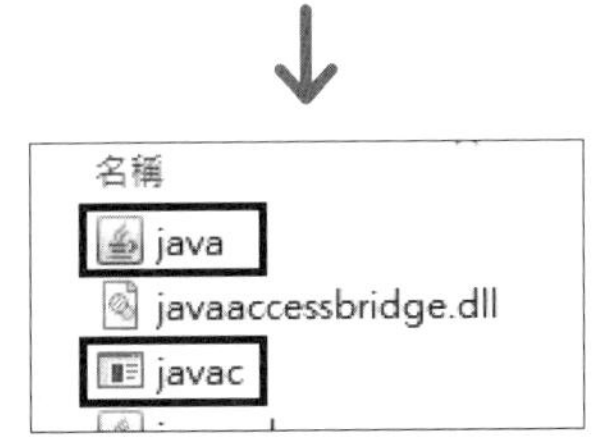

設定搜尋路徑

通常我們所寫的 Java 程式不會和 javac.exe 與 java.exe 放在同一個資料夾，為了能在 Java 程式所在資料夾使用 javac 與 java 兩個應用程式，我們還要設定搜尋路徑，這樣我們就可以在我們的工作資料夾直接使用 javac 與 java 編譯與執行我們所寫的 Java 應用程式。設定搜尋路徑的步驟如下：

1. 開啟『**執行**』視窗，如右圖。(操作方式可同時按下鍵盤 ⊞ + R)。

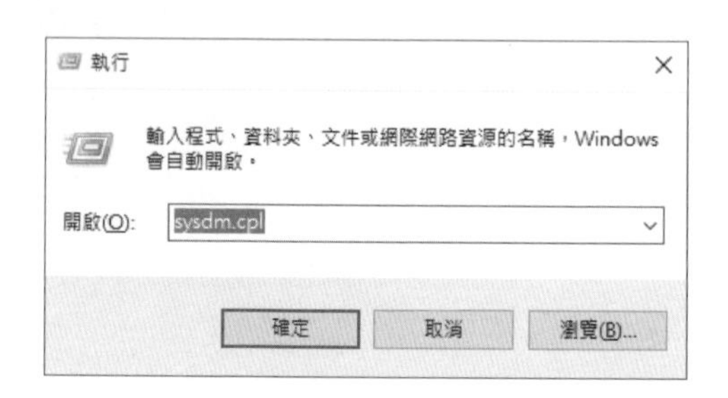

2. 輸入『**sysdm.cpl**』，再點選『**確定**』開啟『**系統內容**』視窗，畫面出現如下圖。(以上兩個步驟亦可開啟『**控制台**』/ 點選『**系統安全性**』/ 點選『**系統**』/ 點選『**進階系統**』)

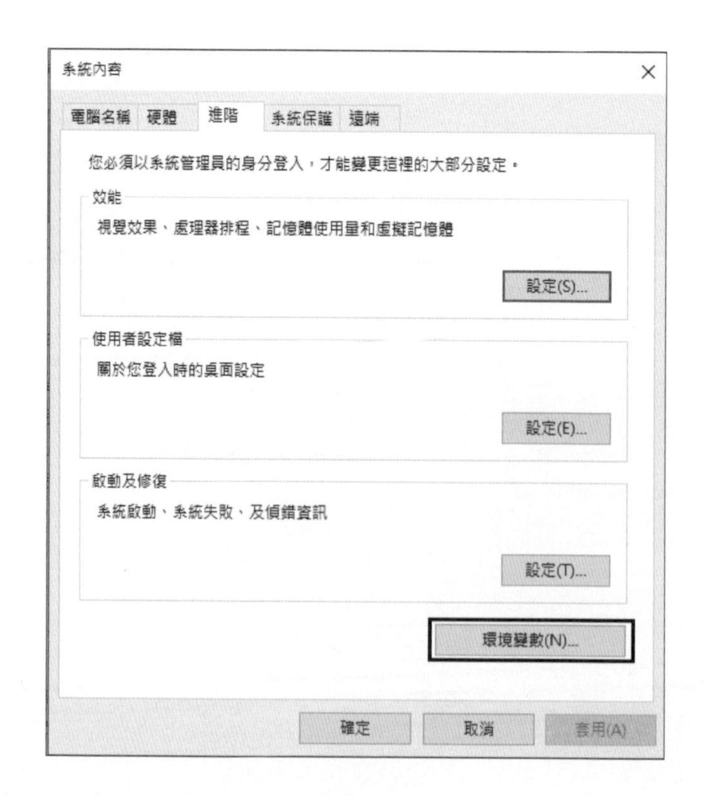

3. 於上圖點選『**環境變數**』，畫面如下圖。

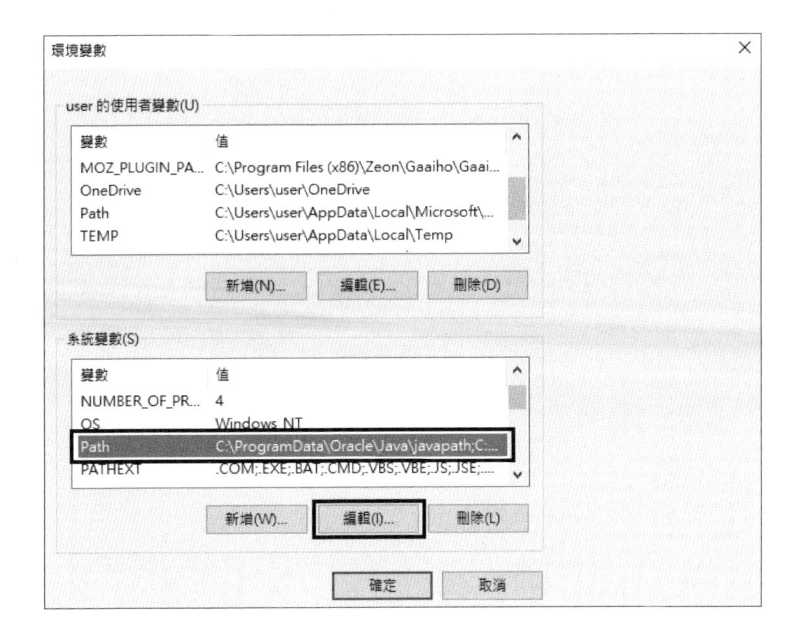

4. 於上圖點選『Path』，再按一下『**編輯**』，畫面如下。

5. 於上圖點選『**新增**』，然後使用檔案總管，複製 bin 所在資料夾的路徑來貼上，請留意最後一筆已經新增『C:\Program　Files\Java\jdk-10.0.1\bin』，如下圖。

測試搜尋路徑

1. 在　Windows 系統進入**命令提示字元**視窗，畫面如下圖（請留意，我們現在並沒有在 java.exe　和 javac.exe 所在資料夾）。

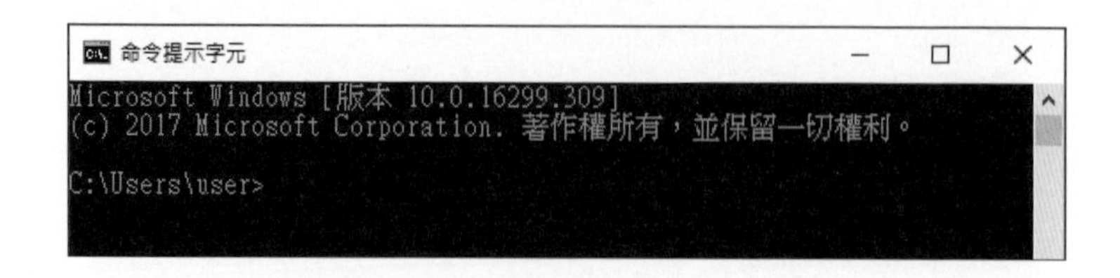

2. 鍵入『**java**』，若能順利執行，出現如右畫面，則表示已經完成『**設定搜尋路徑**』。

```
命令提示字元
Microsoft Windows [版本 10.0.16299.309]
(c) 2017 Microsoft Corporation. 著作權所有，並保留一切權利。

C:\Users\user>java
用法: java [options] <mainclass> [args...]
           (用於執行類別)
   或者  java [options] -jar <jarfile> [args...]
           (用於執行 jar 檔案)
   或者  java [options] -m <module>[/<mainclass>] [args...]
       java [options] --module <module>[/<mainclass>] [args...]
           (用於執行模組中的主要類別)

 主要類別、-jar <jarfile>、-m 或 --module <module>/<mainclass>
```

程式的編譯與執行

1. 請於記事本鍵入以下程式。請留意我們類別名稱使用『**aa**』，那等會存檔的檔名務必為 aa.java。

```
public class aa
{
   public static void main(String args[])
   {
      System.out.println("Hello");
   }
}
```

2. 存檔。請在檔案名稱輸入『**aa.java**』，存檔類型點選『**所有檔案**』，如下圖左，完成後，畫面如下圖右。請特別留意，若檔案類型未點選『**所有檔案**」，那檔案全名將會是『aa.java.txt』，那就無法編譯程式了。

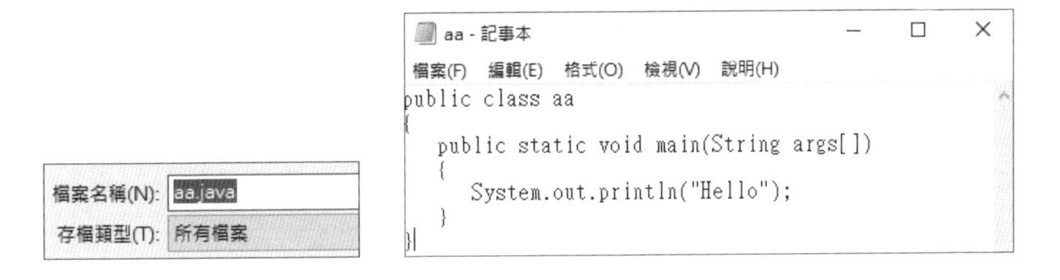

3. 進入『**命令提示字元**』視窗，並進入 aa.java 存檔所在資料夾 d:\jb\ch02，畫面如下：

```
命令提示字元
Microsoft Windows [版本 10.0.16299.309]
(c) 2017 Microsoft Corporation. 著作權所有，並保留一切權利。

C:\Users\user>d:

D:\>cd jb

D:\jb>cd ch02

D:\jb\ch02>dir
 磁碟區 D 中的磁碟是 新增磁碟區
 磁碟區序號:  3ADE-B0F3

 D:\jb\ch02 的目錄

2018/03/20  下午 04:52    <DIR>          .
2018/03/20  下午 04:52    <DIR>          ..
2018/03/20  下午 04:43               112 aa.java
               1 個檔案             112 位元組
               2 個目錄  229,904,351,232 位元組可用

D:\jb\ch02>
```

以下是一些常用『**命令提示字元**』視窗的操作指令。

d:	// 進入指定磁碟機
cd jb	// 進入目前資料夾下的指定資料夾
cd..	// 回到上一層資料夾
dir	// 顯示此資料夾的所有檔案與資料夾

4. 編譯 Java 程式。鍵入 javac aa.java 後的畫面如右，已經成功編譯，產生 aa.class。

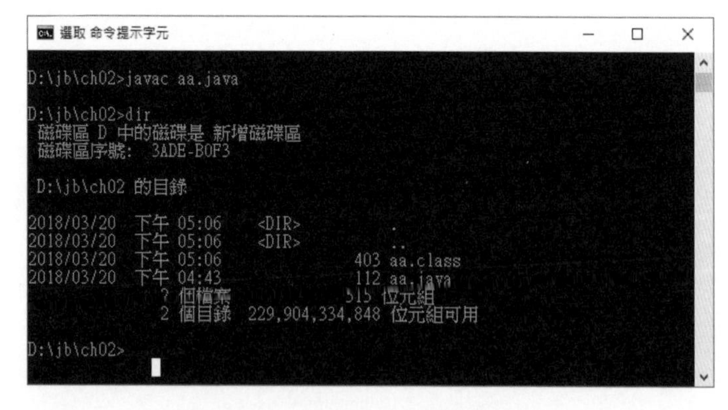

5. 執行 Java 程式。Java 比較特別的是，Java 編譯器並不是產生執行檔 (*.exe)，而是產生一個 *.class 的中介 Bytecode，所以還要靠 JRE 來執行，這樣就可達成跨平台的理念。那不同作業系統的 JRE 當然不同，也就是讓不同作業系統有不同的 JRE，這樣此一中介程式 *.class 就可以與平台無關，可以在不同作業系統執行。下圖是鍵入 java aa，順利執行程式的畫面，已經出現『Hello』。

```
命令提示字元
D:\jb\ch02>javac aa.java

D:\jb\ch02>dir
 磁碟區 D 中的磁碟是 新增磁碟區
 磁碟區序號: 3ADE-B0F3

 D:\jb\ch02 的目錄

2018/03/20  下午 05:06    <DIR>          .
2018/03/20  下午 05:06    <DIR>          ..
2018/03/20  下午 05:06               403 aa.class
2018/03/20  下午 04:43               112 aa.java
               2 個檔案             515 位元組
               2 個目錄  229,904,334,848 位元組可用

D:\jb\ch02>java aa
Hello
```

Java APIs（Application Programmer Interface）

Java 的另一項優點是，Sun 將 Java 的所有類別庫以電子書的方式免費提供給使用者線上查詢，這項功能是以往所有語言所欠缺的，這也是 Java 可以在短時間獲得大量使用者青睞的主要原因之一。下載與開啟此電子書的步驟如下：

1. 請於甲骨文下載頁面（http://www.oracle.com/technetwork/java/javase/downloads/index.html），畫面出現同下載 JDK 的畫面，往下捲動，找到以下『Java SE 10 Documentation』畫面。

2. 於上圖點選『DOWNLOAD』，畫面出現如下圖。

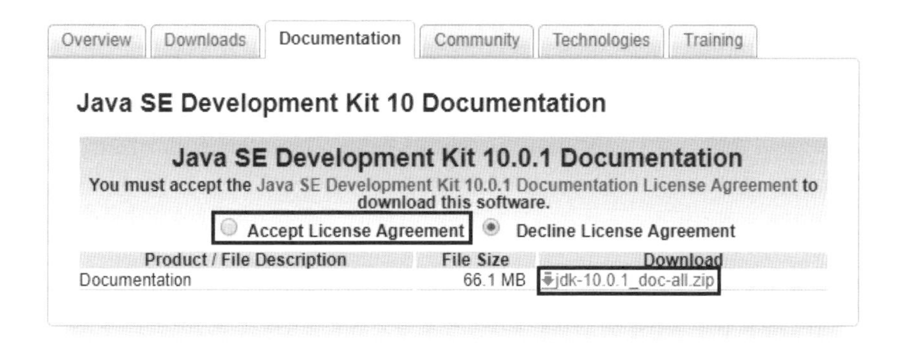

3. 請於上圖點選『Accept License Agreement』、『jdk-1.0.1_doc-all.zip』，即可下載 Java APIs。

4. 下載的檔案是一個 *.zip 的壓縮檔案，您也是按兩下此檔案、指定解壓縮路徑，即可解壓縮此檔案。下圖是完成解壓縮的畫面。

5. 於上圖按兩下 index.html，即可開啟 Java APIs，內有其所有類別與方法，如下圖。

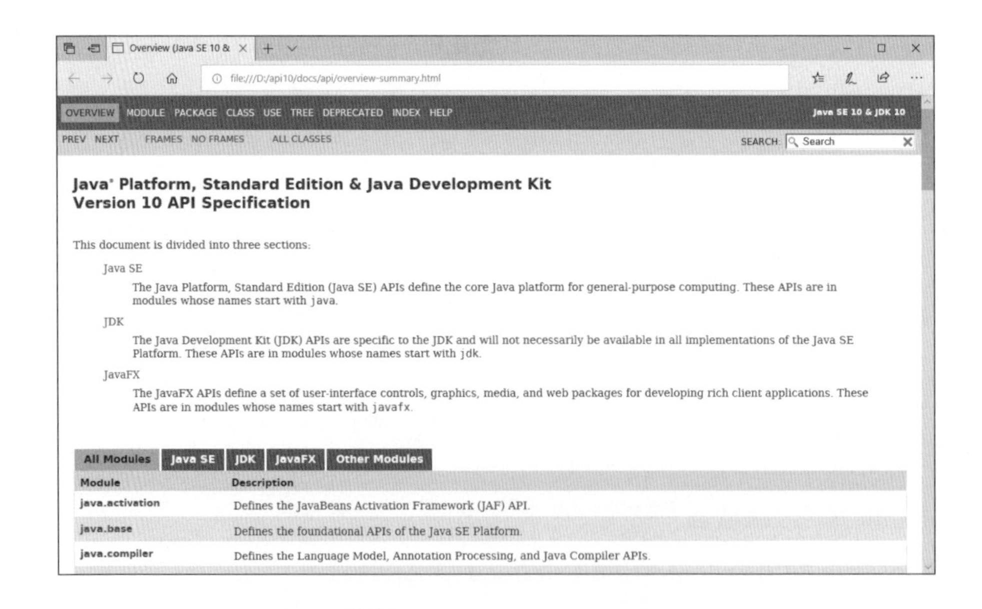

6. 於上圖點選 FRAMES(將畫面分為 3 個框)，於左上框先點選『All Package』，再於左上框 Package(套件)點選 java.lang 套件，於左下框即出現 java.lang 套件的所有類別，再於左下框類別區點選 Math，於是右邊框出現 Math 類別的所有方法，如下圖。

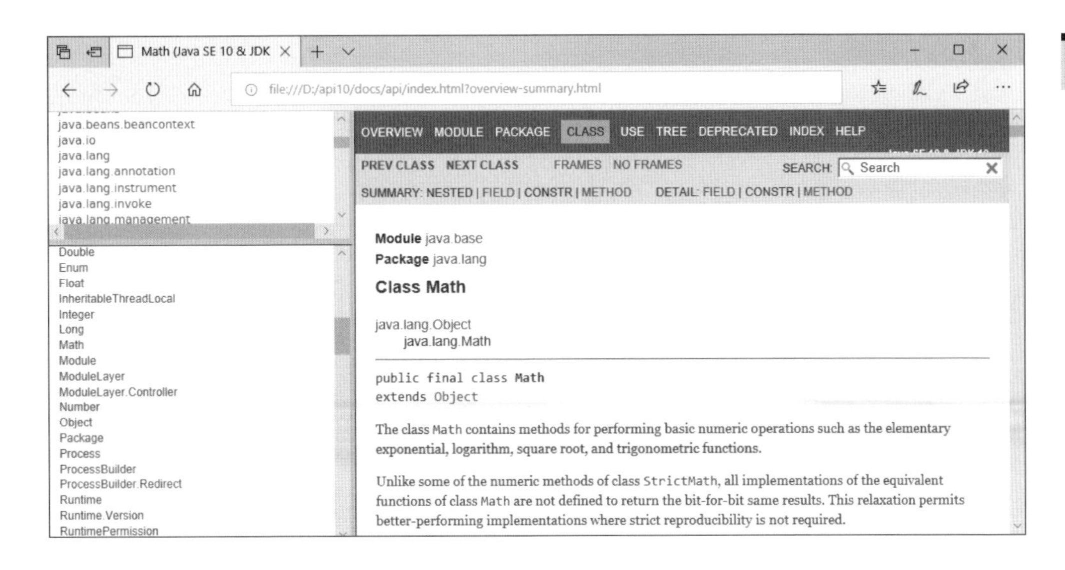

2-2 Java 的整合開發工具

上一節我們使用 Java 原創公司 Sun 所提供的開發工具 javac.exe 與 java.exe，開發程式需要自備類似**記事本**等文書處理程式以便鍵入程式、存檔，其次需跳至**命令提示字元**鍵入 javac 與 java 分別編譯與執行程式，若有一點點的錯誤，均需自行回到**記事本**修改、存檔，再繼續跳至**命令提示字元**編譯與執行。如此不斷的變更畫面與鍵入字元才能完成程式的編輯、編譯與執行，如此瑣碎的工作對一般的使用者而言真是苦不堪言。此與目前的 Visual Basic、C# 或 C++ Builder 等整合開發環境，可以在同一畫面安排輸出入元件、撰寫程式、編譯程式、除錯、執行程式、存檔等相比，可真是天壤之別。所幸，已有一些好心的公司，已將以上工作整合成一個視窗，此稱為**整合開發工具（Integrated Development Environment，簡稱 IDE）**。目前常見的 Java 整合開發工具分別有 Eclipse、NetBeans、JCreator、IntelliJ IDEA 及 JBuilder 等等。有些要付費、有些還可同 Visual Basic 一樣，使用按兩下即可佈置輸出入元件於表單，但這些都不是初學者的好工具，本書大力推薦 Eclipse，因為它簡單好用、編輯階段就除錯、輸入完物件就出現可用方法、又是開放原始碼、免費即可下載、版本持續更新中，而且也是目前使用率最高的 java IDE。

檔案的下載

1. 開啟 Eclipse 官網 https://www.eclipse.org/，畫面如下圖。

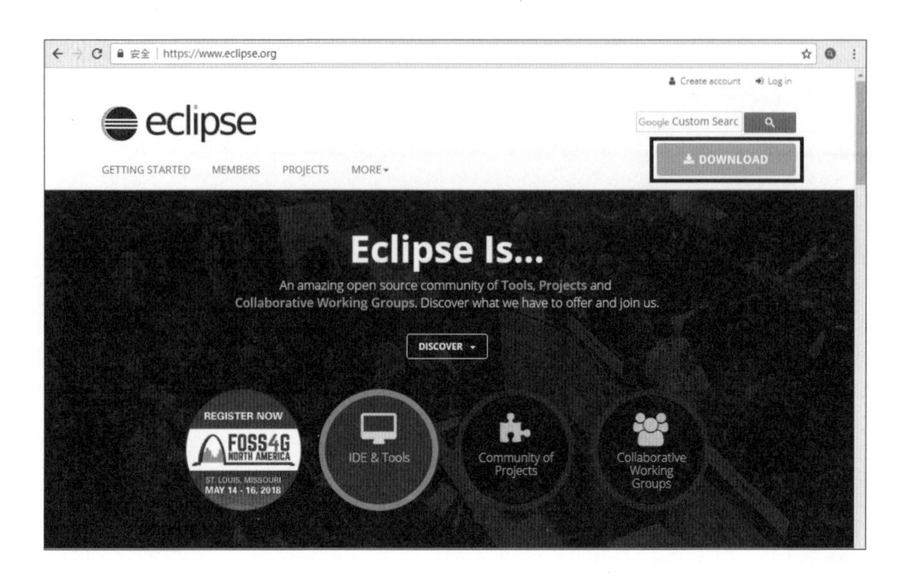

2. 按一下上圖『DOWNLOAD』，畫面如下圖，繼續按下圖橘紅色的『DOWNLOAD 64 BIT』，即可下載執行檔來安裝。

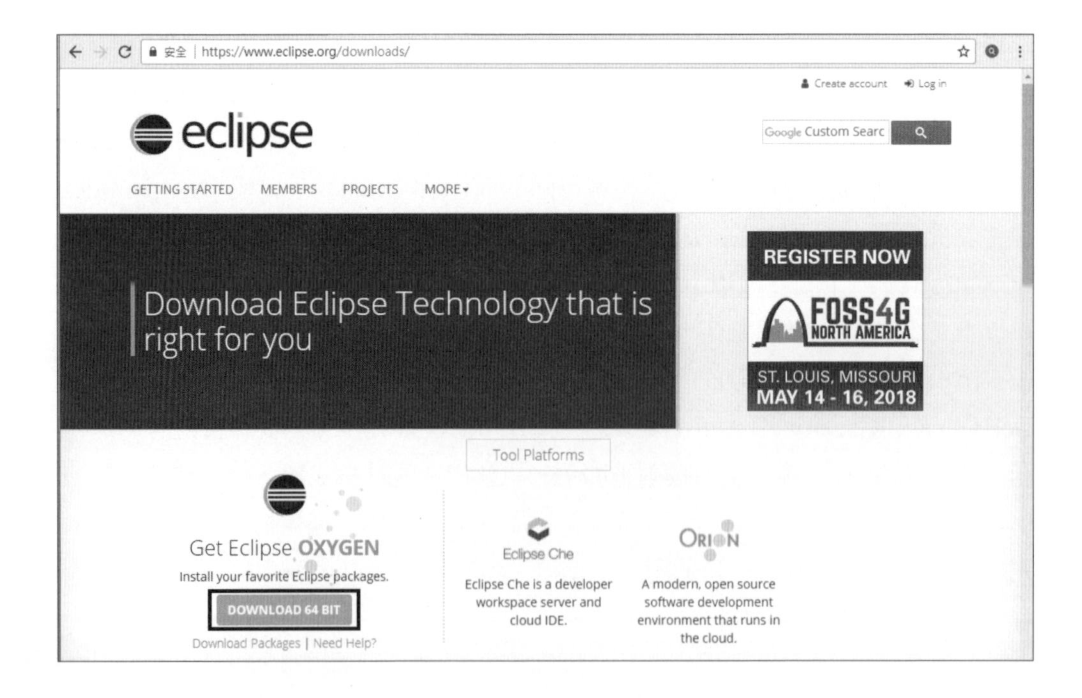

程式的安裝

1. 按兩下所下載的執行檔，畫面如下圖，可見其不只可以編譯 Java，還可編譯 Java EE、C/C++、JavaScript、PHP 等程式。本例點選 Eclipse IDE for Java Developers。

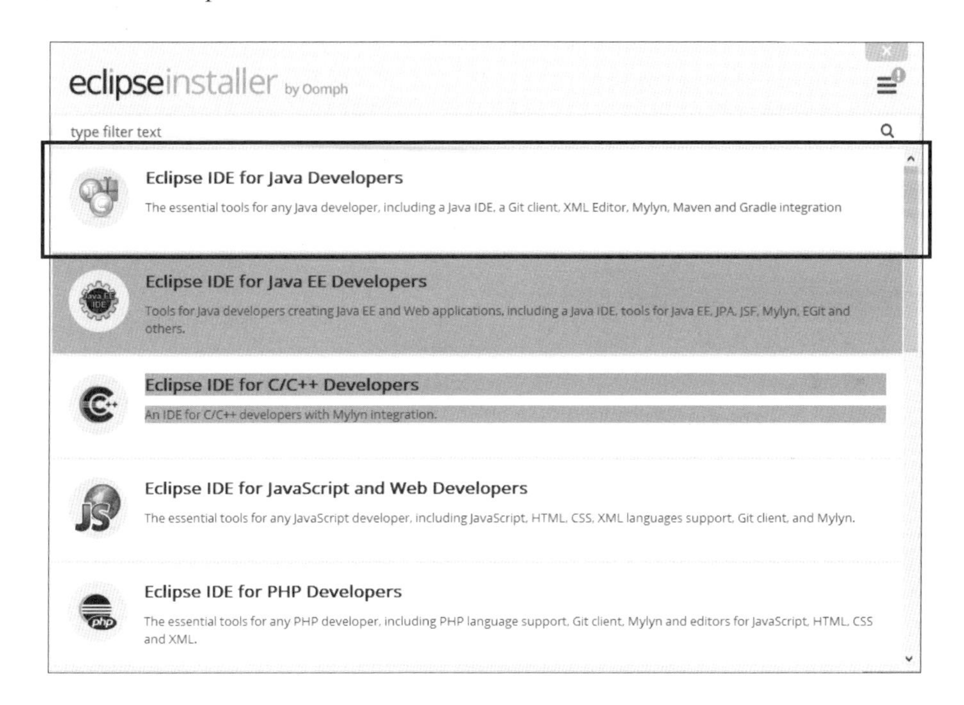

2. 繼續出現預設安裝路徑，如下圖，都是繼續點選『INSTALL』。

3. 接著出現版權聲明，僅能點選『Accept』。

4. 點選『LAUCH』，如下圖，即可完成安裝，並進入 Eclipse。

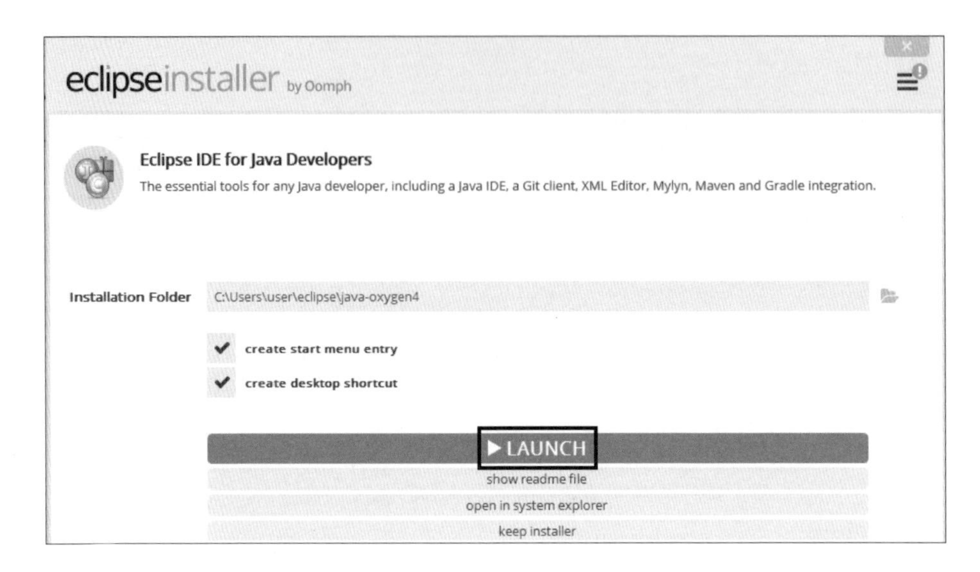

5. 設定程式存放資料夾。本例設定『D:\jb』如下圖，並點選『Launch』。

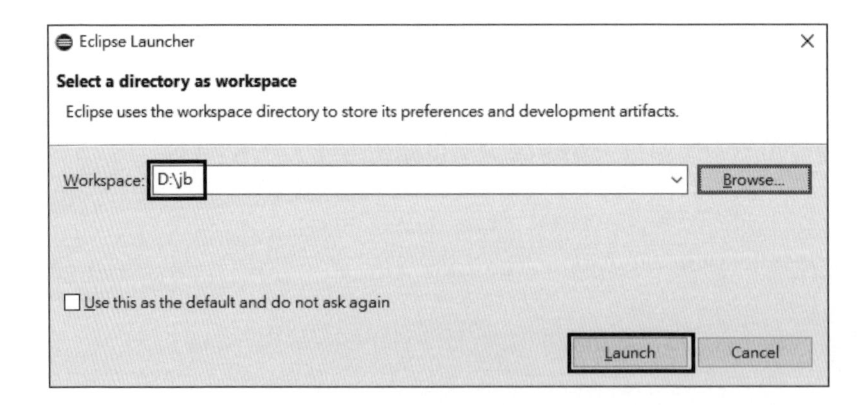

6. 繼續出現歡迎畫面，如下圖，可將右下角的『Always show Welcome at start up』勾勾去掉，並關閉此歡迎畫面（關閉鈕在左上角『Welcome』右邊。

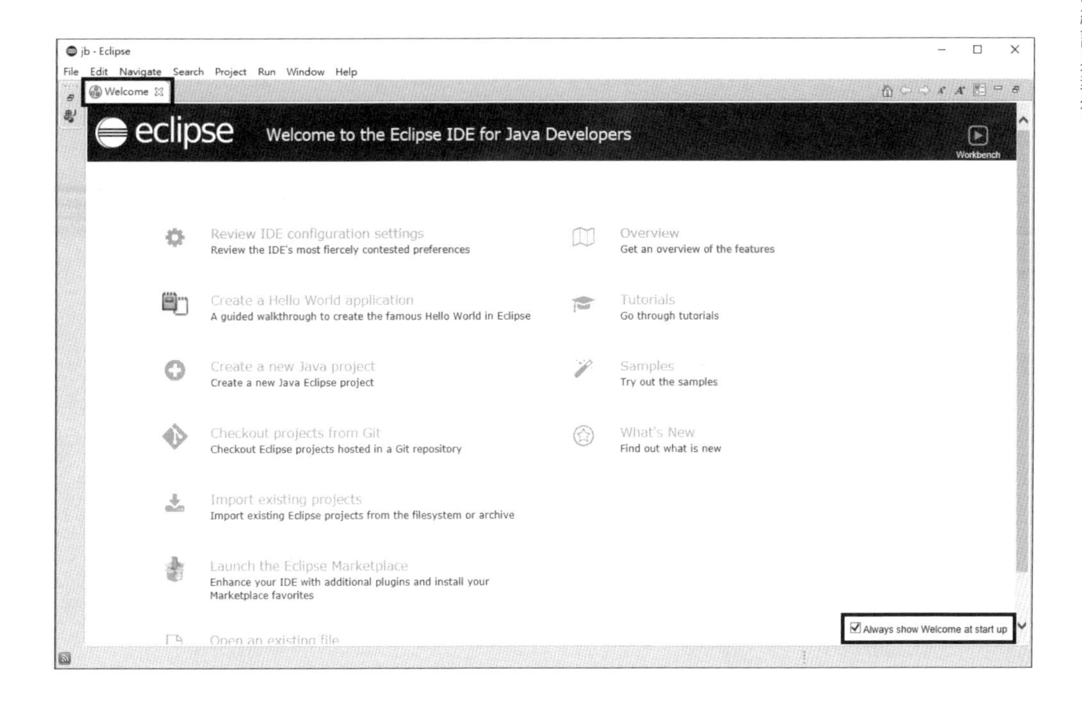

7. 下圖是開啟 Eclipse 畫面。

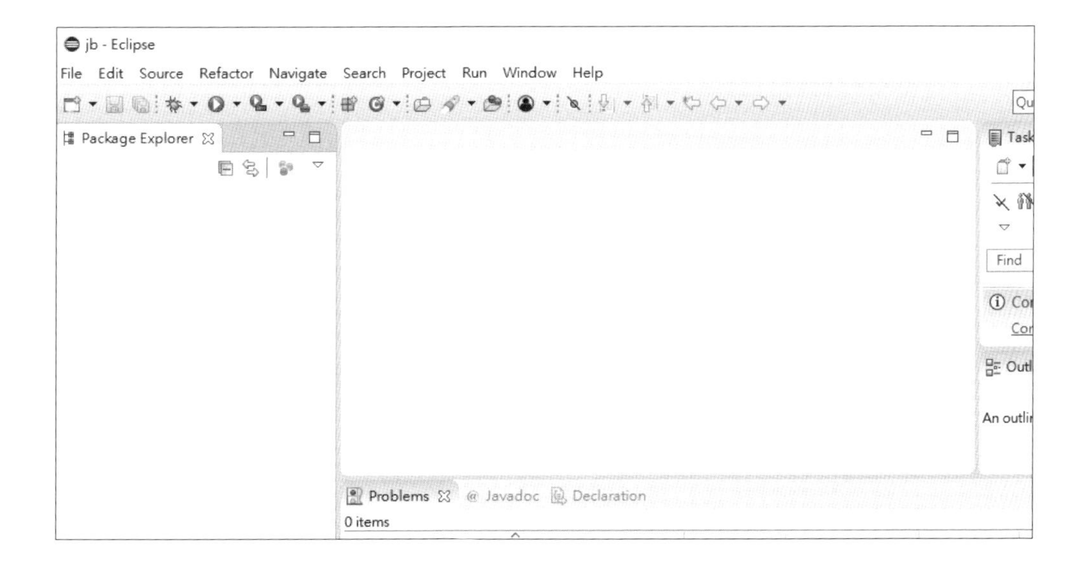

程式的撰寫

前面使用**記事本**開發程式，可以直接撰寫單一的『*.java』的 Java 程式，但是 Eclipse 是以『專案』為基礎的程式開發工具，所以要先開新專案，然後才能在專案內開發一些『*.java』的程式。專案開發程式的優點是，一個『*.java』程式可能包含類別檔、資料檔、照片檔等等檔案，那這些檔案都會被包含在同一個專案，當專案開發完成，要轉移或安裝到別台電腦，這些檔案都會一併被安裝過去，但若使用記事本開發程式，那以上相關檔案的轉移都要自己來。以下是使用 Eclipse 開發程式的步驟：

1. **開新專案。**

    (1) 點選功能表『**File/New/Java Project**』，畫面如下圖。請輸入一個專案名稱，本例輸入 ch02，如下圖。(若欲更改預設路徑，請將『**Use default location**』的勾勾去掉，點選『**Browse**』，重新點選專案路徑。

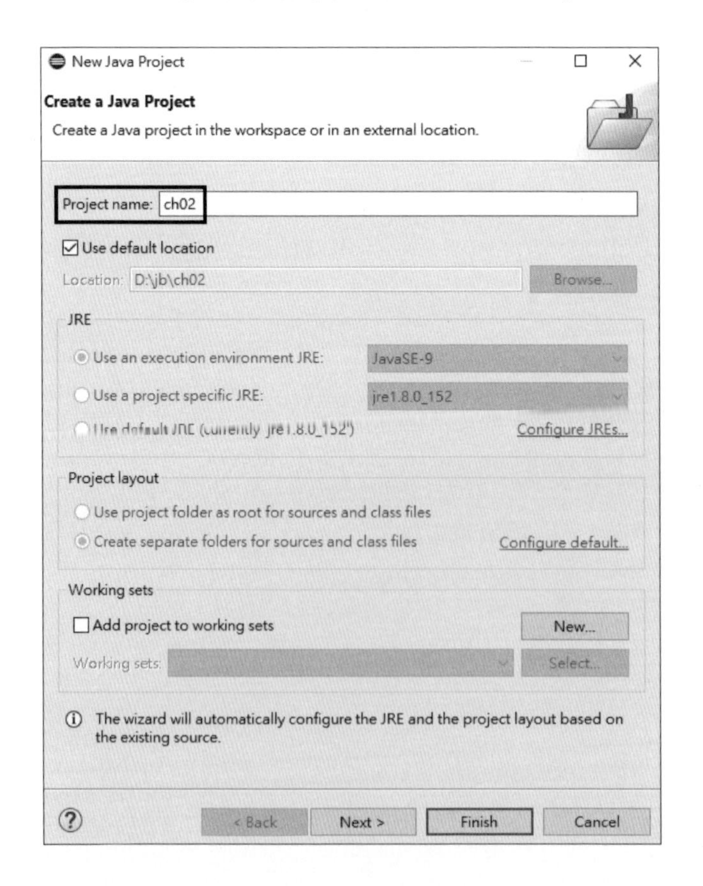

(2) 完成新增專案，畫面如右圖，已經出現專案名稱 ch02。

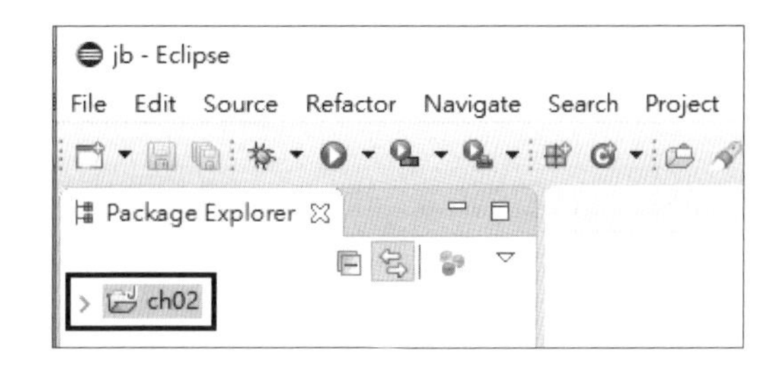

2. **開新 class。**

(1) 點選功能表『**File/New/class**』，畫面如下圖。請輸入一個類別名稱，本例輸入 bb，如下圖。其次，套件名稱 Package 本例先簡化，去掉留空白，如下圖。且勾選『**public static void main(String[] args)**』，如下圖。

New Java Class
Java Class
The use of the default package is discouraged.
Source folder: ch02 Browse...
Package: (default) Browse...
Enclosing type: Browse...
Name: bb
Modifiers: public package private protected
abstract final static
Superclass: java.lang.Object Browse...
Interfaces: Add... Remove
Which method stubs would you like to create?
public static void main(String[] args)
Constructors from superclass
Inherited abstract methods
Do you want to add comments? (Configure templates and default value here)
Generate comments
Finish Cancel

(2) 完成新增 class，畫面如下圖，程式樣版已經完成。

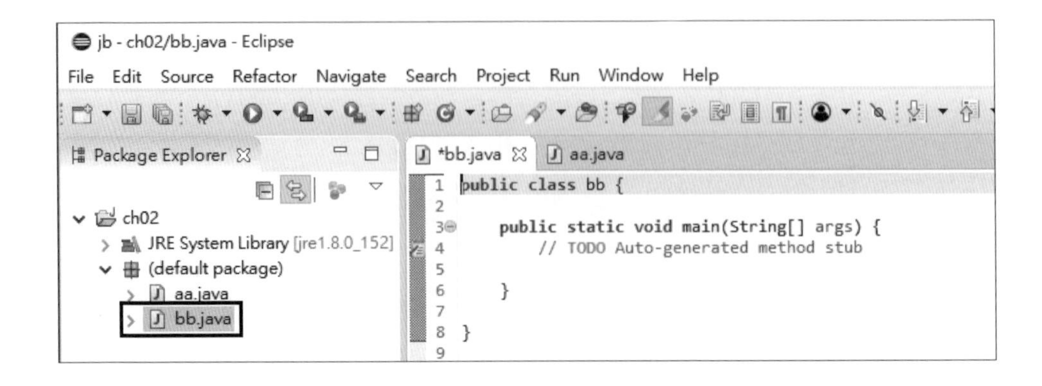

(3) 鍵入程式。本例僅需鍵入

```
    System.out.println("Hello");
```

如下圖。

```
public class bb {
    public static void main(String[] args) {
        // TODO Auto-generated method stub
        System.out.println("Hello");
    }
}
```

(4) 執行程式。點選功能表『Run/Run As/Java Application』，畫面出現如下圖，並點選『OK』，即可執行程式（可將『Always save resources before launching』勾勾去掉）。

(5) 下圖是執行結果畫面。

```
Problems | @ Javadoc  Declaration  Console
<terminated> bb [Java Application] C:\Program Files\Java\j
Hello
```

(6) Eclipse 的強大功能是自動出現可用方法，當您打『**物件 .**』時，例如打完『**System.**』時就會自動出現可用方法。

(7) Eclipse 另一強大功能是，鍵入程式的過程，若有語法錯誤，或變數、物件、方法有效範圍錯誤，均會在程式前頭自動產生『**叉叉** ⊗』，如下圖，提醒使用者更正，直到所有叉叉消失，再執行程式，以便節省除錯時間。

```
*bb.java
1 public class bb {
2     public static void main(String[] args) {
3         // TODO Auto-generated method stub
4         System.out.println("Hello")
5     }
6 }
7
```

如何調整字型大小

上圖字型有點小，調整字型大小的步驟如下：

1. 點選功能表的『**Window/Preferences/General/Appearance**』，出現 **Colors and Fonts** 設定視窗，如下圖。

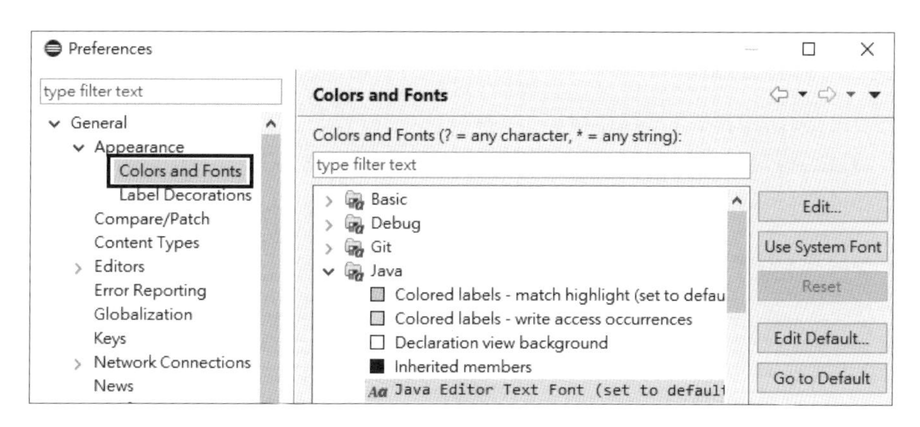

2. 繼續於上圖按兩下『Java/Java Edit Text Font』畫面如下圖。

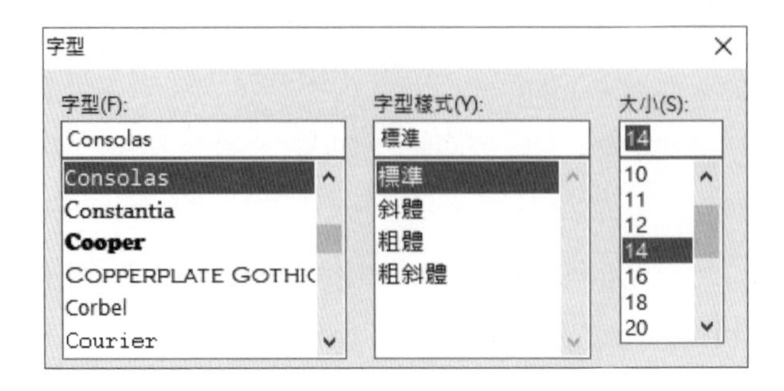

如何匯入專案

只要是以專案為基礎的 IDE 所開發的專案，都可以匯入 Eclipse。例如，以 NetBeans 或 IntelliJ IDEA 等開發的專案，都可以匯入 Eclipse。匯入專案的步驟如下：

1. 點選功能表的『File/Open Project From File System』，畫面出現如下圖。

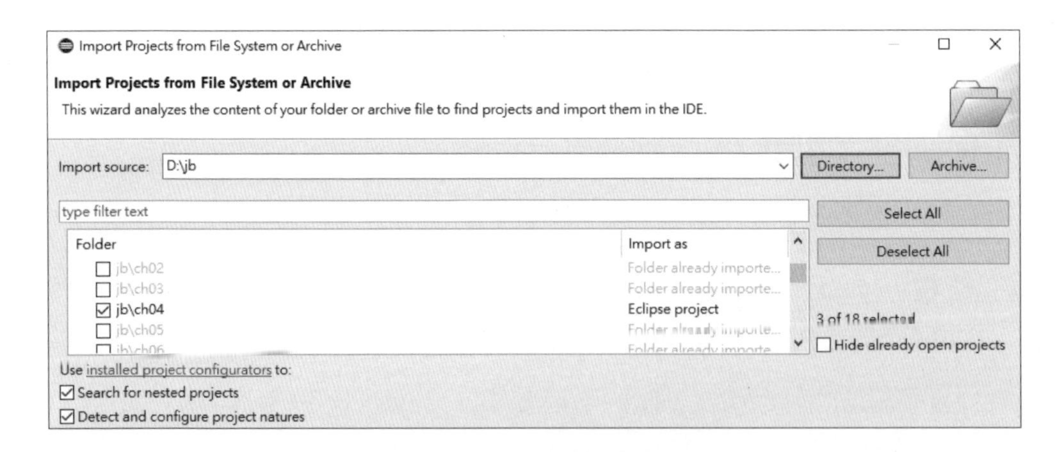

2. 於上圖點選『Directory』，畫面出現如右圖，只要點選資料夾就好，Eclipse 會自動搜尋所有專案。

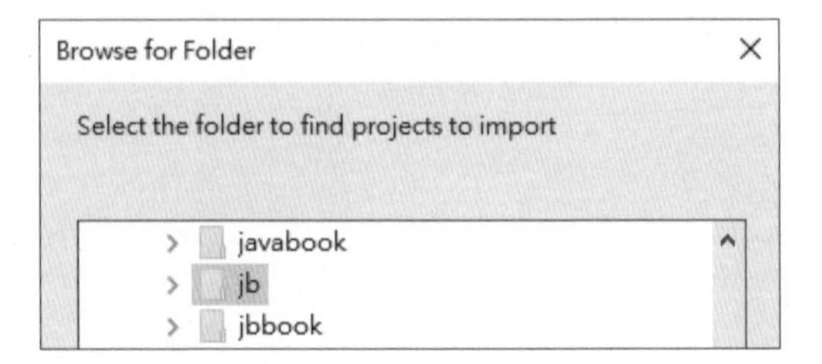

如何匯入檔案

以記事本開發而單獨存檔的 *.java，並無法單獨以 Eclipse 開啟並執行，必須先開新專案，或開啟一專案，再匯入此檔案於某一專案內。匯入檔案的步驟如下：(本例假設要將 d:\jb\ch02\aa.java 匯入 d:\jb\ch02 專案)

1. 點選目的專案。

   本例開啟 d:\jb\ch02\ 如下圖。

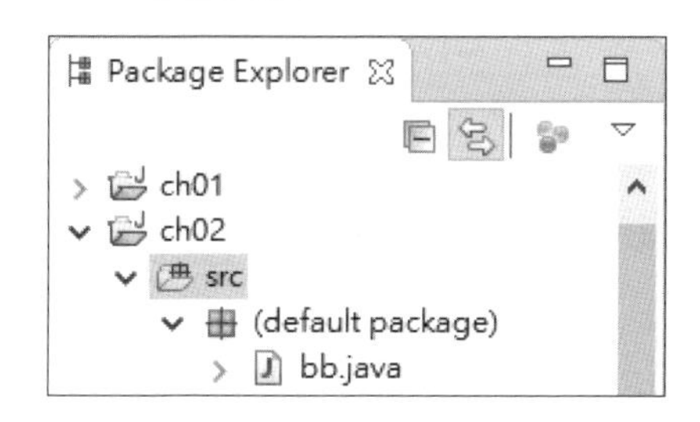

2. 點選來源資料夾。

   點選 src 資料夾快選功能表的『Import』，畫面出現如下圖。

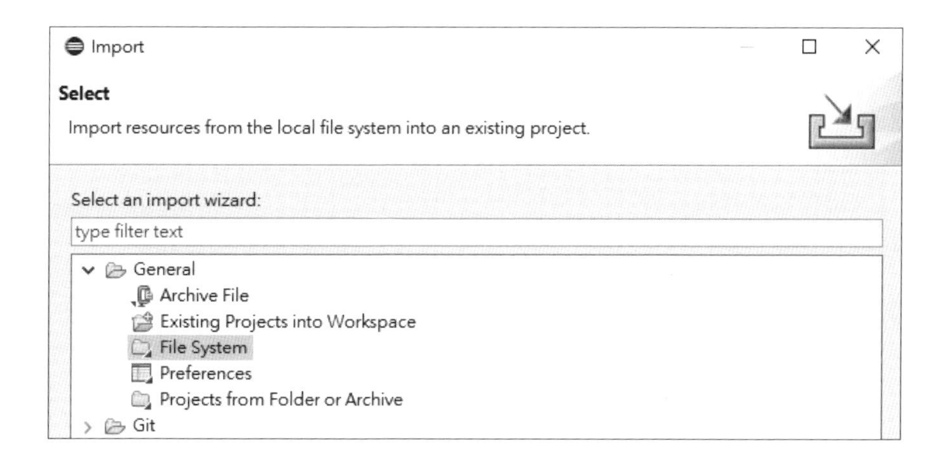

3. 於上圖按兩下『General/File System』，畫面出現如下圖。

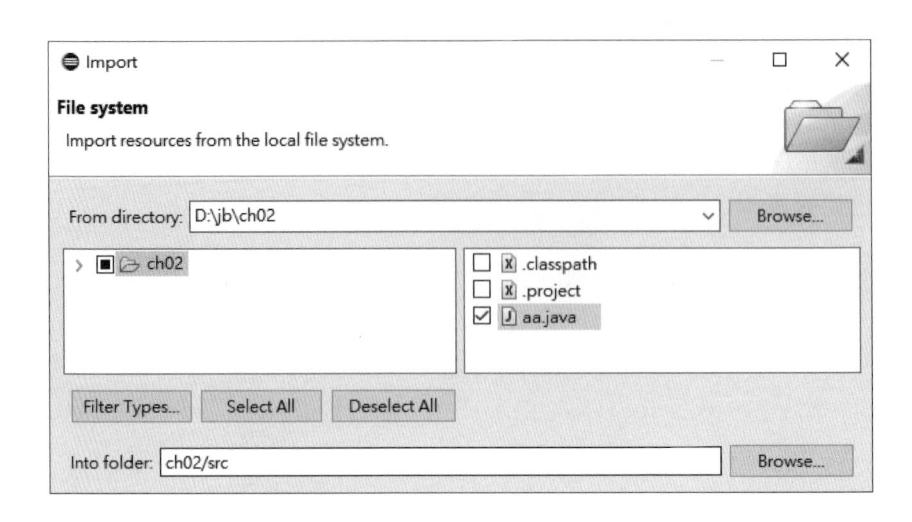

4. 於上圖點選『Browse』，再點選資料夾，本例是 d:\jb\ch02，如下圖，

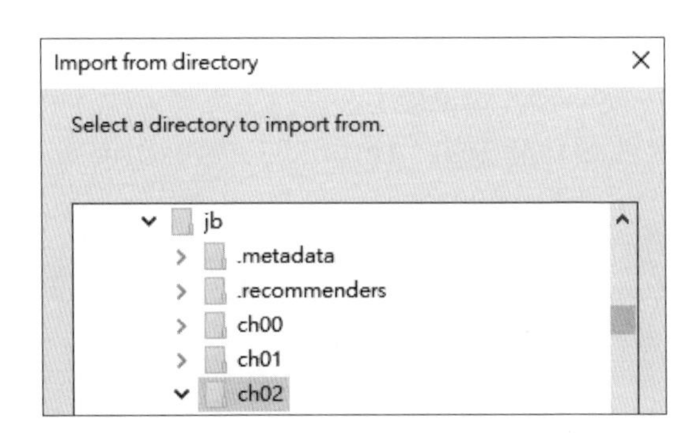

5. 點選所要匯入檔案，本例請點選 aa.java，如上上圖。

3

CHAPTER

基本觀念

JAVA

上一章已經介紹程式的編譯與執行，本章將介紹一些程式設計的基本觀念，例如什麼是保留字、什麼是識別字、什麼是常數、什麼是變數、Java 有那些運算子、及敘述與運算式的定義為何。這些觀念有點枯燥，但卻不能略過，因為這有點像是練功前的蹲馬步，馬步蹲的穩，將來功力才會大躍進。

3-1 保留字 (Keywords)

保留字（又稱關鍵字）是任一程式語言已事先賦予某一識別字（可識別的文字或字串，稱為**識別字**）一個特別意義，所以程式設計者不得再重複賦予不同的用途。例如 if 已賦予決策敘述，程式設計者當然不得再定義 if 為另外的用途，以下是 Java 的保留字。

abstract	boolean	break	byte	byvalue*
case	cast*	catch	char	class
const*	continue	default	do	double
else	extends	false	final	finally
float	for	future*	generic*	goto*
if	implements	import	inner*	instanceof
int	interface	long	native	new
null	operator*	outer*	package	private
protected	public	rest*	return	short
static	super	switch	synchronized	this
throw	throws	transient	true	try
var*	void	volatile	while	

以上保留字大多從 C++ 挑選而來，下表是按照用途分類的保留字。

分類名稱	保留字
資料宣告	boolean、double、float、long、int、short、byte、char
決策敘述	if、else、switch、case
迴圈敘述	for、while、continue、break
例外處理	try、throw、catch
結構宣告	class、extends、implements
變數範圍	private、public、protected、transient
雜項保留字	true、false、super、this

3-2 識別字 (Identifier)

真實的世界裏，每個人、事及物都有一個名稱，程式設計亦不例外，於程式設計時我們必須為每一個變數、常數、方法、類別及物件等命名，以上所有變數、常數、方法等名稱，統稱為程式語言的**識別字**。Java 的識別字命名規則如下：

1. 識別字必須以字母（大小寫的 A 至 Z）錢字號（ $ ）或底線（_）開頭。例如，以下是一些合法的識別字。

```
a
Income
sum
$Income
_sum
```

以下是一些非法的識別字。

```
7eleven      //不能由數字開頭
*as          //不能由符號開頭
```

2. 識別字僅可由字母、數字、錢字號（ $ ）或底線（_）組合而成，但不得包含空白、符號或運算子。例如，以下是一些合法的識別字。

```
a123
a123b
```

以下是一些非法的識別字。

```
A=r        //不能含運算子
Age#3      //不能含符號
a c        //不能含空白
c+3        //不得含運算子
```

3. 識別字的長度不限，但是太長也徒增人工識別與鍵入的困擾。

4. 識別字的大小寫均視為不同，例如 Score、score 及 SCORE 皆代表不同的識別字。

5. 識別字不得使用保留字，如 if、for 等。但是，if1、fora 等則可使用。

6. 識別字要用有意義的單字，例如 StudentNumber 或 AverageIncome。除非生命週期極短的變數才用 x、i 或 a 等當識別字，也千萬不要用 k23erp 等這種沒意義又難記的識別字。

識別字有多個單字時，中間可以加上底線（_），例如上例 StudentNumber 可寫成 Student_Number，若擔心打字不靈光亦可寫成 Stu_Num、stu_num、StuNum 或 stunum，其中 StuNum 又稱**『駝峰』表示法**，因為大寫字母看起來像駝峰一樣，可以避免鍵入底線的困擾、且提昇閱讀效率。

3-3 資料種類

程式設計的主要工作是處理人類量化的資料，Java 所能處理的資料種類分別有**數值**(含整數及浮點數)、**布林值**、**字元**及**字串**等資料。

整數常數

Java 可以處理的整數常數有三種進位方式，分別是十進位 (Decimal)、十六進位 (Hexadecimal) 及八進位 (Octal)。其中十六進位應以 OX 或 Ox 開頭，八進位則應以 O 開頭，十進位則以我們平常書寫數字的方式即可。例如 OxA 或 OXB 均為十六進位，分別代表十進位的 10 與 11，而 O72 則為八進位，等於十進位的 58。Java 可以分別使用 byte、short、int 或 long 等四種型別儲存整數常數，其預設型別是 32 bits 的 int 型別，若要表示 64 bits 的長整數，則應於數值後面加上英文字母的 L 或 l。例如 32728L 或 32728l。

浮點常數 (Floating-point literals)

數字中含有小數點或指數的稱為**浮點數**。以指數為例，E 或 e 表示 10 的次方，例如 0.0023、2.3E-3 及 2.3e-3 均是表示相同的浮點數；又例如 2.3E+2 則代表 230。浮點數可使用標準寫法或科學符號法表示，例如 321.123 即為標準寫法，1.23e+4 即為科學符號表示法。Java 分別使用 32 bit 的 float 與 64 bit 的 double 儲存浮點常數，預設值是 double，若要強制使用 float，則應於數值後面加上英文字母的 f 或 F。

布林常數 (Boolean literals)

若某一數值僅有可能代表 true 與 false，則可將其型別宣告為 boolean 以節省記憶體，且更能表示其意義。Java 的布林值僅為 true 與 false，不像 C++ 可分別用 0 代表 false，1 代表 true。

字元常數 (Character literals)

使用單引號 (') 圍住的單一字元，稱為**字元常數**，例如 'A' 或 'a' 等。Java 使用 16 bits 的 Unicode，所以可表示 65536 個字元，這些字元足以表示任意國家的不同語言符號。

字串常數 (String literals)

使用雙引號 (") 所圍住的字串，稱為**字串常數**。Java 的字串表示法有別於 C++，後者是使用字元陣列表示字串，而前者的 Java 是使用 String 或 StringBuffer 類別表示字串。關於字串的用法與運算，請看第十章。

資料型別 (Data Type)

前面已介紹人類經常使用的一些資料常數，每一種資料常數均需要不同大小的記憶體儲存，電腦為了有效率的處理這些資料，所以有資料型別的規劃，也就是大的資料用大盒子裝，小的資料用小盒子裝，如此即可節省記憶體。Java 的資料型別首先分為內建資料型別及複合資料型別，內建資料型別再分為**數值**、**布林**與**字元**資料型別，複合資料型別再分為**陣列**與**字串**型別，將分別在第七與第十章說明。

數值資料型別

右表是 Java 數值資料型別：

型別	佔用記憶體的大小	所能代表的數值範圍
byte	8 bits	-128~127
short	16 bits	-32768~32767
int	32 bits	-2.14e+9~2.14e+9
long	64 bits	-9.22e-18~9.22e+18
float	32 bits	1.402e-45~3.402e+38 (負數亦同)
double	64 bits	4.94e-324~1.79e+308 (負數亦同)

布林資料型別

若某一變數僅存在 true 或 false 兩種值，則可以使用布林資料型別。若未初始化某一布林資料型別，則其值為 false，此與 C/C++ 不同，C/C++ 可以使用 0 代表 false，1 代表 true，但 Java 僅能使用 true 與 false 代表一個布林值。

字元資料型別

Java 使用 char 資料型別來儲存一個 Unicode 字元，因此，Java 的 char 型別是 16 位元長，而 C/C++ 是 8 位元長。

跳脫字元序列

字元中的單引號（'）、雙引號（"）及反斜線（\）均已有定義其功能，若您一定要使用這些字元，則應於使用前先加一個反斜線，此稱為**跳脫字元** (Escape Sequence)。下表是一些常用的跳脫字元序列：

例如：

```
String name1 = "Gwosheng";
System.out.println( name1);
```

結果是 Gwosheng。又例如，

```
String name2 = "\"Gwosheng\"";
System.out.println( name2);
```

結果是 "Gwosheng"。又例如，

```
System.out.println( name1+"\n"+name1);
```

結果是

```
Gwosheng
Gwosheng
```

3-4 變數宣告

變數宣告的用途

變數的功能是用來輸入、處理及儲存外界的資料。變數在使用以前均要事先宣告才可使用，其優點為**提昇資料的處理效率**及**避免拼字錯誤**。

提昇資料的處理效率

變數宣告的優點是可配置恰當的記憶體而提昇高資料的處理效率。例如，有些變數的值域僅為整數，則不用宣告為 float 或 double。甚至有些變數的值域非常小，小到使用 byte 型別即可儲存，此時當然宣告為 byte 型別即可。此即為小東西用小箱子裝，大東西用大箱子裝，才能有效運用空間與提升搬運效率。

避免拼字錯誤

在一些舊式的 Basic 語言中，變數使用前並不需要事先宣告，卻也帶來極大的困擾。以下敘述即為變數未宣告的後果，編譯器就無法回應使用者在拼字上的錯誤，而造成除錯上的困難。

```
student=studend+1;
```

上式若事先宣告 student 如下：

```
int student;
```

則編譯器遇到 studend 時，便會提醒使用者此 studend 並未宣告的錯誤訊息，提醒使用者補宣告或注意拼字錯誤。

變數宣告語法

Java 的變數宣告語法如下：

```
資料型別 變數名稱[=初值]
```

例如，

```
int a;
```

即是宣告變數 a 為 int 型別。又例如，

```
String b,c;
```

則是宣告變數 b,c 為 String 型別。其次，變數的宣告亦可連同初值一起設定，如下所示：

```
double a = 30.2 ;
```

宣告 a 是 double 型別，並設其初值是 30.2。以下敘述，同時宣告兩個變數且設定其初值，c 是 char 型別，且其初值是 'a'；d 也是 char 型別，其初值是 'b'。

```
char c='a',d='b';
```

以下敘述，宣告 strb 是 String 型別，且其初值是 How are you，請留意字元是使用單引號（'），字串是使用雙引號（"），且字串宣告 String 的 S 要大寫，其餘型別皆小寫開頭。

```
String strb = "How are you" ;
```

變數經過宣告之後，編譯器即會根據該變數的資料型別配置適當的記憶體儲存，所以若要提高程式的執行效率，則應儘量選擇佔用記憶體較小的資料型別。

變數的型別轉換

每一個變數宣告之後，即有屬於自己的型別，往後此變數均只能指派給相同型別的變數儲存，若執行階段欲指派給不同型別的變數儲存，則稱此為**型別轉換**。Java 的型別轉換分為**隱含轉換**（Implicit Conversion）與**強制轉換**（Explicate Conversion），分別說明如下：

隱含轉換（Implicit Conversion）

將值域小的型別轉為值域大的型別，稱為自動轉換或轉型（Convert）。此種轉換，系統可自動處理並確保資料不會流失。例如，將 short 轉為 int 或 long，則因後者的值域均比前者大，所以可順利的轉換。以下敘述可將型別為 short 的變數 a 指派給型別為 int 的變數 b，且原值不會改變。(請自行開啟 e3_4a)

```
short a=23;
int b;
b=a;
System.out.println(a); //結果是 23
```

強制轉換（Explicate Conversion）

將值域大的轉為值域小的型別（如 int 轉為 short），則稱此為強制轉換或稱為鑄型（cast）。強制轉換的語法如下：

```
變數1=(變數1的型別)  變數2 ;
```

例如，以下敘述可將型別是 int 的 b 變數指派給型別是 short 的 a 變數。

```
int c=23;
short d;
d=(short) c;
System.out.println(d); //結果是 23
```

其次，強制轉換的風險比較大，有可能資料流失或溢位。例如，以下敘述將 float 型別強制轉換為 byte 型別，將造成小數部份的流失。

```
float e=3.4f;
byte f;
f=(byte)e;
System.out.println(f); //結果是 3
```

以下敘述將 short 型別的 g 變數轉為 byte，將造成溢位，輸出為 -1。

```
short g=225;
byte h;
h=(byte)g;
System.out.println(h); //-1
```

➔ 範例 3-4a

示範變數的型別轉換。

補充說明 **請自行開啟檔案 e3_4a, 並觀察執行結果。**

變數的有效範圍

在一個大型專案裏，一個專案是由一或數個套件組合而成，且每一個套件通常包含許多類別，每一類別又包含許多方法。這些類別通常由許多人合力完成，例如張三設 stunum=15，李四又設 stunum=20，則必然造成無法預期的錯誤，所以為了防止變數互相干擾，才有變數的**有效範圍**（又稱為**變數生命週期**），茲將變數的有效範圍敘述如下：

> 任一變數的宣告，若無特殊聲明，均屬於區域變數，其有效範圍僅止於該變數所在的程式區塊。例如，宣告在某個敘述區塊中，如 if 或 for 敘述區塊，則它的有效範圍僅止於該敘述區塊，別的敘述區塊是無法取得該區域變數的值；若宣告於方法中，則它的有效範圍僅止於該方法，其它的方法均無法取得該區域變數的值；若宣告在類別，則其有效範圍週期僅止於該類別，同樣的道理，其它的類別是無法取得該區域變數的值。

例如，以下敘述的 a 變數，它是全域變數，其有效範圍是整個類別 e3_4b，所以 aa()、bb()、main() 等方法皆可存取 a 變數。其次，aa() 方法內宣告 b 與 d 變數，此為 aa() 方法內的區域變數，它們的有效範圍僅止於 aa() 方法，只要離開此方法即無法存取這些變數；main() 方法內宣告 c 與 d 變數，則它們的有效範圍僅止於 main() 方法，只要離開此方法即無法存取這些變數。還有，雖然 aa() 與 main() 方法內皆有 d 變數，但此 d 卻各自佔用不同的記憶體，彼此不相互干擾。最後，bb() 內，自己又宣告變數 a，這樣最保險了，因為有時難免不知有哪些全域性變數，所以，所有區域變數都要自己宣告，才不會誤用到全域變數，而無法除錯，此即為變數有效範圍的優點。

```
public class e3_4b{
    static int a=2;
    static void aa()    {
        int b;
        int d;
        System.out.println(a);//2,Global variable
    }
    static void bb()    {
        System.out.println(a);//2,Global variable
        int a=3;
        System.out.println(a); //3,Local variable
    }
    public static void main(String[] args)    {
        int c;
        int d;
        bb();
        aa();
    }
}
```

自我練習

1. 請鍵入以下程式，並觀察執行結果。

題號	程式	結果

1	public class e3_4b1{
	static int d;
	static void aa() {
	int d=3;
	System.out.println(d);
	}
	static void bb() {
	d=d+1;
	System.out.println(d);
	}
	public static void main(String[] args) {	

<table>
<tr><td></td><td><pre>
      d=1;
      aa();
      bb();
      System.out.println(d);
   }
}
</pre></td><td></td></tr>
<tr><td>2</td><td><pre>
public class e3_4b2{
   static void aa()   {
      int d=3;
      System.out.println(d);
</pre></td><td></td></tr>
<tr><td>2</td><td><pre>
   }
   static void bb()   {
      int d=4;
      d=d+1;
      System.out.println(d);
   }
   public static void main(String[] args)   {
      int d=3;
      aa();
      bb();
      System.out.println(d);
   }
}
</pre></td><td></td></tr>
</table>

常數符號的宣告

跟變數一樣，常數符號亦需要記憶體儲存位置，與變數不同的是，常數符號正如名稱所示，常數符號在整個程式中都不會改變其值。程式設計有兩種表示常數的方式，一種是**文字式(Literal)**，例如直接以 15 或 3.14159 表示某一常數，此種表示法已在 3-2 節介紹。另一種是本單元介紹的**常數符號式(Symbolic)**，那是因為有些數字在程式中會不斷的重複出現，為了增加程式的可讀性及減少程式鍵入的麻煩，此時即可用一個有意義的符號代替，但在符號之前加上保留字 final，則該符號的值將永遠保持在你所宣告的符號，程式中任何位置均不可能改變其值，此稱為**常數符號**，簡稱**常數**。例如以下例子令 PI=3.14159，則每次要使用 3.14159 時，只要填入 PI 即可。(常數符號通常均用大寫表示)

```
final double PI = 3.14159 ;
area = PI * r * r;
length = 2 * PI * r ;
```

又例如，銀行的利率亦應以常數符號表示，程式中任何位置若需使用利率時，均應以此常數符號代替，待有朝一日必須調整此利率時，只要在程式的最前面修改此常數符號的值即可。若未使用常數符號統一此值，則因此常數散落程式各地而無法確保此值的一致性。

3-5 運算子 (Operator)

所謂運算子 (Operator)，指的是可以對運算元 (Operand) 執行特定功能的特殊符號。運算子一般分為五大類：**指派運算子** (Assignment)、**算術** (Arithmetic) **運算子**、**關係** (Relational) **運算子**、**邏輯** (Logical) **運算子**與**位元操作** (Bitwise) **運算子**。每一種運算子都可以再細分為**一元** (Unary) 運算子與**二元** (Binary) 運算子。一元運算子只需要一個運算元就可以操作，而二元運算子則需要兩個運算元才能夠操作。本單元我們將一一以上檢視各種不同的運算子。除此之外，我們還會討論運算子的**優先順序** (Precedence) 與**結合律** (Associability)，**優先順序**用來決定同一式子擁有多個運算子時，每一個運算子的優先順序；而**結合律**則決定了在同一敘述中，相同優先順序運算子的執行順序。

指派運算子

指派運算子的符號為 (=)，其作用為將運算符號右邊運算式的值指派給運算符號左邊的運算元。所以，以下敘述 sum=a+b 是將 a+b 的值指派給 sum。

```
int sum = 0, a = 3, b = 5;
sum = a + b;
```

上式與數學的等號是不同的，所以不要一直懷疑為什麼 0 會等於 8。其次，你是不能將常數放在指派運算子的左邊，例如，

```
8 = x ;
```

為一個不合法的敘述，但以下敘述將常數 8 指派給變數 x 是合法的。

```
x = 8 ;
```

算術運算子

算術運算子用來執行一般的數學運算，包括取負數 (-)、加 (+)、減 (-)、乘 (*)、除 (/)、取餘數 (%)、遞增 (++) 及遞減 (--) 等，下表是 Java 的算術運算子列表：

運算子	定義	優先順序	結合律
++/--	累加/累減	1	由右而左
+/-	正負號，一元運算子	2	由右而左
*	乘法運算	4	由左而右
/	除法運算，商與被除數型別相同	4	由左而右
%	求餘(Modulus)	4	由左而右
+/-	加法/減法運算	5	由左而右

例如：

```
x=5;y=4;z=3;
System.out.println(x % z); //2
x++;
System.out.println(x);      //6
--y;
System.out.println(y);      //3
y=-y;
System.out.println(y);      //-3
```

除法運算

除法運算時，商的型別與被除數相同。例如，

```
int a1=7,b=2;
float a2=7;
float c1,c2;
```

```
c1=a1/b;
c2=a2/b;
System.out.println(c1);//3.0
System.out.println(c2);//3.5
```

遞增 (++) 及遞減 (--)

遞增 (++) 及**遞減 (--)** 是 C/C++ 及 Java 語言特有的運算子，此二個運算子又分為前置與後置，**前置**是運算子在運算元之前，如 ++a；**後置**是運算子在運算元之後，如 a++。原則上不論 ++a 或 a++ 都是將 a 值加 1 並放回 a，但若是 b = ++a 或 b = a++，則其 a 值均會加 1，但 b 值會有差異，前置 b 值會得到加 1 的結果，後者只能得原 a 值。例如，

```
int a,b;
a=2;
b=a++;
System.out.println("a="+a);   //3
System.out.println("b="+b);   //2
System.out.println();

a=2;
b=++a;
System.out.println("a="+a);   //3
System.out.println("b="+b);   //3
```

其次，若您所需要的運算沒有對應的運算子，那就要到 Math 類別去找方法。例如，您要次方運算，Java 並沒有次方運算子，那就是要用 pow() 方法，如以下敘述為計算 3 的平方：

```
a = Math.pow(3,2);
```

若要執行開根號運算，則應使用 sqrt 方法。如以下敘述是計算 9 的平方根。

```
x=Math.sqrt(9);
```

關係運算子

關係運算子又稱為**比較運算子** (Comparison Operators)，用於資料之間的大小比較，比較的結果可得到邏輯的 true 或 false，下表是 Java 中的關係運算子符號。其中等於與不等於的符號與其它語言有顯然的不同，請讀者留意，例如，以下敘式用來比較 a 與 b 是否相等。

```
if (a == b)
```

下面是 Java 關係運算子列表：

運算子	定義	優先順序	結合律
<	小於	7	由左而右
>	大於	7	由左而右
<=	小於等於	7	由左而右
>=	大於等於	7	由左而右
= =	等於	8	由左而右
!=	不等於	8	由左而右

邏輯運算子

當同一個運算式要同時存在兩個以上的關係運算子時，每兩個關係運算子之間必須使用**邏輯運算子**連結，例如，若有數學式如下

```
1<x<=7
```

則其對應 Java 表式如下：

```
(x>1 ) & (x<=7)        //AND
```

Java 的邏輯運算子有取補數的 NOT(!)、完全評估 AND(&)、XOR(^) 及完全評估 OR(|)，及快捷運算的 AND(&&) 及 OR(| |)，如下表所示：

運算子	定義	優先順序	結合律
!	一元邏輯補數運算 (NOT)	2	由右而左
&	完全評估的 AND 運算	9	由左而右
^	XOR	10	由左而右
|	完全評估的 OR 運算	11	由左而右
&&	快捷的 AND 運算	12	由左而右
||	快捷的 OR 運算	13	由左而右

例如，

```
x=5;y=4;z=3;
System.out.println((x>y) & (y==z));     //false
System.out.println((x>3) | (y<5));      //true
```

完全評估 VS 快捷系列

完全評估系列的運算子一定會把兩個運算元拿來運算；相反地，快捷系列的運算子會先算出第一個運算元的值，如果這個值已經可以決定出整個運算式的結果，快捷系統的運算子就不會對第二個運算元進行運算。例如，以下敘述以 boolean2 的速度較快，因為在快捷系列的 3>7 已得到一個 false，所以 5>2 不予執行。

```
boolean1 = (3>7)&(5>2)
boolean2 = (3>7)&&(5>2)
```

自我練習

1. 若有一數學式，同時判斷六個變數是否滿足 $\frac{a_1}{a_2}=\frac{b_1}{b_2}=\frac{c_1}{c_2}$ ，請轉換為 Java 敘述。那 $\frac{a_1}{a_2}=\frac{b_1}{b_2}\neq\frac{c_1}{c_2}$ 又如何表示呢？

複合指派運算子

結合指派與算術、關係及邏輯的運算子稱為**複合指派運算子**，此乃 C/C++ 與 Java 語言特有的運算子，例如程式設計者常會鍵入 sum=sum+5，程式語言乃制定此一複合指派運算子 +=，所以上述 sum=sum+5，即可寫成 sum += 5，下表是 Java 常用的複合指派運算子：

<table>
<tr><th>運算子</th><th>定義</th><th>優先順序</th><th>結合律</th></tr>
<tr><td>=</td><td>指派內容</td><td>15</td><td>由右而左</td></tr>
<tr><td>+=</td><td>相加之後再指派內容</td><td>15</td><td>由右而左</td></tr>
<tr><td>-=</td><td>相減之後再指派內容</td><td>15</td><td>由右而左</td></tr>
<tr><td>*=</td><td>相乘之後再指派內容</td><td>15</td><td>由右而左</td></tr>
<tr><td>/=</td><td>相除之後再指派內容</td><td>15</td><td>由右而左</td></tr>
<tr><td>&=</td><td>AND 運算之後再指派內容</td><td>15</td><td>由右而左</td></tr>
<tr><td>|=</td><td>OR 運算之後再指派內容</td><td>15</td><td>由右而左</td></tr>
<tr><td>^=</td><td>XOR 運算之後再指派內容</td><td>15</td><td>由右而左</td></tr>
</table>

位元操作運算子

位元操作 (Bitwise) 運算子是將變數先轉為二進位值，再逐位元運算。可以再分為兩類：**位移 (Shift) 運算子**與**布林運算子**。位移運算子可以用來將各位元向左或是向右移；布林運算子則可以逐位元進行布林運算。

下面是 Java 位元操作運算子的完整列表：

運算子	定義	優先順序	結合律
~	對各個位元進行補數運算	2	由右而左
<<	考慮正負位元的向左位移	6	由左而右
>>	考慮正負位元的向右位移	6	由左而右
>>>	在左端補零的向右位移(就像不考慮正負號位元一樣)	6	由左而右
&	位元 AND 運算	9	由左而右

運算子	定義	優先順序	結合律
|	位元 OR 運算	10	由左而右
^	位元 XOR 運算	11	由左而右
<<=	向左位移之後再指定內容	15	由左而右
>>=	向右位移之後再指定內容	15	由左而右
>>>=	在左端補零向右位移之後再指定內容	15	由左而右

以下是一些位元操作運算子的實例，請自行開啟檔案 e3-5a。

```
int i=6;   //i=00000110，
i=i<<2;
System.out.println(i); //i=00011000=24

i=i>>3;
System.out.println(i); //i=00000011
i=3;          //i=00000011
j=2;          //j=00000010
k=i & j;      //k=00000010=2
System.out.println(k);

k=i | j;      //k=00000011=3
System.out.println("4 : "+k);

k=i^ j;       //k=00000001=1
System.out.println("5 : "+k);
```

XOR 的位元操作真值表如下，當 a 與 b 不同時，c 才得到 1。

```
c = a ^ b;//a XOR b
```

a	b	C
0	0	0
0	1	1
1	0	1
1	1	0

運算子的優先順序 (Precedence)

同一敘述，若同時含有多個運算子，此時即需定義運算子的優先順序。例如：

```
x=a+b*c;
```

由以上各運算子的『優先順序』可知，乘號 (*) 的優先順序是 4，而加號 (+) 則是 5。所以，上式的結果與

```
x=(a+(b*x));
```

的效果相同。同理，

```
x=a>b & b>z;
```

的結果同義於

```
x=(a>b) & (b>z);
```

以下式子左邊與右邊的結果是相同的。

x=x+++2;	x=(x++)+2;
x=x+y*2+z++;	x=((x+(y*2))+(z++));
x=x+++y;	x=(x++)+(-y);

運算子的結合律 (Associativity)

當同一敘述，同時擁有多個相同優先順序的運算子，此時即需定義運算子是左結合或右結合。例如：

```
x=a-b-c;
```

同義於

```
x=((a-b)-c);    (左結合)
```

而

```
x=y=z=2;
```

則是同義於

```
(x=(y=(z=2)));  (右結合)
```

小括號

小括號（Parentheses）可強制提高運算元的優先順序。例如，

```
4+2*3
```

若加上括號

```
(4+2)*3
```

則其結果就不同。其次，加上括號的可讀性較高。例如，

```
x=a>b & b>z;
```

同義於

```
x=(a>b) & (b>z);
```

但後者的可讀性較高。

3-6 運算式 (Expression) 與敘述 (Statement)

運算式 (Expression)

任何可求得一個值的式子，都稱為一個**運算式**，例如 5+3 會傳回一個數值，所以 5+3 是一個運算式，以下是一些合法的運算式，這些運算式通常放在第四章的 print(運算式)、第五章的 if(運算式)、第六章的 for(；運算式；) 及 while(運算式)。一般而言，可以放在等號右邊的東西，都可以稱為運算式。

```
6 ;            // 傳回 6
4+5 ;          // 傳回 9
sum > 3 ;      // 傳回 true or false
a==b;          // 傳回 true or false
```

敘述 (Statement)

凡是控制執行的順序、對運算式取值或不作任何事，均可稱為**敘述**。所有的敘述都要以分號 (；) 作結束，如以下式子即是一個敘述。於 Java 中，若前一個敘述未以分號結束，則錯誤訊息通常出現在下一個敘述的開頭。

```
sum = sum + 1 ;
```

敘述區塊 (Block Statement) 或複合敘述 (Compound Statement)

在任何可以放上單一敘述的地方，你就能放上**敘述區塊**，敘述區塊亦稱**複合敘述**，一個複合敘述是由兩個大括號組合而成，如下所示，但大括號之後不可再加分號。

```
{
    t = a ;
    a = b ;
    b = t ;
}
```

註解 (Comments)

適當的程式註解才能增加程式的可讀性，Java 的註解分為三種方式，第一種如下：

```
/* 我是註解 */
```

上式『/*』符號以後的字串視為註解，編譯程式不予處理，直到遇到『*/』為止，例如以下二式均為註解：

```
/*
x= x+ 3;          x 值加 3
sum = sum + y;    將 y 之值加至 sum
*/
```

第二種註解與第一種類似，如下式：

```
/** 我是註解 **/
```

第三種是單一列的註解，凡是雙斜線 (//) 以後的單一列，Java 均視為註解，例如：

```
sum = sum +y;      //將 y 值累加至 sum
```

縮排與空行

除了適當的註解，程式設計若應善用縮排與空行，才能使你的程式讓人易於閱讀。因為有了縮排 (請使用 Tab 鍵，而不是自行按空白鍵)，程式才有層次感。其次，空行則可使段落更加明顯。所以，本書範例則都遵守這些規定，請讀者自行觀察。

習題

本章補充習題請見本書下載檔案。

CHAPTER 4

基本輸出入

JAVA

上一章我們已經介紹變數、運算子、運算元、敘述。本章則要介紹基本輸出入，有了基本輸出入，就可寫出一些程式，解決生活上一些思考性的計算問題。Java應用程式大致分為文字介面的命令提示字元模式與圖形化的視窗介面模式。命令提示字元的應用程式其程式是按照程式出現的順序執行；圖形化視窗介面的應用程式則依照事件產生的先後執行對應程式，請看本書第 13、14、15 三章。文字介面雖然呆板，但是可以先簡化輸出入介面的撰寫，讓初學者先專注在學習程式指令的基本邏輯演算，請看本章說明。

4-1 輸出

於**命令提示字元**視窗下輸出結果通通使用 System.out.print() 與 System.out.println()，其中括號內可放置任何的資料型別，例如 boolean、short、int、float、double、string 及 Object 等。兩者的差別是 println 印完跳列，而 print 則不跳列。例如，

```
System.out.println("a");
System.out.println("aa");
```

的輸出結果是

```
a
aa
```

而

```
System.out.print("a");
System.out.print("aa");
```

的結果則是 aaa。其次，若括號內含有（字串＋數值）的資料，則一律轉換為字串輸出。例如，

```
System.out.println("a="+3);
```

的結果是 a=3。若刮號內為變數，則輸出此變數的值。例如，

```
int a=3;System.out.print(a);//3
```


➔ 範例 4-1a

寫一個程式，可以指派一個一元二次方程式的係數，並求其解（本例假設所輸入的方程式恰有二解，例如，$2x^2-7x+3=0$，則指派 a=2,b=-7,c=3，且其解為 x1=3 ,x2=0.5）。

輸出結果

```
x1=3.0
x2=0.5
```

程式列印

```
public class e4_1a {
    public static void main(String[] args) {
        int a=2,b=-7,c=3;     //初學者先用直接指派，可簡化程式的撰寫
        double d,x1,x2;
        d=Math.sqrt(b*b-4*a*c);
        x1=(-b+d)/(2*a);
        x2=(-b-d)/(2*a);
        System.out.print("x1=");
        System.out.println(x1);
        System.out.print("x2=");
        System.out.println(x2);
    }
}
```

自我練習

1. 寫一個程式，可以指派一個二元一次方程式的係數，並求其解（本例假設所輸入的方程式恰有一解）。提示，解二元一次方程式的演算法如下：（此稱為克拉瑪公式）

(1) 設二元一次方程式如下：

$$a_1x + b_1y = c_1$$

$$a_2x + b_2y = c_2$$

(2) 指派 a1,b1,c1,a2,b2,c2 六個整數。(本例假設整係數方程式)

(3) 令 $d = \begin{vmatrix} a_1 & b_1 \\ a_2 & b_2 \end{vmatrix} = a_1b_2 - a_2b_1$。

(4) 則其解分別是

$$x = \frac{\begin{vmatrix} c_1 & b_1 \\ c_2 & b_2 \end{vmatrix}}{d} = (c_1b_2 - c_2b_1)/d \qquad y = \frac{\begin{vmatrix} a_1 & c_1 \\ a_2 & c_2 \end{vmatrix}}{d} = (a_1c_2 - a_2c_1)/d$$

(5) 例如， 3x+y=5

x-2y=-3

則其解為 x=1 y=2

2. 使用指派法輸入三角形三邊長 a、b、c，求其面積。(面積 = ((d*(d-a)(d-b)(d-c))^(1/2), 其中 d=(a+b+c)/2，本例假設所入的三角形三邊長可圍成三角形，例如，a=3,b=4,c=5 則面積 =6)

4-2 輸入

從鍵盤輸入資料，可依資料種類分為**輸入字元**、**輸入字串**與**輸入數值**等三種模式，請看以下說明，這些敘述有點冗長，但卻可以讓網路、檔案與鍵盤的輸出入有相同的模式，等讀者後續學習網路與檔案串流即會明瞭。

輸入字元

輸入字元的敘述如下：

```
int b;
b=System.in.read();
```

但 read 方法傳回值型別是 int，所以必須轉型為 char，如以下敘述：

```
char c;
c=(char) b;
```

其次，read 方法的所在套件是 java.io.*，所以亦應使用以下敘述匯入此套件。

```
import java.io.*;
```

且於資料輸入前應先申請 IOException 類別的例外，如以下敘述：

```
public static void main(String[] args) throws IOException
```

以上例外的申請，請看第 14 章。

➔ 範例 4-2a

示範如何讀入字元。

輸出結果

```
Please Press any char: a
Your byte is 97
Your char is a
```

程式列印

```
import java.io.*;
public class e4_2a {
   public static void main(String[] args) throws IOException{
      System.out.print("Please Press any char: ");
      int b;
      char c;
```

```
        b=System.in.read();
        c=(char) b;
        System.out.print("Your byte is " +b);
        System.out.print("Your byte is " +c);
    }
}
```

輸入字串

輸入字串的方法是 readLine，此方法存在 BufferedReader 類別，此類別所在的套件是 java.io，所以應匯入此套件，其敘述如下：

```
import java.io;
```

其次，此類別的建構子是

```
BufferedReader buf=(Reader in)
```

必須傳入一個參數 in，其型別是 Reader。所以，以 buf 物件建構此類別的敘述如下：

```
BufferedReader buf=new BufferedReader(in);
```

Reader 類別是一個抽象類別，我們無法建構此抽象類別，僅可建構其衍生類別。所以，本例建構 InputStreamReader，此類別的建構子是

```
InputStreamReader(InputStream in)
```

必須傳入一個參數 in，其型別是 InputStream，所以本例以型別是 InputStream 的 System.in 欄位（Field）代替如下：

```
InputStreamReader in=new InputStreamReader(System.in);
```

以上是輸入字串的解說，初學者先略讀即可，待讀完第 9 章之後，再回頭重讀即可瞭解。

➔ 範例 4-2b

示範輸入字串。

輸出結果

```
Input a String:ASDF
String= ASDF
```

程式列印

```
import java.io.*;//載入java.io套件裡的所有類別
public class e4_2b {
    public static void main(String args[]) throws IOException{
        String str;
        InputStreamReader in=new InputStreamReader(System.in);
        BufferedReader buf=new BufferedReader(in);

        System.out.print("Input a String:");
        str=buf.readLine();
        System.out.println("String= "+str);//印出字串
    }
}
```

輸入數值

常用的數值型別有 byte short、int、float 與 double 等，若要輸入這些型別的數值，則應使用以上類別的 parseByte、parseShort、parseInt、parseFloat 與 parseDouble 等方法。例如，上例的

```
str=buf.readLine();
```

傳回一個字串，若要將此字串轉為 int 型別，則其敘述如下：

```
int a;
a=Integer.parseInt(str);
```

➔ 範例 4-2c

示範整數的輸入。

輸出結果

```
Input a Integer:6
The Integer is 6
7
```

程式列印

```
import java.io.*;//載入java.io套件裡的所有類別
public class e4_2c {
    public static void main(String args[]) throws IOException{
        String str;
        int a;
        InputStreamReader in=new InputStreamReader(System.in);
        BufferedReader buf=new BufferedReader(in);

        System.out.print("Input a Integer:");
        str=buf.readLine();

        a=Integer.parseInt(str);
        System.out.println("The Integer is "+a);
        a++;
        System.out.println(a);
    }
}
```

Scanner

以上是使用 InputStreamReader 類別完成輸入字串與數值，java.util.Scanner 類別亦有類似方法完成以上功能，請自行線上查詢 Scanner 類別，以下範例說明其用法。

➔ 範例 4-2d

示範使用 Scanner 類別輸入字串與數值。

輸出結果

```
Input a String:ASDF
String= ASDF
Input a Short:3
Your short is 3
```

程式列印

```
import java.io.*;
import java.util.Scanner;
  public class e4_2d{
    public static void main(String args[]) throws IOException{
    //InputStreamReader in=new InputStreamReader(System.in);
    // BufferedReader buf=new BufferedReader(in);
    Scanner in=new Scanner(System.in);
    System.out.print("Input a String:");
    //str=buf.readLine();
    String str=in.nextLine();//輸入字串
    System.out.println("String= "+str);
    System.out.print("Input a Short:");
    short a=in.nextShort();
    System.out.print("Your short is ");
    System.out.println(a);
  }
}
```

4-3 綜合範例

➔ 範例 4-3a

請寫一程式，滿足以下條件。

1. 可以輸入兩點座標。

2. 計算此兩點座標距離。

3. 輸出此兩點距離。

輸出結果

```
Input x1:3
Input y1:0
Input x2:0
Input y2:4
The distance is:  5.0
```

程式列印

```
import java.io.*;     // 載入java.io套件裡的所有類別
public class e4_3a{
    public static void main(String args[]) throws IOException   {
        //declare
        String str;
        int x1,y1,x2,y2;
        double d;
        //input
        InputStreamReader in=new InputStreamReader(System.in);
        BufferedReader buf=new BufferedReader(in);

        System.out.print("Input x1:");
        str=buf.readLine();
```

```
        x1=Integer.parseInt(str);

        System.out.print("Input y1:");
        str=buf.readLine();
        y1=Integer.parseInt(str);

        System.out.print("Input x2:");
        str=buf.readLine();
        x2=Integer.parseInt(str);

        System.out.print("Input y2:");
        str=buf.readLine();
        y2=Integer.parseInt(str);

        //process
        d=Math.sqrt(Math.pow((x1-x2),2)+Math.pow((y1-y2),2));

        //output
        System.out.println("The distance is:  "+d);
    }
}
```

自我練習

1. 輸入長、寬、高，計算其表面積與體積。

2. 輸入圓的半徑，求其周長與面積。π 請查詢 Math 類別。

3. 輸入三角形三邊長 a、b、c，求其面積。(面積＝((d*(d-a)(d-b)(d-c))^(1/2)，d=(a+b+c)/2，本例假設所入的三角形三邊長可圍成三角形)

4. 點與直線的距離。請寫一程式，可與輸入一直線與一點，並求出此距離。例如，直線為 3x+4y=5 與點 A(1,2) 的距離為 1.2。

5. 輸入兩點可得一直線方程式，此稱兩點式。請寫一程式，可輸入兩個點，並求其直線方程式。

➔ 範例 4-3b

請寫一程式，滿足以下條件。

1. 可以輸入兩個數值，且以兩個變數儲存。
2. 交換此兩個變數的數值。
3. 輸出交換的結果。

輸出結果

```
Input First Number:3
Input Second Number:4
a1 = 4
a2 = 3
```

程式列印

```
import java.io.*;    // 載入java.io套件裡的所有類別
public class e4_3b{
    public static void main(String args[]) throws IOException   {
        //declare
        String str;
        int a,b,t;

        //input
        InputStreamReader in=new InputStreamReader(System.in);
        BufferedReader buf=new BufferedReader(in);

        System.out.print("Input First Number:");
        str=buf.readLine();
        a=Integer.parseInt(str);

        System.out.print("Input Second Number:");
        str=buf.readLine();
```

```
        b=Integer.parseInt(str);
        //process
        t=a;
        a=b;
        b=t;
        //output
        System.out.println("a = "+a);
        System.out.println("b = "+b);
    }
}
```

程式說明

兩個變數的內容要交換，就如同兩隻手的東西要交換位置。所以假設你有 a,b 兩隻手，各拿一樣東西，則要交換其位置的方法如下：

1. 先找來第 3 隻手 t。
2. 將 a 的東西交給 t 暫存。

```
t=a;
```

3. 將 b 的東西交給 a。

```
a=b;
```

4. 將 t 的東西交給 b，而完成兩隻手上東西的交換。

```
b=t;
```

5. 其次，若未先找來第三之手 t，電腦並沒有這個能力，同時拋出雙手東西，再同時接住另一手的東西，如以下敘述：

```
a=b;
b=a;
```

自我練習

1. 輸入三個數 a、b、c，並將 a 交給 b，b 交給 c，c 交給 a，並輸出。

➔ 範例 4-3c

假設某次考試成績資料如下：

60、70、80、90

1. 請寫一程式輸入以上資料。
2. 輸出以上資料。
3. 計算總和。
4. 輸出總和與平均。

輸出結果

```
Input a1 grade:60
Input a2 grade:70
Input a3 grade:80
Input a4 grade:90

The a1 grade is:  60
The a2 grade is:  70
The a3 grade is:  80
The a4 grade is:  90
The sum is:  300.0
The avg is:  75.0
```

程式列印

```
import java.io.*;    // 載入java.io套件裡的所有類別
public class e4_3c{
    public static void main(String args[]) throws IOException   {
        //declare
        String str;
```

```
        int a1,a2,a3,a4;
        float sum,avg;

        //input
        InputStreamReader in=new InputStreamReader(System.in);
        BufferedReader buf=new BufferedReader(in);

        System.out.print("Input a1 grade:");
        str=buf.readLine();
        a1=Integer.parseInt(str);

        System.out.print("Input a2 grade:");
        str=buf.readLine();
        a2=Integer.parseInt(str);

        System.out.print("Input a3 grade:");
        str=buf.readLine();
        a3=Integer.parseInt(str);

        System.out.print("Input a4 grade:");
        str=buf.readLine();
        a4=Integer.parseInt(str);

        //process
        sum=a1+a2+a3+a4;
        avg=sum/4;

        //output
        System.out.println();
        System.out.println("The a1 grade is:  "+a1);
        System.out.println("The a2 grade is:  "+a2);
        System.out.println("The a3 grade is:  "+a3);
        System.out.println("The a4 grade is:  "+a4);
        System.out.println("The sum is:  "+sum);
        System.out.println("The avg is:  "+avg);
    }
}
```

補充說明 本例輸入四筆資料，程式就落落長，程式設計領域果真如此繁瑣？答案當然是否定的，請繼續研讀第六、七兩章的『迴圈』與『陣列』就能改善。

自我練習

1. 計算 1 + 2 + 3 + 4 + 5 之和，且不可使用迴圈。

➔ 範例 4-3d

假設某次考試成績資料如下：

座號	姓名	國文	英文
1	aa	22	33
2	bb	44	55
3	cc	66	77

1. 請寫一程式輸入以上資料。
2. 輸出以上資料。
3. 計算總和與平均。
4. 輸出總和與平均。

輸出結果

```
Input First Number:1
Input First Name:aa
Input First Chi:22
Input First Eng:33
Input Second Number:2
Input Second Name:bb
Input Second Chi:44
Input Second Eng:55
Input Thirst Number:3
Input Thirst Name:cc
Input Thirst Chi:66
```

```
Input Thirst Eng:77

1  aa  22  33  27.0
2  bb  44  55  49.0
3  cc  66  77  71.0
Avg is:44.0  55.0
```


程式列印

```
import java.io.*;    // 載入java.io套件裡的所有類別
public class e4_3d{
   public static void main(String args[]) throws IOException   {
      //declare
      String str;
      String a1,a2,a3;
      String b1,b2,b3;
      int c1,c2,c3;
      int d1,d2,d3;
      float avg1,avg2,avg3,avgChi,avgEng;
      //input
      InputStreamReader in=new InputStreamReader(System.in);
      BufferedReader buf=new BufferedReader(in);

      System.out.print("Input First Number:");
      a1=buf.readLine();

      System.out.print("Input First Name:");
      b1=buf.readLine();

      System.out.print("Input First Chi:");
      str=buf.readLine();
      c1=Integer.parseInt(str);

      System.out.print("Input First Eng:");
      str=buf.readLine();
```

```
d1=Integer.parseInt(str);


System.out.print("Input Second Number:");
a2=buf.readLine();

System.out.print("Input Second Name:");
b2=buf.readLine();

System.out.print("Input Second Chi:");
str=buf.readLine();
c2=Integer.parseInt(str);

System.out.print("Input Second Eng:");
str=buf.readLine();
d2=Integer.parseInt(str);

System.out.print("Input Thirst Number:");
a3=buf.readLine();

System.out.print("Input Thirst Name:");
b3=buf.readLine();

System.out.print("Input Thirst Chi:");
str=buf.readLine();
c3=Integer.parseInt(str);

System.out.print("Input Thirst Eng:");
str=buf.readLine();
d3=Integer.parseInt(str);

//process
avg1=(c1+d1)/2;
avg2=(c2+d2)/2;
avg3=(c3+d3)/2;
avgChi=(c1+c2+c3)/3;
```

```
        avgEng=(d1+d2+d3)/3;

        //ouput
        System.out.println();
        System.out.println(a1+"   "+b1+"   "+c1+"   "+d1+"   "+avg1);
        System.out.println(a2+"   "+b2+"   "+c2+"   "+d2+"   "+avg2);
        System.out.println(a3+"   "+b3+"   "+c3+"   "+d3+"   "+avg3);
        System.out.println("Avg is:"+avgChi+"   "+avgEng);

    }
}
```

補充說明 **以上程式更長了，這一問題待學習第六、七兩章的『迴圈』與『陣列』就能改善。**

自我練習

假設某次考試成績資料如下：

座號	姓名	國文	英文	數學
1	AA	22	33	44
2	BB	55	66	77
3	CC	88	99	99

1. 請寫一程式輸入以上資料。(不可使用迴圈)
2. 輸出以上資料。
3. 計算每一人總和與平均。
4. 計算每一科平均。
5. 輸出總和與平均。

➔ 範例 4-3e

1. 求空間中一點 P(a,b,c) 在直線 $L = \frac{x+d}{l} = \frac{y+f}{m} = \frac{z+g}{n}$ 的投影點。

2. 求點 P 到直線 L 的距離。

提示

這是高中數學的空間向量，每次都要花很多時間計算投影點與距離，若我們將此演算過程寫成程式，則每次只要輸入 a、b、c、d、f、g、l、m、n 那就可請電腦完成所有計算。本例演算法如下：

設P在L的投影點為Q，由L之參數式可設Q點座標 $Q(\ell t - d, mt - f, nt - g)$，且 $\overrightarrow{PQ} = (\ell t - d - a, mt - f - b, nt - g - c)$。

L 的方向向量 $\overrightarrow{\ell} = (l, m, n)$ 且 $\overrightarrow{\ell} \perp \overrightarrow{PQ} \Rightarrow \overrightarrow{\ell} \times \overrightarrow{PQ} = 0$

$\Rightarrow (\ell t - d - a) \times \ell + (mt - f - b) \times m + (nt - g - c) \times n = 0$

$\Rightarrow \ell^2 t + m^2 t + n^2 t = \ell(d + a) + m(f + b) + n(g + c) = 0$

$\Rightarrow t = (\ell(d + a) + m(f + b) + n(g + c)) / (\ell^2 + m^2 + n^2)$。

投影點 $Q(\ell t - d, mt - e, nt - f)$。

P 到直線 L 的距離 $= |\overrightarrow{PQ}| = \sqrt{(\ell t - d - a)^2 + (mt - f - b)^2 + (nt - g - c)^2}$。

執行結果

```
Q(1.0,4.0,-2.0)
Length=3.0
```

程式列印

```
public class e4_3e {
    public static void main(String[] args) {
        int a=3,b=2,c=-1;
        int d=-4,f=-6,g=4;
```

```
        int l=3,m=2,n=-2;
        double t=(l*(d+a)+m*(f+b)+n*(g+c))/(l*l+m*m+n*n);
        double p=l*t-d;
        double q=m*t-f;
        double r=n*t-g;
        double len=Math.sqrt((p-a)*(p-a)+(q-b)*(q-b)+(r-c)*(r-c));
        System.out.println("Q("+p+","+q+","+r+")");
        System.out.println("Length="+len);
    }
}
```

自我練習

(以下演算法，請參考高中數學空間向量)

1. 於空間座標中，求兩平行直線的距離。例如：

   $L_1: \frac{x+1}{2} = \frac{y-1}{2} = \frac{z}{1}$ 與 $L_2: \frac{x-1}{2} = \frac{y}{2} = \frac{z+2}{1}$ 之間的距離是 3。

2. 於空間座標中，請寫一程式，可求兩歪斜線的距離。例如：

   $L_1: \frac{x-3}{2} = \frac{y-1}{2} = z-2$ 與 $L_2: \frac{x-4}{-2} = y+4 = \frac{z-1}{2}$ 的距離是 3。

3. 於空間座標中，請寫一程式，可求兩直線的交點座標。例如：

   $L_1: \frac{x+1}{3} = \frac{y-1}{4} = \frac{z-1}{2}$ 與 $L_2: \frac{x+2}{2} = \frac{y+1}{3} = \frac{z+3}{3}$ 的交點座標為 (2，5，3)。

習題

本章補充習題請見本書下載檔案。

MEMO

5 CHAPTER

決策敘述

JAVA

上一章我們已經學習基本輸出入，已經可以寫出很多純計算的計算問題，讓我們可以不費吹灰之力，解決很多需要不斷按鍵才能完成的問題。但是，人類的生活必須不斷面對決策問題，連一個不到三歲的小孩，也常要思考他手裡的十元是要坐電動車還是買棒棒糖。程式語言是協助解決人類問題的工具，當然也有決策敘述，Java 依決策點的多寡，分為以下兩種決策敘述，第一是**雙向分歧決策 if..else..**，例如肚子餓了就吃飯，否則繼續前進；第二是**多向分歧決策的 switch case**，例如你身上 5000 元，走進一家五星級的大飯店用餐，你的分歧點就很多，有自助餐、中式套餐、日本料理、泰國餐點等等分歧點。本章的重點即是探討 Java 的決策敘述。

5-1 if..else..

日常生活領域中，當出現“假如～則～，否則～”時，此種決策模式有兩種解決問題的方案，故稱為雙向分歧決策，此時可使用 if..else.. 敘述，if..else.. 敘述的語法如下：

```
if(運算式)
    {
        敘述區塊1;
    }
    else
    {
        敘述區塊2;
 }
```

以上語法說明如下：

1. 運算式的值若為 true，則執行敘述區塊 1；運算式的值若為 false，則執行敘述區塊 2，其流程圖如下：

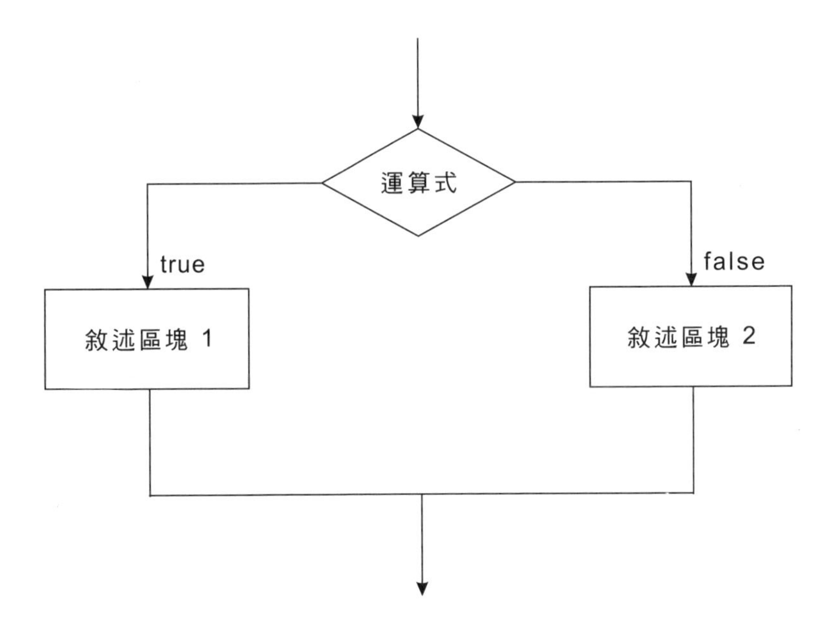

2. 敘述區塊上下一定要用大刮號 ({}) 包圍。以下敘述可依 a 的大小評量其及格與否。

```
String b="";
if (a>=60) {
   b="Pass";
}
else {
   b="Fail";
}
```

3. 敘述區塊內的敘述若只有一個，則敘述區塊上下兩個大括號可予省略。例如，以上程式可簡化如下：

```
if (a>=60)
   b="Pass";
else
   b="Fail";
```

4. 有時為了簡化程式的撰寫，可將否則的部分寫在 if 前面，並省略 else。例如，以下程式同義於上面程式。

```
b="Fail";
if (a>=60)
   b="Pass";
```

5. 若敘述區塊上下的大括號遺漏，則條件成立時，僅執行敘述區塊的第一個敘述，但更嚴重的問題，敘述區塊第二個以後的敘述，不論條件成立與否，均會自動執行。例如，以下程式的 num，不論 a 值為何，一定是 1。

```
a=30;
int num=0;
if (a>=60)
   b="Pass";
   num++;
System.out.println(num);//永遠是 1
```

6. Java 為了強調語法的簡潔性，若決策的結果，只為求得簡單的運算式，則可用以下敘述的三元運算子（？：），其中運算式 2 與運算式 3 的括號只是增加程式的可讀性，此兩括號的有無並不影響程式的執行結果。以下敘述，當運算式 1 的值為 true 時，b= 運算式 2，當運算式 1 的值為 false 時，則 b= 運算式 3。

```
b=(運算式1)?(運算式2):(運算式3);
```

例如，以上程式亦可簡化如下：

```
b=(a>=60)?("Pass"):("Fail");
   System.out.println(b);
```

7. 敘述區塊內可以放置任何合法敘述，當然也可以再放置 if；if 中有 if，稱為巢狀 if，請看範例 5-2c。

➔ 範例 5-1a

請寫一個程式，完成以下要求：

1. 輸入一個 0~100 的分數。
2. 當分數大於等於 90 分時，輸出 A。
3. 當分數介於 80~89 時，輸出 B。
4. 當分數介於 70~79 時，輸出 C。
5. 當分數介於 0~69 時，輸出 D。

執行結果

```
Input a Grade:94
The Grade is  A
```

流程分析

1. 使用流程圖分析如右：

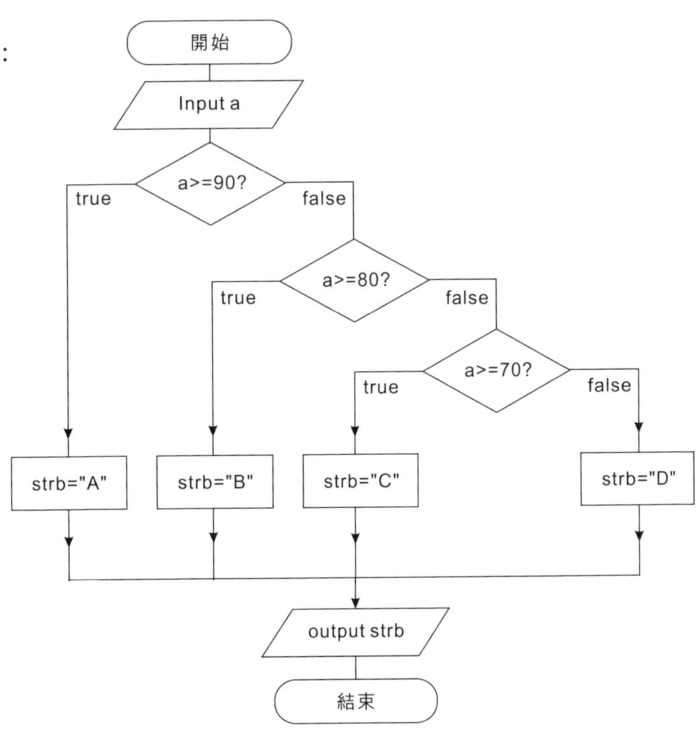

2. 以上每一個決策點，都有兩個分歧點，所以適用 if~else。

3. 每一個 else 後面均需進一步決策，所以可在每一 else 後面再放置 if。

程式列印

```
import java.io.*;
public class e5_1a {
   public static void main(String args[]) throws IOException     {
         //輸入 a
         String str;
         InputStreamReader in=new InputStreamReader(System.in);
         BufferedReader buf=new BufferedReader(in);
         System.out.print("Input a Grade:");
         str=buf.readLine();       //輸入一列
         int a;
         String b="";
         a=Integer.parseInt(str); //轉為整數
         if (a>=90)                //90分以上
            b="A";
         else                      //小於90分
            if (a>=80)             //80分-89分
               b="B";
            else                   //小於80分
               if (a>=70)          //70分-79分
                  b="C";
               else                //小於70分
                  b="D";
         //輸出結果
         System.out.println("The Grade is  "+b);
      }
}
```

補充說明

1. 此題有人會寫成 if (90<a<100)，但 Java 並沒有這種運算式，因為 90<a<100 是數學語言，不是程式語言。

2. 其次，有人會寫成

```
if (a<100 & a>=90)  b="A";
if (a<90  & a>=80)  b="B";
if (a<80  & a>=70)  b="C";
if (a<70  & a>=0)   b="D";
```

這樣雖然也可以，但是其執行效率非常差，因為不管分數為何，都要執行 4 次判斷，而且，電腦的判斷時間遠大於執行計算的時間，所以這樣效率很低。

自我練習

1. 請寫一程式，判斷所輸入的數是正數、0 或負數。
2. 某一貨品定價 100 元，若購買 500 （含）件以上打 7 折，若購買 499 ～ 300 件則打 8 折，若購買 299 ～ 100 件則打 9 件，購買 100 件以下則不打折，試寫一程式可以輸入購買件數而得總價。
3. 直線。直線標準式為 ax+by+c=0，請寫一程式，可以輸入一直線係數 a,b,c。其次，可再輸入任一點座標，並判斷所輸入點式否在直線上。

➔ 範例 5-1b

象限的判斷。請寫一個程式，可以判斷所輸入座標的所在象限。

執行結果

```
Input x : 4
Input y : -2
其所在象限是 IV
```

程式列印

```
import java.io.*;
public class e5_1b
{
   public static void main(String args[]) throws IOException
   {
      //輸入
      String str;
```

```
        int x,y;
        String b="";
        InputStreamReader in=new InputStreamReader(System.in);
        BufferedReader buf=new BufferedReader(in);
        System.out.print("Input x : ");
        str=buf.readLine();    //輸入一列
        x=Integer.parseInt(str);   //轉為整數
        System.out.print("Input y : ");
        str=buf.readLine();    //輸入一列
        y=Integer.parseInt(str);   //轉為整數
        if (x>0)
          if (y>0)
            b="I";
          else
            b="IV";
        else
          if (y>0)
            b="II";
          else
            b="III";
        //輸出結果
        System.out.println("其所在象限是  "+b);
    }
}
```

補充說明

1. **此題目有人會寫成**

```
if (x>0 & y>0) b="I";
if (x<0 & y>0) b="II";
if (x<0 & y<0) b="III";
if (x>0 & y<0) b="IV";
```

這樣雖然沒有錯，但是執行效率非常差，因為電腦要不斷的比較。

自我練習

1. 同上範例，但增加判斷是否在 x、y 軸上或原點。

➔ 範例 5-1c

請寫一程式，滿足以下條件。

1. 輸入兩個數。
2. 求輸入兩數最大值。
3. 輸出最大值。

執行結果

```
The max is 4
```

演算法則

1. 輸入第一數，本例以變數 a 儲存。
2. 輸入第二數，本例以變數 b 儲存。
3. 設定極大值 (max) 為第一數。max=a
4. 當第二數 (b) 大於極大值時，極大值即已 b 取代。

```
if (b>max)
    max=b;
```

5. 輸出極大值 (max) 即為所求。

程式列印

```
public class e5_1c{
  public static void main(String args[])   {
    int a=3,b=4,max;
    max=a;
    //演算區塊
    if (b>max)
```

```
            max=b;
        //輸出
        System.out.println("The max is "+max);
    }
}
```

自我練習

1. 請寫一程式，滿足以下條件。

   (1) 輸入三個數。

   (2) 求三個數極小值。

   (3) 輸出極小值。

2. 請寫一程式，可以輸入三個人名與分數，並找出極大值，輸出應含人名與分數。

➔ 範例 5-1d

請寫一程式，滿足以下條件。

1. 輸入三個數。

2. 將此三個數由小而大輸出。

執行結果

```
由小而大是  3 4  5
```

演算法則

假如要將三個人的身高由小而大排列，有一個簡單的方法，此方法如下：

1. 分別以 a、b 及 c 表示欲排序的資料。
2. 假如 a 大於 b，則 a 與 b 交換，如下圖的 (1)。
3. 假如 b 大於 c，則 b 與 c 交換，如下圖的 (2)。
4. 假如 a 大於 b，則 a 與 b 交換，如右圖的 (3) 排序完成。共需進行 3 次的比較與交換，此稱為泡沫排序法。

	a	b	c
I	(1)	(2)	
II	(3)		

程式列印

```
public class e5_1d {
    public static void main(String args[])    {
        int a=5,b=4,c=3,t;
        //演算區塊
        if (a>b)
            {t=a;a=b;b=t;}
        if (b>c)
            {t=b;b=c;c=t;}
        if (a>b)
            {t=a;a=b;b=t;}
        //輸出
        System.out.println("由小而大是  "+a+" "+b+"  "+c);
    }
}
```

補充說明 **以上已經探討三筆資料的排序，若有 4 筆資料需要排序，則共需進行 6 次比較與交換，如下圖所示。**

	a	b	c	d
I	(1)	(2)	(3)	
II	(4)	(5)		
III	(6)			

若有 5 筆資料需排序，則共需進行 10 次比較與交換，如下圖所示。

	a	b	c	d	e
I	(1)	(2)	(3)	(4)	
II	(5)	(6)	(7)		
III	(8)	(9)			
IV	(10)				

以上為 3、4 或 5 筆資料的比較與排序，其比較與交換的次數尚可克服，但若欲排序的資料超過 5 個，例如 20 筆資料欲排序，則應待迴圈與陣列敘述介紹以後，才能有精簡的敘述。

自我練習

1. 將 4 個數由大而小排序輸出。

2. 將 5 個數由小而大排序輸出。

3. 請些一程式，可以輸入四個人名與分數，並依照分數由小而大輸出，輸出應含人名與分數。

5-2 switch...case

一個決策點若同時擁有三個或三個以上的解決方案，則稱此為多向分歧決策，多向分歧決策雖也可使用 5-1a 的巢狀 if else 解決，但卻增加程式的複雜度及降低程式可讀性，若此一決策點能找到適當的運算式，能使問題同時找到分歧點，則可使用 switch case 敘述。switch case 語法如下：

```
switch(運算式)
  {
    case 常數1:
        敘述區塊1;
        break;
    case 常數2;
```

```
        敘述區塊2;
        break;
    case 常數3;

    〔default:〕
        敘述區塊n;
}
```

以上語法說明如下：

1. switch 的運算式值僅能為整數或字元。
2. case 的常數僅能整數或字元，且其型別應與上面的 switch 運算式相同。
3. 電腦將會依 switch 的運算式值，逐一至常數 1、常數 2 尋找合乎條件的 case，並執行相對應的敘述區塊，直到遇到 break 敘述，才能離開 switch。
4. default 可放置特殊情況，其兩旁加中括號表示此敘述可省略；若省略 default，且若沒有任何 case 滿足 switch 運算式，則程式會默默離開 switch 敘述。
5. 敘述區塊可放置任何合法的敘述，當然也可放置 switch 或 if。
6. 以下敘述，可將 1、2、3、4 轉為對應的季節。

```
a=1;
string b;     //季節
switch(a)
{
  case 1:
    b="春";
    break;
  case 2:
    b="夏";
    break;
  case 3:
```

```
      b="秋";
      break;
    case 4:
      b="冬";
      break;
  }
```

➔ 範例 5-2a

試以 switch case 重作範例 5-1d。

執行結果

```
The Grade 88 is  B
```

程式列印

1. 有些語言可用逗號將兩種 case 放在一起，但 Java 中每一 case 僅能放置一個常數，所以若兩個或兩個以上 case，有相同的處理方法，則應將兩個 case 分成兩個敘述，請看以下程式的 case 10 與 case 9。

2. 使用 return 可提早離開事件函式。

```
public class e5_2a{
  public static void main(String args[])    {
    int a=88;
    String b="";
    if (a>100 || a<0) { //排除大於零或小於零的狀況
      b="分數錯誤";
      System.out.println(b);
      return;     //提早離開
    }
    switch (a/10)       {
      case 10:
      case 9:
```

```
            b="A";
            break;
          case 8:
            b="B";
            break;
          case 7:
            b="C";
            break;
          case 6:
          case 5:
          case 4:
          case 3:
          case 2:
          case 1:
          case 0:
            b="D";
            break;
      }
      System.out.println("The Grade "+a+" is  "+b);
    }
}
```

自我練習

1. 請寫一個程式，滿足以下條件。

   A. 輸入 0、1、2、3、4、5、6、7、8、9 顯示「綠燈」。

   B. 輸入 10、11、12，顯示「黃燈」。

   C. 輸入 13、14、15、16、17，顯示「紅燈」。

2. 請寫一程式，將所輸入的 0、1、2…6，轉為星期日、一、二、三、四、五、六。

➔ 範例 5-2b

猜拳遊戲。請寫一個程式，可以由人和電腦猜拳，並評定勝負。

執行結果

```
input 0(剪刀) 1(石頭) 2(布) :你出:0剪刀
電腦出:0剪刀
結果是:平手
```

程式列印

```
public class e5_2b {
    public static void main(String[] args) {
        int a,b;
        String a1="",b1="",r="";//都要有初值
        System.out.print( "input 0(剪刀) 1(石頭) 2(布) :");
        a=0;
        b=(int)(Math.floor(Math.random()*3));//產生0,1,2的亂數
        switch (a){
          case 0:
            a1="剪刀";
            switch(b){
              case 0:
                b1="剪刀";
                r ="平手" ;
                break;
              case 1:
                b1="石頭";
                r ="電腦贏" ;
                break;
              case 2:
                b1="布";
                r ="你贏";
                break;
            }
            break;
```

```
    case 1:
      a1="石頭";
      switch(b){
        case 0:
          b1="剪刀";
          r ="你贏" ;
          break;
        case 1:
          b1="石頭";
          r ="平手" ;
          break;
        case 2:
          b1="布";
          r ="電腦贏";
          break;
      }
      break;
    case 2:
      a1="布";
      switch(b){
        case 0:
          b1="剪刀";
          r ="電腦贏";
          break;
        case 1:
          b1="石頭";
          r ="你贏";
          break;
        case 2:
          b1="布";
          r ="平手";
          break;
      }
      break;
  }
  System.out.print("你出:");
  System.out.print(a);
```

```
            System.out.println(a1);
            System.out.print("電腦出:");
            System.out.print(b);
            System.out.println(b1);
            System.out.print("結果是:");
            System.out.println(r);
        }
    }
```

自我練習

1. 請寫一程式，可以執行三個人的猜拳遊戲，並評定勝負（可電腦產生兩個亂數，使用者輸入一個）。

5-3 實例探討

一元二次方程式

解一元二次方程式的演算法如下：

1. 設有一元二次方程式如下：$ax^2 + bx + c = 0$
2. 若 a=0 則應輸出 " 輸入錯誤”。
3. 令 $d=b^2 - 4ac$。
4. 若 d=0，則方程式有唯一解 $x = \frac{-b}{2a}$，否則若 d>0，則方程式有二解 $x_1 = \frac{-b+\sqrt{d}}{2a}$，$x_2 = \frac{-b-\sqrt{d}}{2a}$，否則無實數解。

以上演算分析，以流程圖說明如下：

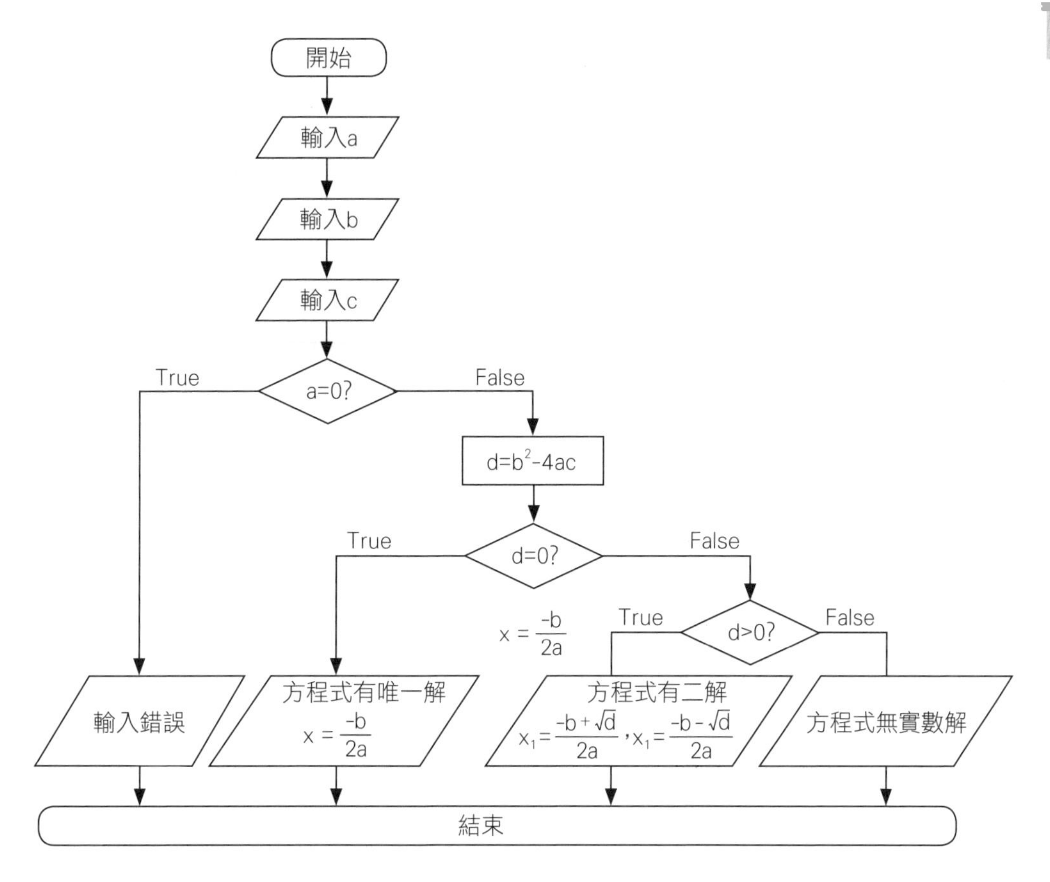

➔ 範例 5-3a

請設計一個程式，可以解一元二次方程式 $ax^2 + bx + c = 0$。

執行結果

```
Input a :1
Input b :-5
Input c:6
The Equation is  two answer,x1= 3.0 x2= 2.0
```

程式列印

```
import java.io.*;
public class e5_3a
{
   public static void main(String args[]) throws IOException
   {
      int a,b,c;
      double d,x1,x2;
      String str;
      String strb;

      InputStreamReader in=new InputStreamReader(System.in);
      BufferedReader buf=new BufferedReader(in);

      System.out.print("Input a :");
      str=buf.readLine();       //輸入一列
      a=Integer.parseInt(str); //轉為整數 a

      System.out.print("Input b :");
      str=buf.readLine();       //輸入一列
      b=Integer.parseInt(str); //轉為整數 b

      System.out.print("Input c:");
      str=buf.readLine();       //輸入一列
      c=Integer.parseInt(str); //轉為整數 c

      if (a==0)
      {
         System.out.println("輸入錯誤");
         return;
      }
      d=Math.pow(b,2)-4*a*c;    //計算 d 值
      if (d==0)
        strb="only one answer,x1,x2= "+String.valueOf(-b/(2*a));
      else
        if (d>0)
```

```
        {
          x1=(-b+Math.sqrt(d))/(2*a);
          x2=(-b-Math.sqrt(d))/(2*a);
          strb="two answer,x1= "+String.valueOf(x1)+" x2= "+String.
          valueOf(x2);
        }
        else
          strb="no real answer";

      //輸出 strb
      System.out.println("The Answer is  " +strb);
    }
}
```

自我練習

1. 二元一次方程式。解二元一次方程式的演算法如下：

   (1) 設二元一次方程式如下：

   $$a_1x + b_1y = c_1$$

   $$a_2x + b_2y = c_2$$

   (2) 假如 $\frac{a_1}{a_2} = \frac{b_1}{b_2} = \frac{c_1}{c_2}$，則方程式無限多解，且程式結束。

   (3) 假如 $\frac{a_1}{a_2} = \frac{b_1}{b_2} \neq \frac{c_1}{c_2}$，則程式無解，且程式結束。

   (4) 令 $d = \begin{vmatrix} a_1 & b_1 \\ a_2 & b_2 \end{vmatrix}$（表示 $d = a_1b_2 - a_2b_1$）

   (5) $x = \frac{\begin{vmatrix} c_1 & b_1 \\ c_2 & b_2 \end{vmatrix}}{d} = (c_1b_2 - c_2b_1)/d$

   (6) $y = \frac{\begin{vmatrix} a_1 & c_1 \\ a_2 & c_2 \end{vmatrix}}{d} = (a_1c_2 - a_2c_1)/d$

2. 三角形面積。若已知三角形三邊長，計算三角形三邊長的演算法如下：

(1) 輸入三角形的三邊長 a、b、c。

(2) 將三邊長由小而大重新排列，最小的放入 a，其次放入 b，最大的放入 c。

(3) 最小的兩邊之和若小於第三邊，則此三邊未能構成三角形，程式提早離開。

(4) 假如 $a^2 + b^2 > c^2$ 則為銳角三角形，否則假如 $a^2 + b^2 = c^2$，則為直角三角形，否則此三角形為鈍角三角形。

(5) 令 $d = \frac{1}{2}(a + b + c)$

(6) 三角形面積 $= \sqrt{d(d-a)(d-b)(d-c)}$

閏年的判斷

西元的閏年為每 400 年必須有 97 次閏年，其規劃方式如下：

(1) 4 的倍數。依此條件共有 100 次，分別是 4、8、12、16、20、24、…100、200、300、400 等。

(2) 於 (1) 的條件，閏年顯然太多，所以扣掉 100 的倍數，分別扣掉 100、200、300、400 等。依此條件，共有 96 次。

(3) 於 (2) 的條件，離目標值 97，還相差一個，所以再加回 400 的倍數，正好 97 次，如右表所示：

西元年份	性質	
3	平年	
4	閏年	
100	平年	
200	平年	
300	平年	
400	閏年	
600	平年	
1200	閏年	
2000	閏年	

以上演算分析，流程圖分析如下：

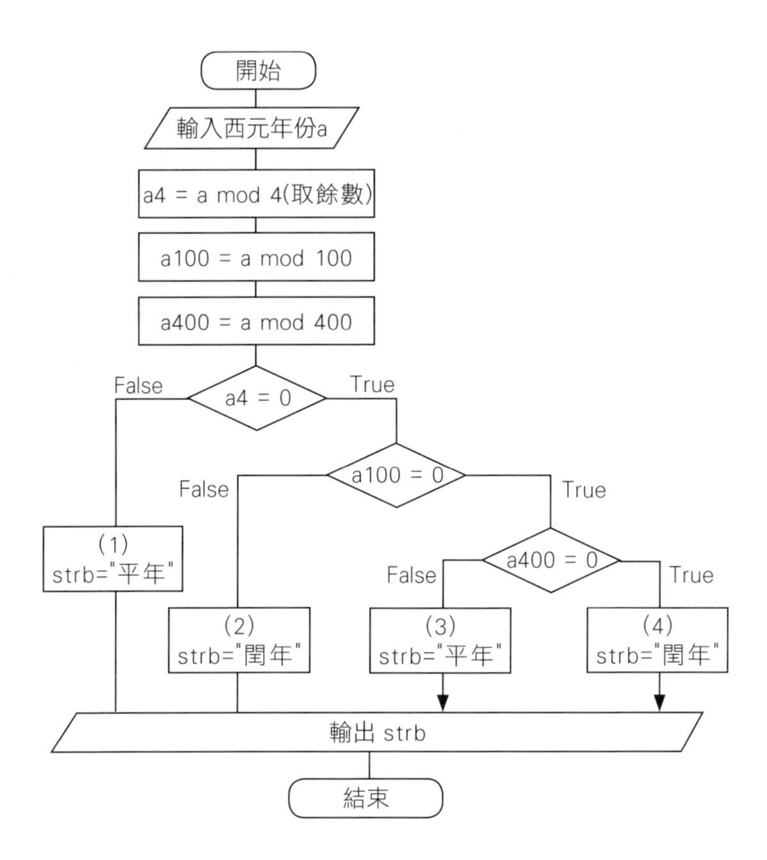

以上年份，對照上面的流程圖，所走的路線如下：

西元年份	性質	流程路線
3	平年	(1)
4	閏年	(2)
100	平年	(3)
200	平年	(3)
300	平年	(3)
400	閏年	(4)
600	平年	(3)
1200	閏年	(4)
2000	閏年	(4)

➔ 範例 5-4b

請寫一個程式，可以將使用者所輸入的西元年份，判斷其為平年或閏年。

執行結果

```
輸入年份 :2000
該年為 閏年(4)
```

程式列印

```
import java.io.*;
public class e5_3b
{
   public static void main(String args[]) throws IOException
   {
      int a,a4,a100,a400;
      String str,strb;

      InputStreamReader in=new InputStreamReader(System.in);
      BufferedReader buf=new BufferedReader(in);

      System.out.print("輸入年份 :");
      str=buf.readLine();       //輸入一列
      a=Integer.parseInt(str); //轉為整數

      a4=a %4;                  //取餘數
      a100=a %100;
      a400=a %400;

      if (a4==0)
        if (a100==0)
          if (a400==0)
            strb="閏年(4)";
          else
            strb="平年(3)";
        else
```

```
            strb="閏年(2)";
        else
          strb="平年(1)";

        System.out.println("該年為 "+strb);
    }
}
```

本例程式亦可簡化如下:(請看前面閏年規則的『扣掉』與『再加回』就會懂)

```
if (a4==0 & !((a100==0) & !(a400==0)))
     strb="閏年";
else
     strb="平年";
```

➔ 範例 5-3c

複選題評分。大學學測考試的複選題共五個選項，五個選項全答對得 5 分，錯一個選項得 3 分，錯兩個選項得 1 分，錯超過兩個選項得 0 分，未做答也是 0 分，且答錯不倒扣，請寫一程式，可以協助評分。

執行結果

```
8
-9
4
3
```

資料結構

1. 答案要如何表示呢？若答案是 ABE，那用 ABE 表示嗎？這樣雖然可以，但需要 5 個 byte，非常浪費記憶體，若將其看為二進位，那只要以 $(11001)_2=(25)_{10}$ 表示，也就是 1 個 byte 就足夠。

程式列印

```
public class e5_3c {
    public static void main(String[] args) {
        int a=25;//標準答案ABE
        int b=25;
        b=17;//AE
        //b=1;//E
        //b=2;//D
        //b=0;//未作答
        int c,d=0;
        int e;//得分
        if (b==0) {
            e=0;
        }
        else {
            c=a^b;//逐位元xor,位元相同是0,不同是1
            d=0;
            System.out.println(c);
            c=~c;//取補數,1變0,0變1
            System.out.println(c);
            d=d+(c & 1);//計算1的個數
            //d=d+c &1 // 錯,因為+的優先順序大於&

            c=c>>1;//右移
            d=d+(c & 1);

            c=c>>1;
            d=d+(c & 1);

            c=c>>1;
            d=d+(c & 1);

            c=c>>1;
            d=d+(c & 1);

            System.out.println(d);
```

```
          if (d==5)
            e=5;
          else
            if (d==4)
              e=3;
            else
              if (d==3)
                e=1;
              else
                e=0;
        }
        System.out.println(e);
    }
}
```

程式說明

1. 本例以答案是 ABE，二進位是 11001，測試資料是 AE（答對 4 個選項），二進位是 10001。
2. 11001 xor 10001=01000
3. not(01000)=11110111,1 開頭表負數，負多少，就要取 2 補數，所以是 -9。
4. 計算 11110111 末 5 位數共有多少個 1，本例是 4，表示答對 4 個選項。

自我練習

1. 若單選題 5 選 1，答對 5 分，未做答 0 分，答錯倒扣 1 分，請寫程式完成評分。

習題

本章補充習題請見本書下載檔案。

MEMO

6 CHAPTER

迴圈結構

JAVA

前面第四、五兩章，我們已經介紹如何輸入一個人的成績，及判斷一個人的成績是否及格，也介紹如何輸入多人成績、多人成績的極大值及排序問題。我們發現，當人數只要一多，寫起程式來真是洋洋灑灑，程式設計的領域果真如此磨人嗎？所幸，答案是否定的。因為本章要介紹一個高效率的敘述，此稱為**迴圈敘述**。Java 常用的迴圈敘述分別是 for 與 while，請看本章說明。

6-1 for

若於程式設計階段已知迴圈的執行次數，則可使用 for 敘述，for 敘述的語法如下：

```
for([計數變數=起始值];[迴圈運算式];[計數變數的變量])  {
    [敘述區塊1;]
    [break;]
    [continue;]
    [敘述區塊2;]
}
```

以上語法說明如下：

1. 只要 " 迴圈運算式 " 結果為真，才繼續執行迴圈內的敘述區塊。
2. 計數變數可為正或負的整數或浮點數，正整數請看範例 6-1a，負浮點數請看範例 6-1b。
3. 程式若執行到 break，則會提早離開 for 迴圈，請看範例 6-1c。
4. 程式若執行到 continue，則會略過 continue 下面的敘述區塊 2，繼續執行下一個計數變量，請看範例 6-1c。
5. 以下程式片段可印出 1 至 10。

```
for ( i=1;i<=10;i++){
   System.out.print(i);
}
```

6. for 敘述若只有一個敘述，則大括號可省略。例如，以上敘述同義於

```
 for ( i=1;i<=10;i++)
   System.out.print(i);
```

但以下敘述的 j++ 並不包含於迴圈，它只含被執行一次。

```
for ( i=1;i<=10;i++)
   System.out.print(i);
   j++;
```

7. 上面也不能寫成

```
for ( i=1;i=10;i++)
System.out.print(i);
```

因為 Java 關係運算子沒有 =，這樣是語法錯誤。其次，若寫成

```
for ( i=1;i==10;i++)
System.out.print(i);
```

則是語法沒錯，但結果卻是錯誤，因為一開始，i==10 沒成立，就結束了。

8. 計數變數的改變量可為正或負的整數或實數，上面程式都是正，迴圈運算式要用『小於等於』。以下程式則是負，改變量為負，就如同倒數，迴圈運算式要用『大於等於』。例如，以下程式是倒數輸出 654321。

```
for (i=6;i>=1;i--)
   System.out.print(i);//654321
```

也就是箭號的方向就代表數字變化的趨勢，箭號方向錯了，當然沒有任何輸出。以下程式，就沒有錯誤信息，也沒有任何輸出，因為一開始 6 就沒有小於等於 1，就結束了，當然沒輸出。

```
for (i=6;i<=1;i--)
   System.out.print(i);//沒有輸出
```

以下程式計數變量為 2。

```
for (i=1;i<=10;i=i+2)
    System.out.print(i);//13579
```

以下程式計數變量為 -3。

```
for (i=9;i>=1;i=i-3)
        System.out.print(i);//963
```

9. 敘述區塊內可以放置任何合法的敘述，當然也可含 for。for 內有 for，稱為巢狀迴圈。例如，以下敘述可印出 1 至 10 五次。

```
for ( i=1;i<=5;i++){
        for (j=1;j<=10;j++)
           System.out.print(i);
        System.out.println();
}
```

➔ 範例 6-1a

請寫一個程式，印出 1 至 10，並求其和。

執行結果

```
1    1
2    3
3    6
4    10
5    15
6    21
7    28
8    36
9    45
10   55
```

程式列印

```
public class e6_1a{
    public static void main(String args[])    {
        int i,sum=0;
        for (i=1;i<=10;i++) {
            sum+=i;    //sum=sum+i;
            System.out.println(i +"    " +sum);
        }
    }
}
```

程式說明

1. 本題人類通常使用公式法，也就是等差級數的公式：(首數 + 末數)* 項數 /2，但是電腦通常使用暴力法，一個一個累加，如以上程式。

自我練習

1. 請寫一程式，計算 1 ＋ 3 ＋ 5 ＋ 7 ＋ 9 之和。
2. 請寫一程式，計算 $\sum_{i=1}^{5}(i^2)$ 之和。
3. 乘法運算。假如沒有乘法運算子，請用連加法，求兩數相乘的結果。例如，6 乘以 4，就是 6 ＋ 6 ＋ 6 ＋ 6 ＝ 24。
4. 假設有一函式 $y=f(x)=x^2-4x-5$，請分別印出 x 從 -10 到 10 的 y 值。
5. 同上題，請找出其整數解。x 從 -10 到 10 一一帶入，找出使函數為零的值，此即為暴力法解題。
6. 同上題，請找出極小值。
7. 函數極值。請寫一程式，可以輸入一個一元二次函式，並求其極大或極小值。例如，輸入 $y=f(x)=x^2-2x+2$ 有極小值 1，輸入 $y=f(x)=-x^2-2x+2$ 有極大值 -1，

➔ 範例 6-1b

試求 2.1+1.9+1.7+.⋯+(-7.1) 之和。

執行結果

```
-110.40000000000003
```

程式列印

```
public class e6_1b{
    public static void main(String args[])    {
        double i,sum=0;
        for(i=2.1;i>=-7.1;i-=0.2) {//i=i-0.2     {
            sum+=i;
        }
        System.out.println(sum);
    }
}
```

程式說明

1. 迴圈的起始值、運算式及計量變數都可為整數或浮點數，本例之初值為 2.1，迴圈運算式為大於等於 -7.1，變量為 -0.2。

2. 請務必留意，當變量為負時，迴圈運算式為大於等於，而前一範例變量為正時，迴圈運算式為小於等於，不等式的方向剛好與資料變化的趨勢 致。

自我練習

1. 勘根定理。若 f(x)*f(x+1)<0，則表示 f 函數於 x 與 x+1 有一實數根。請寫一程式，可輸入一函數，並求其有多少個實根，並求其實根範圍。

2. 假設一個一元多次方程式含有實數解，請寫一程式，可求其解。例如，$y=f(x)=2x^2+5x-6=0$ 的解是 0.5 和 -6。提示：浮點運算時，無法得到 0，此時要使用接近 0 的判斷。例如，fabs(y)<0.000001，即可視為成立。

➔ 範例 6-1c

示範 break 及 continue 敘述。

1. 當 i==5 時，執行 continue，所以 5 略過不印，如下所示。
2. 當 i==8 時，執行 break，程式結束，如下所示。

執行結果

```
i=  1
i=  2
i=  3
i=  4
i=  6
i=  7
sum=  23
離開迴圈時，i=  8
```

程式列印

```
public class e6_1c{
    public static void main(String args[])    {
        int i,sum=0;
        for (i=1;i<=10;i++)          {
            if (i==5)
                continue;     //繼續下一個  i
            if (i==8)
                break;     //強制離開迴圈
            System.out.println("i=  " +i);
            sum+=i;
        }
        System.out.println("sum=  " +sum);
        System.out.println("離開迴圈時，i=  " +i);
    }
}
```

➔ 範例 6-1d

同範例 5-4d，列出西元元年至西元 2000 年的所有閏年。

執行結果

如下圖，共 485 個。(97*(2000%400)=485)

```
1 : 4
2 : 8
3 : 12
4 : 16
```

程式列印

```
public class e6_1d
{
    public static void main(String args[])
    {
          int c=0;   // c 閏年個數
        int a4,a100,a400;
        String strb,strc;
        for (int a=1;a<=2000;a++)
        {
            a4=a %4;        //取餘數
            a100=a %100;
            a400=a %400;
            if (a4==0)
              if (a100==0)
                if (a400==0)
                {
                    strb="閏年(4)";
                    c++;
                    strc=String.valueOf(c)+" : "+String.valueOf(a);
                    System.out.println(strc);
                }
                    else
```

```
                    strb="平年(3)";
                else
                {
                    strb="閏年(2)";
                    c++;
                    strc=String.valueOf(c)+" : "+String.valueOf(a);
                    System.out.println(strc);
                }
              else
                strb="平年(1)";
          }
      }
  }
```

本例程式亦可簡化如下：

```
  if (a4==0 & !((a100==0) & !(a400==0))) {
    c++;
    strc=String.valueOf(c)+" : "+String.valueOf(a);
    System.out.println(strc);
  }
```

自我練習

1. 請輸入一正數，並找出其所有因數。
2. 試寫一程式，找出 1 到 3000 中，所有數字共含有多少個 2。例如，122 有 2 個 2。

➔ 範例 6-1e

試寫一程式，可以輸入 2 至 9 的整數，並輸出此數的九九乘法表。

執行結果

```
The Integer is  6
6 * 2 = 12
6 * 3 = 18
6 * 4 = 24
6 * 5 = 30
6 * 6 = 36
6 * 7 = 42
6 * 8 = 48
6 * 9 = 54
```

程式列印

```
public class e6_1e{
   public static void main(String args[]) {
      int a=6;
     System.out.println("The Integer is  "+a);
      for (int i= 2 ;i<=9; i++)
        System.out.println(a+" * "+i +" = "+a*i);
   }
}
```

➔ 範例 6-1f

請寫一程式，可以判斷所輸入的數是否為質數。

執行結果

```
73 是質數
```

演算說明

任一整數，除了 1 和本身外，若沒有任何數可以整除此數，則稱此數為質數。所以，本例使用 2 至該數減一的數試除，若無一數可整除，則稱此數為質數。本例我們使用迴圈，一個一個全部除看看，這樣都稱為暴力法，反正電腦執行速度快。

程式列印

```
public class e6_1f{
    public static void main(String args[])  {
        int a=73;
        boolean flag;
       flag=true;//未檢定前,先認定其為質數
        for (int j=2; j<=a-1; j++)
            if (a%j==0)       {
                flag=false;
                break;
            }
        if (flag==true)
            System.out.println(a +" 是質數  ");
        else
            System.out.println(a +" 不是質數  ");
        }
  }
```

自我練習

1. 費氏數列的定義如下：

   $F_1=1,F_2=1,Fn=F_{n-1}+F_{n-2}\quad n>=3$

   請寫一個程式，可以印出費氏數列的指定項目。例如，

   輸入 4, 印出 1,1,2,3

   輸入 5，印出 1,1,2,3,5

   輸入 6，印出 1,1,2,3,5,8

   （本例不可使用陣列）

2. 找出 10 至 300 中，所有 3 或 7 的倍數。

3. 請寫一程式，可以輸入兩數，並判斷其是否互質。

6-2 巢狀迴圈

迴圈中又有迴圈，稱為巢狀迴圈。巢狀迴圈在程式設計的領域非常重要，也是初學者最感頭疼的單元，本節將使用若干範例引領學生征服此領域。

➔ 範例 6-2a

請寫一程式，印出 2 至 100 的所有質數。

執行結果

2 至 100 的質數如下所示：

```
2   3   5   7   11   13   17   19   23   29
31   37   41   43   47   53   59   61   67   71
73   79   83   89   97   101   103   107   109   113
127   131   137   139   149   151   157   163   167   173   (中間略)
共有168個質數
```

程式列印

```
public class e6_2a {
    public static void main(String args[])    {
        int i,j,k=0;
        boolean flag;
        System.out.println("2至100的質數如下所示:");
        for  (i=2;i<=1000;i++)        {
          flag=true;
          for  (j=2;  j<=i-1;  j++)          {
             if  (i%j==0)
             {
                flag=false;
                break;
             }
          }
```

```
        if (flag==true)     {
            System.out.print(i +"  ");
            k++;
            if (k%10==0)
             System.out.println();
        }
      }
      System.out.println();
      System.out.println("共有" +k +"個質數");
    }
}
```

➔ 範例 6-2b

請寫一程式，使用雙層迴圈，印出如下的九九乘法表。

執行結果

```
1*1= 1  1*2= 2  1*3= 3  1*4= 4  1*5= 5  1*6= 6  1*7= 7  1*8= 8  1*9= 9
2*1= 2  2*2= 4  2*3= 6  2*4= 8  2*5=10  2*6=12  2*7=14  2*8=16  2*9=18
3*1= 3  3*2= 6  3*3= 9  3*4=12  3*5=15  3*6=18  3*7=21  3*8=24  3*9=27
4*1= 4  4*2= 8  4*3=12  4*4=16  4*5=20  4*6=24  4*7=28  4*8=32  4*9=36
5*1= 5  5*2=10  5*3=15  5*4=20  5*5=25  5*6=30  5*7=35  5*8=40  5*9=45
6*1= 6  6*2=12  6*3=18  6*4=24  6*5=30  6*6=36  6*7=42  6*8=48  6*9=54
7*1= 7  7*2=14  7*3=21  7*4=28  7*5=35  7*6=42  7*7=49  7*8=56  7*9=63
8*1= 8  8*2=16  8*3=24  8*4=32  8*5=40  8*6=48  8*7=56  8*8=64  8*9=72
9*1= 9  9*2=18  9*3=27  9*4=36  9*5=45  9*6=54  9*7=63  9*8=72  9*9=81
```

程式列印

```
import java.io.*;
public class e6 _ 2b{
   public static void main(String args[])    {
       int i,j,k;
       for (i=1;i<=9;i++)   {
           for(j=1;j<=9;j++)          {
               System.out.print(i +"*"+ j + "=");
               if (i*j <10)
```

```
                System.out.print(" ");
            System.out.print(i*j+"    ");
        }
        System.out.println();
    }
  }
}
```

自我練習

1. 請寫一程式，使用三層迴圈，印出如下的九九乘法表。

執行結果

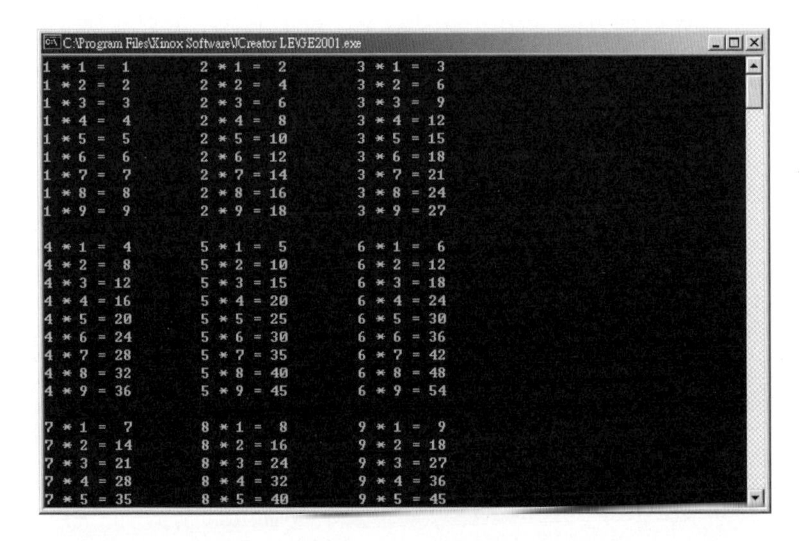

2. 請寫一個程式，使用雙層迴圈印出如下的九九乘法表。

```
      2   3   4   5   6   7   8   9
  2   4   6   8  10  12  13  16  18
  3   6   9  12  15  18  21  24  27
  4   8  12  16  20  24  28  32  36
  5  10  15  20  25  30  35  40  45
  6  12  18  24  30  36  42  48  54
  7  14  21  28  35  42  49  56  63
  8  16  24  32  40  48  56  64  72
  9  18  27  36  45  54  63  72  81
```

➔ 範例 6-2c

試寫一程式，找出三位數 "阿姆斯壯數"。所謂阿姆斯壯數是指一數等於各個位數的立方和，例如 $153=1^3+5^3+3^3$。

執行結果

```
1  :  153
2  :  370
3  :  371
4  :  407
```

程式列印

以下都是暴力法，一個一個全部計算，找出合乎條件的數值。

```
public class e6_2c{
    public static void main(String args[])    {
        int i,j,k;
        int n=0;      // 個數
        double sum1,sum2;
        for (i=1;i<=9;i++)
            for (j=0;j<=9;j++)
                for (k=0;k<=9;k++)  {
                    sum1=100*i+10*j+k;
                    sum2=Math.pow(i,3)+Math.pow(j,3)+Math.pow(k,3);
                    if (sum1==sum2)     {
                      n++;
                      System.out.println(n +"  :  "+(int)sum1);
                    }
                }
        }
}
```

自我練習

1. 試寫一程式，找出四位數 "阿姆斯壯數"。所謂阿姆斯壯數是指一數等於各個位數的四次方和，也就是 $abcd=a^4+b^4+c^4+d^4$。提示：共有 3 個。

2. 擲三顆骰字，試求出和超過 10 的機率。

➔ 範例 6-2d

請寫一程式輸出如下：

執行結果

```
*
**
***
****
*****
******
```

程式列印

```
public class e6_2d{
  public static void main(String args[])   {
      int i,j;
    for (i=1;i<=6;i++)        {
         for (j=1;j<=i;j++)      {
            System.out.print("*");
         }
          System.out.println();
      }
  }
}
```

程式說明

1. 本例的主要目的是訓練學生，關於雙迴圈的應用，學會本例的內外迴圈解析，將有助於往後陣列與排序的應用。

2. 本例的列數、每一列的星星個數列表解析如下：

列編號	星星個數
1	1
2	2
3	3
4	4
5	5
6	6

3. 由上表可知，共 6 列，所以 i 從 1 到 6。

4. 內迴圈 j 與 i 的關係為 i=j ，所以 j 從 1 到 i。

自我練習

1. 請寫一程式，輸出結果如下：

```
            5
         4  5
      3  4  5
   2  3  4  5
1  2  3  4  5
```

```
            1
         2     2
      3     3     3
   4     4     4     4
5     5     5     5     5
```

```
1
2  3
4  5  6
7  8  9  10
11 12 13 14 15
```

```
E  E  E  E  E
   D  D  D  D
      C  C  C
         B  B
            A
```

6-3 while

上一節的 for 是用於程式設計階段已知迴圈次數，但有些情況，我們於程式設計階段並不知迴圈的執行次數，此時即可使用 while 敘述。其次，有些迴圈可能一次都不執行，所以 while 敘述又分為**前測試迴圈**與**後測試迴圈**。while 的前測試迴圈語法如下圖左，後測試迴圈如下圖右。

while(運算式)
{
　　敘述區塊；
}
	do
	{
	　　敘述區塊；
	} while (運算式)；

以上語法說明如下：

1. 不論是前測試或後測試迴圈，均是運算式值為『真』時，繼續執行迴圈，運算式為『偽』時，離開迴圈。
2. 前測試與後測試迴圈的差別為，前測試迴圈有可能一次均不執行迴圈，但後測試迴圈至少執行一次。
3. 後測試迴圈的 while（運算式）後面要加分號 (；)，而前測試迴圈的 while 不用加分號。
4. while 敘述區塊內亦適用 break 與 continue，前者為強迫提早離開迴圈，後者可略過部份敘述，提早回到或進入條件運算式。
5. 以下程式片段，使用前測試迴圈統計 1 至 10 的和。

```
i=1;sum=0;
while(i<=10) {
   sum=sum+i;
   i++;
}
```

6. 以下程式片段，使用後測試迴圈統計 1 至 10 的和。

```
i=1;sum=0;
do {
    sum=sum+i;
    i++;
}
while (i<=10);
```

➔ 範例 6-3a

請寫一程式，可以累加所輸入的數字，設計階段並不知數字個數，直到輸入值是 -1 時，印出所輸入數字的個數及和。

執行結果

```
請輸入任一數(-1結束):6
請輸入任一數(-1結束):8
請輸入任一數(-1結束):4
請輸入任一數(-1結束):-1
其個數是:3
其和是   :18
```

程式列印

```
import java.io.*;
public class e6_3a{
    public static void main(String args[]) throws IOException   {
        int a;
        int i=0,sum=0;
        String str;
        InputStreamReader in=new InputStreamReader(System.in);
        BufferedReader buf=new BufferedReader(in);

        System.out.print("請輸入任一數(-1結束):");
        str=buf.readLine();                //輸入被除數
        a=Integer.parseInt(str);           //轉為整數
```

```
    while (a!=-1)           {
        sum+=a;
        i++;
        System.out.print("請輸入任一數(-1結束):");
       str=buf.readLine();            //輸入被除數
        a=Integer.parseInt(str);      //轉為整數
    }

    System.out.println("其個數是:  "+i);
    System.out.println("其和是   :  "+sum);
  }
}
```

自我練習

1. 若有一級數 s=3+6+9+，請問加到第幾項，其和剛好超過 1000。

2. 假如沒有除法運算子，請自行使用加減法，完成除法運算。

提示 **假如沒有除法運算子，那如何進行除法運算呢？其中有一個方法，那就是使用減法。例如，以 8 除以 3 為例，只要被除數大於除數，那就將被除數減去除數，且商每次加一。當離開迴圈時，當時的a 即為餘數。**

➔ 範例 6-3b

請寫一個程式，滿足以下條件：

(1) 可以產生 0 至 5 的亂數。

(2) 輸出此亂數與統計其和。

(3) 若亂數不為 0，則重複（1）～（2），否則輸出其和並程式結束。

執行結果

```
3 1 3 4 3 0
The sum is 14
```

程式列印

```
public class e6_3b {
  public static void main(String[] args) {
    int a,s=0;
    do{
      a=(int)Math.floor(Math.random()*6);//產生0,1,2,3,4,5的亂數
      System.out.print(a+" ");
      s=s+a;
    }
    while (a!=0);
    System.out.println();
    System.out.println("The sum is "+s);
  }
}
```

自我練習

1. 請寫一個程式，滿足以下條件：(擲骰子遊戲)

   (1) 可以產生兩個 1 至 6 的亂數。

   (2) 累加以上亂數。

   (3) 輸出此亂數與其和。

   (4) 若亂數和大於 8，則重複（1）～（3），直到亂數和小於等於 8，則程式結束。

2. 請寫一程式，可以連續產生兩個 1 ～ 6 的亂數，並輸出此兩個亂數，直到後面的亂數大於前面的亂數。

3. 請寫一程式，可以連續產生 3 個 1 ～ 6 的亂數，並輸出此 3 個亂數，直到有其中兩個亂數相等為止。

4. 請寫一程式，可以連續產生 4 個 1 ～ 6 的亂數，並輸出此 4 個亂數，直到有其中兩個亂數相等為止，並輸出此不相等的數字與和。例如，產生 6,4,5,1 則繼續產生亂數，若亂數為 6,2,1,6 則其和為 3。

5. 請設計一程式，可以讓人與電腦玩擲骰子遊戲。計算點數和方式是，一直擲四顆骰子，直到有兩顆相同，並將此兩顆取走，再計算另兩顆之和，例如，若擲出 2,4,1,6 則重來，若擲出 1,3,1,6 則點數和是 9。其次，若擲出 2,6,6,2 則點數和為 12，也就是取較高點數者。遊戲規則是，人先擲，且每擲一次，顯示一次，無效時亦要求使用者再擲，並評判數負。

6. 請寫一猜拳遊戲程式，可以讓人與電腦猜拳，並輸出結果，直到任一方贏 3 次為止。

➔ 範例 6-3c

請將 10 進位數轉為 N 進位數。（本例暫討論 N<=9，其餘 N>=11 時，待陣列介紹之後再討論）

執行結果

```
請輸入十進位數:18
請輸入N值:2
其2進位值為: 10010
```

演算法

若要將十進位的 a 轉為 2 進位，則以數學式表示如下：

$(a)_{10} = a_0 + a_1 2^1 + a_2 2^2 + a_3 2^3 + a_4 2^4 ---$

$= a_0 + 2(a_1 + a_2 2^1 + a_3 2^2 + a_4 2^3 ---)$ //a_1 以後，提出 2

上式的 a_0 為 a 除以 2 的餘數

$a_1 + a_2 2^1 + a_3 2^2 + a_4 2^3 \cdots$

則為 a 除以 2 的整數商，重複上式，直至整數商等於零為止。最先出爐的餘數應放在 2 進位的最右邊。

$(a)_{10} = (a_n \cdots a_3 a_2 a_1 a_0)_2$

例如，a 為待轉換的十進位，b 為 N 進位數，r 為餘數，strn 為二進位數。只要 a 大於 0，則將 a 連續除以 b，直到整數商 a 為 0，其餘數的字串累加，即為 n 進位數。其演算法如下：

```
while (a>0)        {
        r=a % b;
        strn=String.valueOf(r)+strn;   //整數商
        a=a/b;
}
```

請自行以 11 轉為 2 進位，實際演練。

➔ 範例 6-3d

請以輾轉相除法，求兩數的最大公因數。

執行結果

```
請輸入A值: 21
請輸入B值: 9
最大公因數為: 3
```

演算法

1. 輸入 a、b 兩數。
2. 假如 b>a，則兩者交換。
3. 將 a 除以 b，得餘數 r，假如餘數大於 0，則以原除數為被除數，原餘數為除數，重複執行 a 除以 b，直到餘數為 0，促使餘數為 0 的除數，即為最大公因數。

```
do  {
    r=a %b;          //餘數
    a=b;             //以原除數為被除數
    b=r;             //以原餘數為除數
}
while (r>0);
```

4. 當離開迴圈時，當時的 a 即為最大公因數

```
System.out.println("最大公因數為: "+a);
```

5. 請自行以 a=21，b=9，實際演練。

6-4 實例探討

二分逼近猜值法

二分逼近猜值法是在一個已經由小而大排序的數字裡，每次都猜其一半，若猜的太大，表示其解在前半段，否則其解在後半段，每次都縮小一半的範圍。例如，求解 9 的平方根的運算，其解必在 0 到 9 之間，所以設定下界為 0，上界為 9。首先，先猜 4.5，如下圖①，但 4.5 的平方為 20.25，大於 9，表示猜的太大，那就縮小範圍，將上界調為 4.5，持續在 0 與 4.5 之間猜值。第二次就猜 2.25，如下圖②，但是 2.25 的平方為 5.025，小於 9，表示猜的太小，那就調整下界為 2.25，且持續在 2.25 與 4.5 之間猜，如下圖③，那要猜到何時呢？答案是設定一個精密度，例如，您要小數一位，那就是下界與上界之間的距離小於 0.1，若是要小數兩位，那就是下界與上界之間的距離小於 0.01，此時下界與上界的中間值，就是所要求的答案了。

①	0 x1				9 x2
				x=4.5（太大）	
②	0 x1	x=2.25（太小）		4.5 x2	
③		2.25 x1	x=3.374（太大）	4.5 x2	

二分逼近猜值法的演算法如下：

(1) 設求解的正數為 y，則其平方根必在 x1=0 與 x2=y 之間。

(2) 首先猜 x1+x2 之和的一半 x。

(3) 若所猜 x 的平方小於 y，表示猜的太小，並縮小猜值範圍為〔x, x2〕。

(4) 若所猜的 x 的平方大於 y，表示猜的太大，並縮小猜值範圍為〔x1, x〕。

(5) 重覆步驟 (2)、(3)、(4)，直到〔x1, x2〕的範圍小於所要求的精密度 (小數兩位 0.01 或小數三位 0.001)，此時的 x1 或 x2 即為平方根。

➔ 範例 6-4a

請寫一程式，使用二分逼近猜值法求解輸入數值的平方根。本例要求精密到小數第二位。

執行結果

```
2.99981689453125
```

程式列印

```
public class e6_4a {
   public static void main(String[] args) {
      double y,x,x1,x2,t;
      y=9;x1=0;x2=y;
      do {
         x=(x1+x2)/2;
         t=x*x;
         if (t<y)
            x1=x;//猜的太小
         else
            x2=x;
      }
```

```
        while (Math.abs(x2-x1) >0.001) ;//只要 x2-x1 大於 0.001 就要繼續猜
        System.out.println(x1);
    }
}
```

自我練習

1. 請以二分逼近猜值法，求解一正數的立方根。
2. 請寫一程式，由使用者默想一個 0 到 50 的數字，電腦使用二分逼近法猜此數字，使用者應逐次回答太大、太小、或猜中，且回應幾次猜中。
3. 猜數字遊戲。請寫一程式，滿足以下條件：

(1) 電腦產生 0 到 99 的亂數。

(2) 使用者開始猜數字。

(3) 電腦回應猜中、太大、或太小，直到猜中為止。

積分的剖析

積分的計算就如同將一個不規則的圖形，先切割成一條條很細的長條矩形，因為每個長條矩形很細，其面積趨近於底乘以高，再累加這些長條矩形面積，即為其總面積，例如，若有積分式如下：

$$\int_0^1 x dx$$

此積分式就如同求右圖邊長為 1 的等腰三角形面積，則其面積依照公式是（底＊高）/2 = 0.5。此公式的由來，解析如下：

(1) 若 dx=0.1，也就是將三角形切為 10 個矩形，每個矩形的寬為 0.1，高度則遵循 y=x 的關係，隨著當時的 x 而變化，所以則其面積如下

```
double sum=0,x;
double dx=0.1,y;
for( x=0; x<=1; x=x+dx){
    y=x;//y=x
    sum=sum+y*dx;//每一個矩形面積=高度*切割的寬度
}
System.out.println( sum);
```

結果是 0.55。

(2) 若 dx=0.01，也就是將三角形切為 100 個矩形，則其面積如下

```
sum=0;
dx=0.01;
for(x=0; x<=1; x=x+dx){
    y=x;//y=x
    sum=sum+x*dx;
}
System.out.println( sum);
```

結果是 0.495。

(3) 若 dx=0.001，也就是將三角形切為 1000 個矩形，則其面積如下

```
sum=0;
dx=0.001;
for(x=0; x<=1; x=x+dx){
    y=x;//y=x
    sum=sum+x*dx;
}
System.out.println( sum);
```

結果是 0.4995。

(4) 若 dx 取的非常小，也就是切為無限多個矩形，則其結果將會是 0.5，這就是積分的道理。

➔ 範例 6-4b

請設計程式示範以上積分的剖析。

執行結果

```
2.99981689453125
```

程式列印

```
public class e6 _ 4b {
    public static void main(String[] args) {
        double sum=0,x;
        double dx=0.1,y;
        for( x=0; x<=1; x=x+dx){
            y=x;//y=x
            sum=sum+y*dx;//每一個矩形面積=高度*切割的寬度
        }
        System.out.println( sum);
    }
}
```

自我練習

1. 使用以上積分法，求解四分之一圓面積，四分之一圓面積 $= \int_0^1 \sqrt{1-x^2}dx$
2. 使用以上積分法求解 sin(x) 正半週面積，sin(x) 正半週面積 $= \int_0^\pi sinx dx = 2$。（sinx 請先查詢 Math 類別）

級數

數列的和稱為級數，古代的數學家就很強，竟然可以用不同的級數求出所要的函數值。例如，

$$e^x = 1 + \frac{x}{1!} + \frac{x^2}{2!} + \frac{x^3}{3!} + \cdots, \qquad -\infty < x < \infty$$

$$\sin x = \textstyle\sum_{n=0}^{\infty} \frac{(-1)^n}{(2n+1)!} x^{2n+1}$$ ，x 為徑度量

$$\cos x = \sum_{n=0}^{\infty} \frac{(-1)^n}{(2n)!} x^{2n}$$ ，x 為徑度量

以 sin x 為例，sin x 的展開式如下，

$$\sin x = x - \frac{x^3}{3!} + \frac{x^5}{5!} - \frac{x^7}{7!}$$ ，x 為徑度量

例如，x=30°，則其徑度量是 0.523598

若取 1 項

$$\sin x = x = 0.523598$$

若取 2 項

$$\sin x = x - \frac{x^3}{3!} = 0.523598 - 0.0239245 = 0.499674$$

若取 3 項

$$\sin x = x - \frac{x^3}{3!} + \frac{x^5}{5!} = 0.523598 - 0.0239245 + 0.000327592 = 0.500002$$

取的越多，越後面項數的數字就越小，所累加的精密度就越大，那到底要取幾項，那就是依使用者精密度而定，例如，您要取到小數第二位，那您的取到的項數前面兩位數字就要不為零，也就是您取到的項數的數值要小於 0.01；若是精密度要取到小數點第三位，那就是要取的項數的數值要小於 0.001。

➔ 範例 6-4c

寫一程式，可依所需精密度求得 sinx 函數值，本例要求精密度到小數第三位。

執行結果

```
0.5235987755982988 , 0.5235987755982988
0.49967417939436376 , -0.02392459620393504
0.5000021325887924 , 3.279531944286708E-4
0.5000021325887924
```

程式列印

```
public class e6_4c {
   public static void main(String[] args) {
      double y=0, y1;
      double x;
      int i=0;
      double pi=Math.PI;
      x=30*2*pi/360;//度度量轉為徑度量
      double f;
      do  {
         f=1;
         for (int j=1;j<=2*i+1;j++)
            f=f*j;
         y1=Math.pow(-1, i) * Math.pow(x, (2*i+1)) /f;
         y=y+y1;
         System.out.println(y+" , "+y1);
         i++;
      }
      while(Math.abs(y1)>0.001);
      System.out.println(y);
   }
}
```

自我練習

1. e^x 泰勒展開式如下，請依此求 e 的值。

$$e^x = 1 + \frac{x}{1!} + \frac{x^2}{2!} + \frac{x^3}{3!} + \cdots, \qquad -\infty < x < \infty$$

2. 寫一程式，可依所需精密度求得 cosx 函數值，本例要求精密度到小數第三位。

習題

本章補充習題請見本書下載檔案。

MEMO

CHAPTER 7

陣列

JAVA

前面我們處理少量的資料，可以為每一筆資料設定一個變數，但如果資料量非常龐大，譬如一個班級的 50 位同學成績，分別設定 a1、a2 ··· a50 等 50 個變數，那是一件相當麻煩的事。為了解決大批的資料處理，遂有**陣列 (Array)** 的使用。要儲存一個班級的數學成績可以宣告一個一維陣列，例如 int a[50] 代表 50 個人的數學成績，則 a[0] 可以用來表示 1 號同學的數學成績 (**註：陣列索引由 0 開始**)。若要表達每班每人的國、英、數三科成績時，可以宣告一個二維陣 int a[50][3] 來表示。其中 a[0][0] 表示 1 號國文成績、a[0][1] 表示 1 號英文成績、a[0][2] 表示 1 號數學成績，依此類推。同理，如果一年級有 12 班，則可以宣告個三維陣列 int a[12][50][3] 來儲存，其中 a[6][41][1] 代表 7 班 42 號英文成績，以此類推。如果一個學校有三個年級則可宣告一個四維陣列 int a[3][12][50][3] 來儲存，其中 a[1][7][23][2] 表示二年級八班 24 號數學成績。

7-1 一維陣列

陣列的宣告

Java 使用 Array 類別定義陣列型別，關於 Array 類別所提供的方法請看 10_3 節。所以，陣列的宣告與其他語言略有不同，其語法如下：

```
資料型別 陣列名稱[索引1] [索引2]…=new資料型別 陣列名稱[索引1] [索引2]…
```

or

```
資料型別 [索引1] [索引2]…陣列名稱=new資料型別 陣列名稱[索引1] [索引2]…
```

以上語法說明如下：

1. 資料型別可為 3-4 節 Java 內建的資料型別。

2. 陣列名稱應遵守 3-2 節識別字的命名規則。

3. 使用一個索引，即為一維陣列，以下敘述為宣告並建立一個整數型別的一維陣列，註標索引從 0 到 9，長度為 10。其中陣列名稱的中刮號放在陣列名稱的前後均可，但本書以使用前者為習慣。

```
int a[]=new int[10];
int []a=new int[10];
```

4. 使用二個索引，即為二維陣列，以下敘述為宣告並建立一個字元型別的二維陣列，關於二維陣列，請看 7_2 節。

```
char b[][]=new char[3][2];
```

5. 陣列有一屬性 length 記錄陣列的長度，例如上式的 a.length 即為 10。

6. 上式的 int 及 char 均為類別名稱，a 及 b 稱為類別的實現，或稱為類別變數，類別變數即為物件。

陣列的初始化

陣列亦可於宣告時即給予初值，以下程式片段可宣告並初始化一個一維陣列。

```
int b[ ]={1,2,3};
```

且中刮號內不得有值。例如，

```
int b[3]={1,2,3};
```

則是錯誤的，此亦與其它語言不同，請留意。

陣列元素的存取

Java 是用中括號 [] 代表陣列的每一個元素，例如，

```
int b[ ]={1,2,3};
```

陣列的第一個元素即為 b[0]，且其值為 1，第二個元素為 b[1]，其值為 2，所以若指派

```
a=b[0],
```

則 a 之值亦為 1。以下敘述可設定 b 陣列索引 2 的值為 33。

```
b[2]=33;
```

➔ 範例 7-1a

假如有資料如下

```
2,4,7,1,5
```

(1) 請用陣列儲存以上資料。

(2) 計算以上資料的總和。

(3) 請將以上資料乘以 2。

(4) 逐一複製到另一陣列。

執行結果

```
2   4   7   1   5
sum=19
4   8   14   2   10
```

程式列印

```
public class e7_1a{
    public static void main(String args[])    {
        int a[]={2,4,7,1,5};     //陣列宣告與初始化
        int b[]=new int[5];
        int i,s=0;
        //輸出a[]
        for (i=0;i<=4;i++)
            System.out.print(a[i]+ "  ");
```

```
        System.out.println();
        for (i=0;i<=4;i++)
          s=s+a[i];
        System.out.println("sum="+s);
        for (i=0;i<=4;i++)
          a[i]=a[i]*2;
        //複製陣列//        b=a;
        for (i=0;i<=4;i++)
          b[i]=a[i];
        //輸出b[]
        for (i=0;i<=4;i++)
            System.out.print(b[i]+"   ");
        System.out.println();
    }
}
```

自我練習

1. 設有資料如下：

```
-1, 0, 3, 4, -5, 8
```

   (1) 請以陣列儲存以上資料。

   (2) 統計正數、0、負數的個數。

2. 簽到程式。假設班上共有 12 人，請寫一程式，可以由使用者自行輸入座號，電腦並隨時輸出共有哪些人未到。（提示：可用陣列的值表示到與未到，例如陣列值 1 表到，0 表未到）

➔ 範例 7-1b

請用陣列讀入 5 位學生的國文成績，並可由使用者輸入座號來查詢成績。

執行結果

```
座號: 1
請輸入成績: 33
座號: 2
請輸入成績: 44
座號: 3
請輸入成績: 55
座號: 4
請輸入成績: 66
座號: 5
請輸入成績: 77
成績輸入完畢，謝謝您

查詢成績
請輸入座號: 3
國文成績: 55

請輸入座號: 0
```

程式列印

```
import java.io.*;
public class e7_1b{
    public static void main(String args[]) throws IOException   {
        int a[]=new int[6];     //陣列宣告
        int c,i;
        String str;
        InputStreamReader in=new InputStreamReader(System.in);
        BufferedReader buf=new BufferedReader(in);
        //輸入成績
        for (i=1;i<=5;i++)       {
            System.out.println("座號: " +(i));
             System.out.print("請輸入成績: ");
             str=buf.readLine();
             a[i]=Integer.parseInt(str);
        }
```

```
        System.out.println("成績輸入完畢,謝謝您");
        System.out.println();
        System.out.println("查詢成績");
        //查詢成績
        do      {
           System.out.print("請輸入座號: ");
           str=buf.readLine();
           c=Integer.parseInt(str);
           if (c==0)
              break;
           System.out.println("國文成績: " +a[c]);
           System.out.println("");
        }while (c>0);
     }
  }
```

自我練習

1. 假設資料個數上限是 50，但設計階段並不知道資料個數，請寫一個程式，可以輸入若干數字，並由陣列儲存，當輸入是 -1 時程式結束。其次，資料輸入完成，亦可由索引查得輸入值。

➔ 範例 7-1c

設有資料如下

```
77, 66, 99, 44, 55
```

請寫一個程式，以陣列儲存以上資料，並計算平均、最高分及最低分。

執行結果

```
平均: 68
最高分: 99
最低分: 44
```

程式列印

```
public class e7_1c{
    public static void main(String args[])    {
        int c,i;
        int a[]={77,66,99,44,55};
            //建立陣列,並初始化陣列
            //請留意中括號內不能填入陣列的大小
        int max=a[0];   //先設第一個人為最高分的擂臺主
        int min=a[0];   //先設第一個人為最低分的擂臺主
        int sum=a[0];   //先設第一個人為總和
        for (i=1;i<=4;i++)       {
            sum+=a[i];
            if (a[i] > max)
                max=a[i];   //只要大於擂臺主,即取代擂臺主
            if(a[i]< min )
                min=a[i];
        }
        System.out.println("平均: " +(sum/5));
        System.out.println("最高分: " +(max));
        System.out.println("最低分: " +(min));
    }
}
```

程式說明

1. 陣列可於宣告時同時設定其初值，本例設定如下，則 a[0] 至 a[4〕即有初值，中括號內務必留空白。

```
int a[]={88, 77, 33, 99, 55};
```

2. 求最高分的方法為：

   (1) 先設第一個人為最高分的擂台主。

   (2) 第二個人起逐一與擂台主比較，若大於擂台主即取代擂台主。

自我練習

1. 假設有樂透開獎號碼如下，最後一個號碼是特別號：

2	3	22	28	29	30	39

張三已買的彩券如下，請列出中獎情形。

2	3	22	28	29	39	

➔ 範例 7-1d

陣列與查表。請寫一程式將任意十進位轉為 N 進位。(2<=N<=16)

執行結果

```
16 其 3 進位值為: 121
```

程式列印

```
public class e7_1d{
    public static void main(String args[])    {
        String s[]={"0","1","2","3","4","5","6","7","8","9","A","B","C","D","E","F"};
                //字串陣列
        int a=16,b=3,r;
        String strn="";
        int t=a;
        while (a>0)          {
            r=a % b;
            strn=s[r].concat(strn);
                //strn=s[r]+strn ,字串相加
            a=a/b;                  //整數商
        }
        System.out.println(t+" 其 " +b +" 進位值為: "+strn);
    }
}
```

程式說明

本例使用字串陣列將餘數轉為相對的字元，例如餘數若為 10，則轉為 A，11 則轉為 B，餘此類推，此即為使用陣列查表。

自我練習

1. 請寫一程式，可以將 0..6 轉為星期日到六。
2. 讀寫一程式，可以將所輸入的阿拉伯數字轉為國字大寫，例如 123 轉為壹佰貳拾參，30000 轉為參萬，100050 轉為壹拾萬零伍拾。

7-2 二維與多維陣列

含有兩個或兩個以上索引值的陣列稱為多維陣列，一般最常應用的是二維陣列，下面我們就以二維陣列為例，來介紹如何使用多維陣列。

二維陣列變數宣告

與前面一維陣列接近，以下敘述宣告一個二維的整數型別陣列變數。

```
int a[][]=new int[3][4];
```

你可以把二維陣列想像成一個表格，所以上式 a 這個陣列就像一個有 3 列 4 行可以存放 12 個元素的表格，當然和一維陣列一樣，不管是列或行，其索引值皆由 0 開始。為了讓讀者更清楚二維陣列的資料結構，我們將 a 陣列的所有元素以表格表示如下：

	第 0 行	第 1 行	第 2 行	第 3 行
第0列	a[0][1]	a[0][1]	a[0][2]	a[0][3]
第1列	a[1][0]	a[1][1]	a[1][2]	a[1][3]
第2列	a[2][0]	a[2][1]	a[2][2]	a[2][3]

初值設定

二維陣列的宣告與預設初值程式如下：

```
int a[][]={{1,2,3,4},{5,6,7,8},{9,10,11,12}};
```

以上敘述執行後，所有陣列初值如下：

	第 0 行	第 1 行	第 2 行	第 3 行
第0列	a[0][1]=1	a[0][1]=2	a[0][2]=3	a[0][3]=4
第1列	a[1][0]=5	a[1][1]=6	a[1][2]=7	a[1][3]=8
第2列	a[2][0]=9	a[2][1]=10	a[2][2]=11	a[2][3]=12

二維陣列變數值的存取

以下敘述可以將第 1 列第 2 行這個陣列元素的值指派給變數 b。

```
b=a[1][2];
System.out.println(b);//7
```

以下敘述可以將第 1 列第 2 行這個陣列元素的值指派為 16。

```
a[1][2]=16;
System.out.println(a[1][2]);//16
```

➔ 範例 7-2a

假設有學生成績如下：

座號	國文	英文	數學	平均	不及格科數
1 0.0	50 0.1	60 0.2	70 0.3		
2	30 1.1	40	50		
3	70 2.1	80	90		
4	66 3.1	77	88		
5	22 4.1	33	44		
平均	5.1				

1. 請以二維陣列儲存以上資料。
2. 計算每人平均。
3. 統計每人不及格科數。
4. 統計各科平均。

執行結果

座號	國文	英文	數學	總分	平均	不及格科數
1	50	60	70	180	60	1
2	30	40	50	120	40	3
3	70	80	90	240	80	0
4	66	77	88	231	77	0
5	22	33	66	121	40	2
0	47	58	72	178	0	0

程式列印

```
public class e7_2a{
    public static void main(String args[])   {
        int a[][]={ {0,0,0,0,0,0,0},
                    {1,50,60,70,0,0,0},
                    {2,30,40,50,0,0,0},
                    {3,70,80,90,0,0,0},
                    {4,66,77,88,0,0,0},
                    {5,22,33,66,0,0,0},
                    {0,0,0,0,0,0,0}};
        int i,j,k;
        final int S=5;  //學生人數
        //計算每人各科成績，外迴圈是人，內迴圈是科目，例如1號平均是累加 (0,1),
                                                               //(0,2), (0,3)
        for (j=1;j<=S;j++)       {
            for(k=1 ;k<=3;k++)           {
                a[j][4]=a[j][4]+a[j][k];
            }
            a[j][5]=a[j][4]/3 ;  //平均
        }
```

```
        //統計每人不及格科數
        for (j=1;j<=S;j++)
            for (k=1;k<=3;k++)
                if (a[j][k]<60)
                    a[j][6]++;

        //統計各科平均，外迴圈是科目，內迴圈是人，例如國文平均是累加 (0,1), (1,1),
                                                        //(2,1), (3,1), (4,1)
        for (j=1 ;j<=4;j++)        {
            for(k=1;k<=S;k++)
                a[S+1][j]=a[S+1][j]+a[k][j];
            a[S+1][j]/=S;
        }

        //輸出結果
        System.out.println("座號  國文 英文 數學 總分 平均 不及格科數");
        for (i=1;i<=S+1;i++)       {
            for (j=0;j<7;j++)
                System.out.print("  " +a[i][j] +"  ");
            System.out.println();
        }
    }
}
```

自我練習

1. 同上範例，但增加可輸入每人成績及統計各科不及格人數。

2. 假設某一公司有三個業務員，其每季的業績如下：

編號	第一季	第二季	第三季	第四季	和	零的個數
1	0	2	4	6		
2	8	0	2	1		
3	7	0	0	9		
和						
零的個數						

(1) 請以陣列儲存以上資料。

(2) 計算每一個人的業績總和及零的個數。

(3) 計算每一季的業績總和及零的個數。

3. 假設有兩個矩陣如下：

$$\begin{bmatrix} 1 & 2 & 3 \\ 4 & 5 & 6 \end{bmatrix} \qquad \begin{bmatrix} 1 & 2 & 0 \\ 2 & 1 & 3 \end{bmatrix}$$

請以二維陣列儲存以上資料，並求其相加的結果如下：

$$\begin{bmatrix} 2 & 4 & 3 \\ 6 & 6 & 9 \end{bmatrix}$$

4. 假設有矩陣如下：

$$\begin{bmatrix} 1 & 2 & 3 \\ 4 & 5 & 6 \\ 7 & 8 & 9 \\ 10 & 11 & 12 \end{bmatrix}$$

請以二維陣列儲存，再將每一元素乘以 2 後輸出。

5. 設有方陣如下：

$$\begin{bmatrix} 1 & 2 & 3 \\ 4 & 5 & 6 \\ 7 & 8 & 9 \end{bmatrix}$$

請以二維陣列儲存，並求其轉置矩陣如下：

$$\begin{bmatrix} 1 & 4 & 7 \\ 2 & 5 & 8 \\ 3 & 6 & 9 \end{bmatrix}$$

6. 設有方陣如下：

$$\begin{bmatrix} 1 & 2 & 3 \\ 2 & 5 & 8 \\ 3 & 6 & 9 \end{bmatrix}$$

請以陣列儲存以上資料。(2) 求其行列式值。(3) 求其反矩陣。

7. 若有一方陣，輸入 3 如下圖左，輸入 4 如下圖右。請寫程式完成。

1	2	3
1	2	2
1	1	1

1	2	3	4
1	2	3	3
1	2	2	2
1	1	1	1

8. 魔術方陣。任一方陣中，若其橫向、直向與斜線值均相等，則稱此方陣為魔術方陣。例如，下圖左為 3 階魔術方陣，下圖右是 5 階魔術方陣。

8	1	6
3	5	7
4	9	2

17	24	1	8	15
23	5	7	14	16
4	6	13	20	22
10	12	19	21	3
1	18	25	2	9

➔ 範例 7-2b

請寫一個程式完成兩個矩陣的相乘。

執行結果

A 矩陣為 :

```
-1  0  3
2   1  -2
```

B 矩陣為 :

```
1   0
2  -3
-1  4
```

A 矩陣 X B 矩陣 =

```
-4  12
6  -11
```

演算說明

矩陣的列行定義如下，下式為 2 列 3 行。(補充說明 : 念為列行式，這樣較好記)

$$A_{23}=\begin{matrix} a_{00} & a_{01} & a_{02} \\ a_{10} & a_{11} & a_{12} \end{matrix}$$

矩陣要能相乘，則第一個矩陣行數要等於第二個矩陣的列數，且相乘結果的列數等於第一個矩陣的列數，行數則為第二矩陣的行數。

$C_{22}=A_{23}$ X B_{32}

若有矩陣如下：

$$C_{mp}=A_{mn} \times B_{np}$$

則任一子集合 Cmp 如下：

$$Cmp=\sum_{k=1}^{n} Amk \times Bkp$$

每一子集以索引表示如下：

$$\begin{matrix} a_{00} & a_{01} & a_{02} \\ a_{10} & a_{11} & a_{12} \end{matrix} \times \begin{matrix} b_{00} & b_{01} \\ b_{10} & b_{11} \\ b_{20} & b_{21} \end{matrix} = \begin{matrix} c_{00} & c_{01} \\ c_{10} & c_{11} \end{matrix}$$

例如：

$$\begin{matrix} -1 & 0 & 3 \\ 2 & 1 & -2 \end{matrix} \times \begin{matrix} 1 & 0 \\ 2 & -3 \\ -1 & 4 \end{matrix} = \begin{matrix} -4 & 12 \\ 6 & -11 \end{matrix}$$

則計算過程如下：

```
c00=a00*b00+a01*b10+a02*b20=-1*1+0*2+3*-1=-4
c01=a00*b01+a01*b11+a02*b21=12
c10=a10*b00+a11*b10+a12*b20=6
c11=a10*b01+a11*b11+a12*b21=-11
```

程式列印

```
public class e7_2b{
    public static void main(String args[])   {
        int i,j,k;
        int m=2,n=3,p=2;
        int a[][]={ {-1,0,3},
                    {2,1,-2}};
        int b[][]={ {1,0},
                    {2,-3},
                    {-1,4}};
```

```
    int c[][]=new int[m][p];
    //輸出 a
    System.out.println("A矩陣為: ");
    for (i=0;i<m;i++)  //2       {
        for (j=0;j<n;j++)  //3 {
            System.out.print(a[i][j]+ "  ");
        }
        System.out.println();
    }
    //輸出 b
    //System.out.println();
    System.out.println("B矩陣為: ");
    for (i=0;i<n;i++){  //3
        for (j=0;j<p;j++){  //2
            System.out.print(b[i][j]+ "  ");
        }
        System.out.println();
    }
    //矩陣相乘
    for (i=0;i<m;i++) { //2
        for (j=0;j<p;j++){  //2
            c[i][j]=0;
            for (k=0;k<n;k++)  //3
                c[i][j]=c[i][j]+a[i][k]*b[k][j];
        }
    }
    //輸出 c
    //System.out.println();
    System.out.println("A矩陣 X B矩陣= ");
    for (i=0;i<m;i++)    {
        for (j=0;j<p;j++)      {
            System.out.print(c[i][j]+ "  ");
        }
        System.out.println();
    }
  }
}
```

7-3 實例探討

排序

將一序列的值由小而大或由大而小排列，稱為排序。本節將介紹兩種簡單而實用的排序，分別稱為**泡沫排序法**與**計數排序法**。

泡沫排序法

於一數列當中，從第一筆資料逐一往後兩兩給予比較，若前者大於後者，則兩者交換（本例為由小而大排序，若由大而小排序，則當前者小於後者時，兩者交換），每次的比較與交換均可得該數列的最大值於數列最右邊（末端），所以若有 N 筆資料進行排序，則應作 N-1 階次的逐一比較，且每階次的逐一比較範圍均逐漸減一個，此即為泡沫排序法 (Bubble Sort)。若有 8、9、7、1、2 五筆資料，則其排序過程如下：

1. 將資料由左而右排列如下：

```
8 9 7 1 2
```

2. 共有五筆資料 n=5，共須進行四個階次的逐一比較，每一階次都能將該階次的最大值移至最右邊，四個階次的逐一比較細節說明如下：

   (1) 從第一筆到第五筆兩兩比較，若前者大於後者則兩者交換如下，得最大值 9 於最右邊。9 已是最大值，待會兒不必參與比較，所以下一次只要從第一筆比較至第四筆即可。

i=1	比較前	8 9 7 1 2	比較次數
j=1 2 3 4	比較次數	^ ^ ^ ^	4
	比較後	8 7 1 2 9	

   (2) 從第一筆到第四筆兩兩比較，若前者大於後者，則兩者交換如下，得次大值 8 於右邊。8 與 9 已達定位，待會兒不用參與比較。

i=2	比較前	8 7 1 2 9	比較次數
j=1 2 3	比較次數	^ ^ ^	3
	比較後	7 1 2 8 9	

(3) 從第一筆資料到第三筆資料兩兩比較，若前者大於後者則兩者交換如下，得第三大值 7 於右邊。

i=3	比較前	7 1 2 8 9	比較次數
j=1 2	比較次數	^ ^	2
	比較後	1 2 7 8 9	

(4) 從第一筆資料到第二筆資料兩兩比較，若前者大於後者則兩者交換如下，排序完成。

i=4	比較前	1 2 7 8 9	比較次數
j=1	比較次數	^	1
	比較後	1 2 7 8 9	

3. 若有 N 筆資料，則須作 N-1 階次的比較。其次，每一階次均已尋找一個最大值，並移至右邊。所以，比較次數均逐漸縮小，分別為 N-1，N-2，......，1。比較次數 j 與 外迴圈 i 的關係為 i+j=n，所以內迴圈的比較次數 j 為 N-i。以上說明的演算法如下：

```
for (i=1,i<= N-1;i++)
    for (j=1;j<=N-i;j++)
        if (a[j]>a[j+1]){  //兩數交換
            t=a[j];
             a[j]=a[j+1];
             a[j+1]=t;
        }
```

4. 比較次數總計約為 [N*N] ／ 2，資料交換次數約為 [N*N] ／ 4。

➔ 範例 7-3a

示範泡沫排序法。

執行結果

```
44  55  66  77  99
```

程式列印

```
public class e7_3a{
        public static void main(String args[])   {
            int a[]={0,77,66,99,44,55};
            //建立陣列,並初始化陣列
            //請留意中刮號內不能填入陣列的大小
            int i,j,t;
            final int  N=5;  //N為常數
            //排序
            for (i=1;i<= N-1;i++)
                for (j=1;j<=N-i;j++)
                    if (a[j]>a[j+1]){  //兩數交換
                        t=a[j];
                        a[j]=a[j+1];
                        a[j+1]=t;
                    }
            //輸出
            for (i=1;i<=5;i++)
                System.out.print(a[i]+"  ");
            System.out.println();
        }
}
```

自我練習

1. 以上每次均找到一個最大值於右邊，若將該次搜尋所得最大值與右邊位置交換，則可減少資料交換次數，且其比較次數不變仍為 [N*N] ／ 2，但其資料交換次數總計約為 N，請讀者自行練習。

2. 假設有學生成績如下：

座號	國文	英文	數學	總分	名次
1	8	7	9		
2	7	9	8		
3	7	8	9		
4	7	9	8		
5	8	9	7		
平均					

(1) 請以二維陣列儲存以上資料。

(2) 統計每人總分。

(3) 統計各科平均。

(4) 輸出順序以總分較高者先輸出。(本題不理會同分)

(5) 輸出順序以總分較高者先輸出，同分時，再以數學由大而小輸出。

計數排序法

前面的泡沫排序法是採用兩者比較並交換，達到由小而大或由大而小排列的效果，不過本節的**計數排序法**則是不移動資料，但直接給予名次。為了充份理解計數排序法的原理，你先假想一個 N 位學生的教室裡，每人均舉著自己的分數，每一學生如何知道自己是第幾名呢？有一個辦法就是每個人均數一數分數比自己高的人數再加一，就是自己的名次，但其比較次數還是 N*N，所以若令他們排成一排，由第一個逐一往右比較，且分數低的，令其名次加 1，則第二個人就不必與第一個比較，同理，第三個也是往右比較即可，不必與第一、二個人比較，所以其總比較次數約為 [N*N] ／ 2，此即為計數排序法，若有數列資料 8、2、9、7、1 則其演算過程如下：

1. 先假設每人均為第一名。

分數a[]	8	2	9	7	1
名次b[]	*	*	*	*	*

2. 共有五筆資料，分別以前四筆資料為基準往右比較：

(1) 以第一筆資料 8 為基準往右（第二、三、四、五筆）比較，分數低的名次加一，則其名次如下，第一筆資料 8 確定為第二名，下次不用再參與比較。

分數a[]	8	2	9	7	1
名次b[]	**	**	*	**	**

(2) 以第二筆資料 2 為基準往右（第三、四、五筆）比較，分數低的名次加一，則其名次如下，第二筆資料 2 確定為第四名，下次不用再參與比較。

分數a[]	8	2	9	7	1
名次b[]	**	****	*	**	***

(3) 以第三筆資料 9 為基準往右（第四、五筆）比較，分數低的名次加一，則其名次如下，第三筆資料 9 確定為第一名，下次不用參與比較。

分數a[]	8	2	9	7	1
名次b[]	**	****	*	***	****

(4) 以第四筆資料 7 為基準往右（第五筆）比較，分數低的名次加一，則其名次如下，全部名次確定，排序完成。

分數a[]	8	2	9	7	1
名次b[]	**	****	*	***	*****

3. 若有 N 筆資料，則須作 N-1 階次的比較，每階次的比較次數均逐漸縮小，分別為 N-1，N-2，......，1，故其總比較次數約為 [N*N]／2。

➔ 範例 7-3b

示範計數排序法。

執行結果

```
77   66   99   44   55
2    3    1    5    4
```

程式列印

```
public class e7_3b
{
    public static void main(String args[])
    {
        int a[]={0,77,66,99,44,55};
        //建立陣列,並初始化陣列
        //請留意中刮號內不能填入陣列的大小
        int b[]=new int[6];
        int i,j,t;
        final int  N=5;  //N為常數
        //設定大家都是第一名
        for(i=1;i<=N;i++)
            b[i]=1;
        //排序
        for (i=1;i<= N-1;i++)
          for(j=i+1;j<=N;j++)
            if (a[i]>a[j])  //小的人名次加一
              b[j]++;
              else
                b[i]++;
        //輸出
        for (i=1;i<=5;i++)
            System.out.print(a[i]+"  ");
        System.out.println();
        for (i=1;i<=5;i++)
```

```
            System.out.print(b[i]+"    ");
        System.out.println();
    }
}
```

自我練習

1. 假設有學生成績如下：

座號	國文	英文	數學	平均	名次
1	50	60	70		
2	30	40	50		
3	70	80	90		
4	66	77	88		
5	22	33	44		

(1) 請以二維陣列儲存以上資料。

(2) 統計每人平均。

(3) 統計每人名次。

搜尋

本節將介紹兩種常見的搜尋方式，分別是**線性搜尋法**與**二分搜尋法**。

線性搜尋法

於序列中，從頭到尾逐一比對搜尋的方式，稱為線性搜尋法。例如，若有 12 個員工電話號碼如下：

編號	姓名	電話號碼
1	aa	1111168
2	hh	2222168
3	cc	3333168
4	gg	4444168
5	ff	5555168
6	ii	6666168
7	ee	7777168
8	bb	88888168
9	jj	99999168
10	dd	1688168
11	kk	2688168
12	ll	3688168

首先，必須先以陣列儲存以上資料如下：

```
String a[][]={ {"0","0"},
               {"aa","1111168"},
               {"hh","2222168"},
               {"cc","3333168"},
               {"gg","4444168"},
               {"ff","5555168"},
               {"ii","6666168"},
               {"ee","7777168"},
               {"bb","8888168"},
               {"jj","9999168"},
               {"dd","1688168"},
               {"kk","2688168"},
               {"ll","3688168"}};
```

接著，輸入姓名如下：

```
String name;
name=buf.readLine();
```

其次，採用逐一訪視的方式，逐一比對字串是否相符，若相符則輸出其電話號碼，其敘述如下：

```
for (i=1;i<=12 ;i++)
    {
       //字串的比較,但大小寫視為相同,相同時傳回 0
       if (name.compareToIgnoreCase( a[i][0])==0)
       {
         System.out.println("其電話號碼為: " +a[i][1]);
         found=true;
         break;
       }
    }
```

➔ 範例 7-3c

設有員工電話如下，請以陣列儲存，並能輸入姓名而查得電話號碼。

執行結果

```
請輸入姓名: aa
其電話號碼為: 1111168
```

程式列印

```
import java.io.*;
public class e7_3c
{
   public static void main(String args[]) throws IOException
   {
      String a[][]={{"0","0"}, {"aa","1111168"},{"hh","2222168"},
                    {"cc","3333168"},{"gg","4444168"}, {"ff","5555168"},
                    {"ii","6666168"},{"ee","7777168"},{"bb","8888168"},
                    {"jj","9999168"},{"dd","1688168"},{"kk","2688168"},
                    {"ll","3688168"}};
```

```
        int i;
       String name;
       boolean found;
       found=false;
       InputStreamReader in=new InputStreamReader(System.in);
       BufferedReader buf=new BufferedReader(in);
       System.out.print("請輸入姓名: ");
       name=buf.readLine();
       for (i=1;i<=12 ;i++)
       {
          //字串的比較,但大小寫視為相同,相同時傳回 0
          if (name.compareToIgnoreCase( a[i][0])==0)
          {
             System.out.println("其電話號碼為: " +a[i][1]);
             found=true;
             break;
          }
       }
       if (found==false)
          System.out.println("查無此人");
    }
}
```

二分搜尋法

前面的線性搜尋法，是採用逐一訪視的方式搜尋所要的資料，但當資料量龐大時，就顯得毫無效率。舉例而言，資料數量若有 1000 筆，則採用線性搜尋法平均搜尋次數為 500 次，但若採用本節所討論的二分搜尋法，則至多不會超過 10 次 (2^{10}=1024)。使用二分搜尋法前應先將資料排序。在一個已排序的序列中，首先與序列的中間值比較，若待搜尋資料比中間值大，則待搜尋資料必在此中間值的後面，反之則在前面，所以二分搜尋法每次可將搜尋範圍減半，如此對於資料量龐大時，可提高搜尋效率。

➔ 範例 7-3d

同上範例，但使用二分搜尋法。

執行結果

```
aa  1111168
bb  8888168
cc  3333168
dd  1688168
ee  7777168
ff  5555168
gg  4444168
hh  2222168
ii  6666168
jj  9999168
kk  2688168
ll  3688168
請輸入姓名: aa
其電話號碼為: 1111168
```

程式列印

```
import java.io.*;
public class e7_3d{
    public static void main(String args[]) throws IOException   {
          String a[][]={ {"0","0"},{"aa","1111168"},//同上一範例
          int i,j,l,u,m;
          String name,t;
          boolean found;
          found=false;
          //泡沫排序法,由小而大
          for (i=1;i<=11;i++)   {
             for (j=1;j<=11-i;j++)     {
                if (a[j][0].compareToIgnoreCase(a[j+1][0])>0) {
                   t=a[j][0];a[j][0]=a[j+1][0];a[j+1][0]=t;
                   t=a[j][1];a[j][1]=a[j+1][1];a[j+1][1]=t;
                }
             }
          }
```

```
        for (i=1;i<=12;i++)
          System.out.println(a[i][0]+"   "+a[i][1]);

        InputStreamReader in=new InputStreamReader(System.in);
        BufferedReader buf=new BufferedReader(in);
        System.out.print("請輸入姓名: ");
        name=buf.readLine();
        //查詢(二分搜尋法)
        l=1;    //下界
        u=12;   //上界
        while ((l<=u) & !found){
          m=(int)((l+u)/2);
          //字串的比較,但大小寫視為相同,相同時傳回 0
          if (name.compareToIgnoreCase(a [m][0])==0)          {
            System.out.println("其電話號碼為: " +a[m][1]);
            found=true;
            break;
          }
          else
            if (name.compareToIgnoreCase(a [m][0])>0)
              l=m+1;    //調整下界
            else
              u=m-1;    //調整上界
      }
      if (found==false)
        System.out.println("查無此人");
    }
  }
```

迴歸直線（高中數據分析）

使用最小平方法求迴歸直線的演算法如下：

1. 設有 n 筆數據 $(x_1,y_1),(x_2,y_2),\cdots(x_n,y_n)$，x 座標平均 u_x，y 座標平均 u_y，其相關係數為 γ

$$\mu_x = \frac{\sum_{i=1}^{n} x_i}{n}$$

$$\mu_y = \frac{\sum_{i=1}^{n} y_i}{n}$$

$$\gamma = \frac{\sum_{i=1}^{n}(x_i - u_x)(y_i - u_y)}{\sqrt{\sum_{i=1}^{n}(x_i - u_x)^2 \sum_{i=1}^{n}(y_i - u_y)^2}}$$

2. 求 m

$$\mathrm{m} = \gamma\frac{\delta_y}{\delta_x} = \frac{\sum_{i=1}^{n}(x_i - u_x)(y_i - u_y)}{\sum_{i=1}^{n}(x_i - u_x)^2}, \quad \gamma \text{ 是相關係數}$$

3. 則此迴歸直線方程式如下：

$$\mathrm{y} - \mu_y = m(x - \mu_x)$$

➔ 範例 7-3e

某班級共 10 人，其加強上課日數與期末考數學成績如下表。

座號	1	2	3	4	5	6	7	8	9	10
加強日數	6	6	12	4	7	9	8	11	6	11
數學成績	4	8	13	6	7	13	9	11	6	13

(1) 求其相關係數。

(2) 求回歸直線斜率。

(3) 求回歸直線方程式。

執行結果

```
ux=8.0
uy=9.0
相關係數 r= 0.875
迴歸直線斜率 m= 1.09375
迴歸直線L：y-9.0=1.09375*(x-8.0)
```

程式列印

```
public class e7_3e {
    public static void main(String[] args) {
        int x[]={0,6,6,12,4,7,9,8,11,6,11};
        int y[]={0,4,8,13,6,7,13,9,11,6,13};
        int i;
        int n=10;
        double s,ux,uy;
        double r1,r2,r3,r;
        double m1,m2,m;
        s=0;
        for (i=1 ;i<=n;i++)
          s=s+x[i];
        ux=s/n;
        s=0;
        for (i=1 ;i<=n;i++)
          s=s+y[i];
        uy=s/n;
        r1=0;r2=0;r3=0;
        for (i=1;i<=n;i++){
          r1=r1+(x[i]-ux)*(y[i]-uy);
          r2=r2+((x[i]-ux)*(x[i]-ux));
          r3=r3+((y[i]-uy)*(y[i]-uy));
        }
        r=r1/Math.sqrt(r2*r3);
        m=r1/r2;
        System.out.println("ux="+ux);
        System.out.println("uy="+uy);
        System.out.println("相關係數 r= "+r);
        System.out.println("迴歸直線斜率 m= "+m);
        System.out.println("迴歸直線L:y-"  +uy+"="+m+"*"+ "(x-" +ux+")");
    }
}
```

自我練習

1. 設有數據如下：（高中數據分析）

```
5,7,8,4,5,6,2,5,9
```

請寫程式求其眾數、中位數（請要判斷其為偶數或奇數）、算數平均數、全距、變異數、標準差。

➔ 範例 7-3f

英文單字記憶練習。英文單字需要不斷練習才能熟記，本單元將寫一個單字記憶程式，會不斷出現中文，您可輸入英文，並統計正確與錯誤題數。

執行結果

```
look
Right
The Right number is :5
The wrong number is :5
```

程式列印

```
import java.io.*;
public class e7_3f {
   public static void main(String[] args) throws IOException {
      String b;
      int c=0,d=0;
      //將題目用陣列儲存 ，待學習檔案後，可將這些資料放在檔案
      String a[][]={{"","",""},
         {"delighted", "adj", "高興的"},
            {"gear", "n", "服裝"},
            {"behave", "v", "表現"},
            {"attract", "v", "吸引"},
            {"criticism", "n", "批評"},
            {"concerned", "adj", "擔心的"},
            {"There are four people in my family.", "", "我們家有四個人"},
            {"good", "adj", "好的"},
```

```
            {"apple", "n", "蘋果"},
            {"look", "v", "看見"},
            {"book","n","書"},
            {"television","n","電視"},
            {"cellphone","n","手機"}};
        for (int i=1;i<=10;i++){
          System.out.println(a[i][1]+","+a[i][2]+" : ");
            InputStreamReader in=new InputStreamReader(System.in);
            BufferedReader buf=new BufferedReader(in);
            b=buf.readLine();//可輸入含空白字串
          if (b.compareTo(a[i][0])==0){
            System.out.println("Right");
            c++;
          }
          else{
            System.out.println("Wrong");
            d++;
          }
        }
        System.out.println("The Right number is :"+c);
        System.out.println("The wrong number is :"+d);
    }
}
```

➔ 範例 7-3g

線上選擇題測驗。請寫一程式，可以讓使用者使用選擇題測驗。

執行結果

```
concerned,adj : (1)擔心的(2)高興的(3)傷心的(4)生氣的 : 2
Wrong
The Right number is :2
The wrong number is :4
```

程式列印

```
import java.io.*;
public class e7_3g {
```

```
    public static void main(String[] args)throws IOException {
      //將題目用陣列儲存  ，待學習檔案後，可將這些資料放在檔案
      //第三個是答案
      String a[][]={{"","","","","","",""},
        {"delighted", "adj", "1","高興的", " 悲傷的", "生氣的", "憤怒的"},
           {"gear", "n","3" , "背包", "褲子","服裝", "鞋子"},
           {"behave", "v","2" , "生氣","表現", "難過", "看到"},
           {"attract", "v","4",  "打架", "斥責", "排斥","吸引"},
           {"criticism", "n","1" ,"批評", "讚美", "說明", "美人"},
           {"concerned", "adj","1", "擔心的", "高興的", "傷心的", "生氣的"}};
       String  b;
      int c,d;
       c=0;d=0;
       for (int i=1;i<=6;i++){
        System.out.print(a[i][0]+","+a[i][1]+" : ");
        for (int j=1;j<=4;j++){
          System.out.print("("+j+")"+a[i][j+2]);
        }
        System.out.print(" : ");
        InputStreamReader in=new InputStreamReader(System.in);
          BufferedReader buf=new BufferedReader(in);
          b=buf.readLine();//可輸入含空白字串

        if (b.compareTo(a[i][2])==0){
          System.out.println("Right");
          c++;
        }
        else{
          System.out.println("Wrong");
          d++;
        }
      }
       System.out.println("The Right number is :"+c);
       System.out.println("The wrong number is :"+d);
    }
}
```

➔ 範例 7-3h

開根號運算。開根號運算原理如下：

```
(10a+b)²=100a²+20ab+b²=100 a²+b(20a+b)
```

請寫程式完成開根號運算。

演算法則

1. 以 138384 為例，開根號運算過程如右：

		3 7 2
1	請看法則 3	1 3 8 3 8 4 9
2	3×20＋7＝67 67×7＝469	4 8 3 4 6 9
3	37×20＋2＝742 742×2＝1484	1 4 8 4 1 4 8 4
4		0

2. 由左到右兩個一組。
3. 找出 a。從 9,8,7 的平方依序找出小於等於 13 的數字，本例找到 3，並扣掉 3 的平方 9，剩下 4。
4. 使用迴圈，從第二組數字開始逐一找 $b_1b_2b_3\cdots$。

   (1) 計算每一次的餘數。餘數 d = 前面餘數 × 100 + 這一組數字。

   (2) 用迴圈找 b。b 從 9,8,7 找 b(20a + b) 小於餘數 d。

   (3) 餘數 d 扣掉 b(20a + b)。d = d – b(20a + b)。

5. 輸出 $ab_1b_2b_3\cdots$，即為所求。

執行結果

```
13 83 84
a=3  ,d=4
a=3
d=483
a=37
d=1484
平方根是: 372
```

程式列印


```
public class e7_3h {
    public static void main(String[] args) {
        int aa = 138384;
        int bb[]=new int [10];
        int c ;
        int i, j ;
        int a,b;
        int n ;
        int  d ;
        int f;
        //將數字從最右邊,分成兩個兩個一組
        i = 0;
        do{
            i = i + 1;
            bb[i] = aa % 100;
            aa = aa / 100;
        }while( aa > 0);
        n = i;
        for( i = n;i>=1;i--)
            System.out.print(bb[i]+" ");
        System.out.println();
        //從9,8,7的平方依序找出小於等於最左邊那一組的數字,本例是13,並扣掉
        d = bb[n];
        a = 10;
        do{
            a = a - 1;
            f = a * a;
        }while( f > d);
        d = d - f;//d是每次扣剩的
        System.out.print("a="+a+"  ,d="+ d);
        System.out.println();
        //b依序從9,8,7找 ,並扣掉b(20a+b)
        n = n - 1;
        for ( i=n;i>=1;i--){
            d = d * 100 + bb[i];//前面剩的是100倍
```

```
            b = 10;
            System.out.println("a="+a);
            System.out.println("d="+d);
        do{
             b = b - 1;
             f = b*( 20*a + b) ;
          } while (f>d);
          d = d - f;//d是每次扣剩的
            a = a * 10 + b;
        }
        System.out.println();
        System.out.println("平方根是: "+a);
        System.out.println(d);
    }
}
```

自我練習

1. 請寫程式完成以下乘法運算。

```
       8 2
  ×    3 6
  ─────────
     4 9 2
   2 4 6
  ─────────
   2 9 5 2
```

2. 請寫程式完成以下除法運算。

```
          82
      ─────────
  36 ) 2952
       288
      ─────
        72
        72
       ────
         0
```

3. 開立方原理如下：

$$(10a+b)^3 = 1000a^3 + 300a^2b + 30ab^2 + b^3 = 1000a^3 + (300a^2 + 30ab + b^2)b$$

請根據以上演算法實際操作開立方如下：

	2 5
從 9,8,7... 找一個數的 3 次方 小於等於 15	1 5 6 2 5 8
300×4+30×2×5+25=1525 1525×5=7625	7 6 2 5 7 6 2 5
	0

請根據以上演算法，試寫一程式，完成以上開立方。

習題

本章補充習題請見本書下載檔案。

MEMO

CHAPTER 8

方法

JAVA

在程式設計時，常會遇到某些程式片段需要在同一個或不同的地方重覆出現許多次，如果這些程式片段都分別在每個地方寫一次，那是一件非常浪費時間的事，且會使程式變得冗長而不易閱讀。更糟的是，萬一要調整此程式片段的部份功能，更要至不同的地方修改，造成程式維護困難，此時可透過本章所要介紹的『**方法** (Method)』解決以上困難。方法的使用方式為將此常用的程式片段賦予一個名稱，此稱為方法名稱，寫在程式的最前面或最後面，當程式設計者需要使用此程式片段時，只要鍵入此方法名稱，即可執行此程式片段。

8-1 方法的設計與呼叫

方法的設計簡要語法如下：

```
[存取範圍修飾字] 傳回值型別    方法名稱(參數列){
    敘述1;
    敘述2;
    return 傳回值;
    敘述n;
}
```

以上語法說明如下：

● **存取範圍修飾字**

存取修飾字是可以省略的，常用的存取範圍修飾字有 public、private、protected 及 static，關於存取範圍修飾字，請看 9-2 與 9-3 節，其次 static 代表此為公用方法，公用方法不必建構即可使用，關於 static 也是在第九章再詳細介紹，本章的所有方法均先加上 static，其次類別的公用變數也先加上 static。

● **傳回值型別**

方法可能會有傳回值，傳回值型別即為規範此傳回值的型別，若該方法未有傳回值，則應使用保留字 void。

- **方法名稱**

  方法名稱應滿足 3-2 節的識別字命名規則。

- 參數列

  當呼叫此方法時，所要傳遞的參數，請放在參數列。關於參數列的進一步用法請看 8-2 節。

以下程式片段即為判斷所傳入參數 d 是否及格，d 在此稱為形式參數 (Formal Parameter)，方法名稱為 work，傳回值型別為 String。

```
static String work(int d)    { //static之用法詳見第9章
   String e="不及格";
   if (d >= 60)
      e="及格";
   return e;
 }
```

以下程式片段可印出指定的變數，方法名稱為 pr，沒有傳回值。

```
void pr (String s){
   System.out.println(s);
}
```

方法的呼叫

方法的呼叫為鍵入方法的名稱與參數列，並用適當的變數接收方法的傳回值。例如，以下程式片段可呼叫以上的 work() 方法，並以 b 接收所傳回的值。

```
int a=78;String b;
b=work(a);
```

以上程式會呼叫 work() 方法，變數 a 稱為**實際參數 (Actual Parameter)**，且實際參數的型別應與形式參數的型別相同，如此便可將實際參數的值傳給形式參數。其次，若方法未有傳回值，當然不用變數接收。例如，以下敘述呼叫 pr() 方法，且此方法沒有回傳值，所以也不接收回傳的值。

```
String s="及格";
pr(s);
```

➔ 範例 8-1a

示範以上方法的製作與呼叫。

執行結果

```
及格
```

程式列印

```
package ch08;
public class e8_1a {
    //方法放在main前面或後面都可以
    static String work(int d)   { //static之用法詳見第9章
        String e="不及格";
        if (d >= 60)
          e="及格";
        return e;
      }
    static void pr (String s){
      System.out.println(s);
    }
    public static void main(String[] args) {
      int a=78;String b;
      b=work(a);
      pr(b);
    }
}
```

自我練習

1. 於組合的運算 $C_n^m = \frac{m!}{n!*(m-n)!}$，階乘運算共要三次，請寫一程式，將階乘運算以呼叫方法完成，再呼叫此方法，完成組合運算。

2. 請寫程式完成 1!+2!+3!+4!+5!+……+n!（n 可由使用者輸入）。

3. 將空間座標的內積運算，寫成方法，並呼叫。例如，P=(a,b,c)，Q=(d,e,f)，則 P 與 Q 的內積為 ad+be+cf，內積運算結果為純量。

陣列的傳遞

以下程式示範於方法接收陣列。

```
static int maxf(int b[]) {
    int max=b[0];
    int l=b.length;
    for (int i=1;i<=l-1;i++) {//請留意陣列範圍
       if (b[i]> max)
          max=b[i];
    }
    return (max);
}
```

以下程式示範傳遞陣列給方法，請留意陣列的寫法。

```
int a[]= {8,7,1,5,4};
int b=maxf(a);//陣列的寫法
```

以下程式可將接收的陣列乘以 2，再以另一陣列傳回。

```
static void doublef(int b[],int d[]) {
    int l=b.length;
    for (int i=0;i<=l-1;i++) {//請留意陣列範圍
       d[i]=b[i]*2;
    }
    return ;
}
```

主程式寫法如下：

```
int a[]= {8,7,1,5,4};
int c[]=new int [5];
doublef(a,c);
int l=c.length;
for (int i=0;i<=l-1;i++) {//請留意陣列範圍
      System.out.print(c[i]+",");
}
```

以上程式回傳的 d 陣列，亦可寫在前面，程式如下：

```
static int[] doublef2(int b[]) {
   int l=b.length;
   int d[]= new int[5];
   for (int i=0;i<=l-1;i++) {//請留意陣列範圍
      d[i]=b[i]*2;
   }
   return d ;
}
```

主程式寫法如下：

```
int d[]= new int[5];
d=doublef2(a);
l=d.length;
for (int i=0;i<=l-1;i++) {//請留意陣列範圍
   System.out.print(d[i]+",");
}
System.out.println();
```

以下程式則是二維陣列的傳遞方式：

```
static void f(int b[][],int r,int c) {
   for (int i=0;i<=r-1;i++) //請留意陣列範圍
      for (int j=0;j<=c-1;j++)
         b[i][j]=b[i][j]*2;
}
```

主程式如下：

```
int e[][]= {{1,2,3},{4,5,6}};
int cc=2,rr=3;
f(e,cc,rr);
for (int i=0;i<=cc-1;i++) {//請留意陣列範圍
    for (int j=0;j<=rr-1;j++)
        System.out.print(e[i][j]+"  ");
    System.out.println();
}
```

➔ 範例 8-1b

示範以上二維陣列的語法（請自行開啟所附檔案）。

8-2 參數的傳遞

Java 對於參數的傳遞有兩種方式。首先，參數若是內建資料型別，則以傳值呼叫 (Call By Value)。其次，參數若是陣列與物件，則是採用傳址呼叫 (Call By Reference)。

傳值呼叫

傳值呼叫是將該筆資料複製一份，然後將複製的資料傳給指定的方法，所以該方法對所傳遞的參數若有異動，亦不會影響主程式的值。例如，swap 方法如下，其功能是將所傳入的參數交換。

```
static void swap(int a,int b) {
    int t;
    t=a;a=b;b=t;
    System.out.println(a); //4
    System.out.println(b);//3
}
```

其次，主程式如下：

```
int p=3,q=4;
swap(p,q);
System.out.println(p); //3
System.out.println(q); //4
```

➔ 範例 8-2a

示範以上傳值呼叫。請自行開啟檔案。

以上即為傳值呼叫，主程式只將參數傳給方法，方法對參數的異動並不回傳。這也是 Java 與 C++ 不同的地方，基本資料型別統統無法加上任何符號轉變為傳址呼叫。也就是一個方法僅能以 return 至多傳回一個值，若要傳回兩個或兩個以上的值，那就要使用陣列或物件的方式。

傳址呼叫

傳址呼叫則是將原始資料的位址傳遞至對應的方法，所以若該方法對該參數有所異動，皆可將異動的結果回傳主程式。於範例 8_1b 中，

```
static void f(int b[][],int r,int c) {
   for (int i=0;i<=r-1;i++) //請留意陣列範圍
      for (int j=0;j<=c-1;j++)
         b[i][j]=b[i][j]*2;
}
```

b 陣列的值在方法中的改變，將可回傳主程式。前面曾經提過，基本資料型別僅能至多以 return 傳回一個值，那如果要傳回兩個或兩個以上的值，那就只好使用陣列或物件了。以解一元二次方程式為例，共有兩個解要傳回，此時就可使用陣列傳回，請看以下範例說明。

➔ 範例 8-2b

示範以陣列傳回兩個值。本例以解一元二次方程式為例，以陣列傳回兩個解。

執行結果

```
3.0
0.5
```

程式列印

```
package ch08;
public class e8_2a {
    static void equ(int a,int b,int c,double d[]) {
        double e=Math.sqrt(b*b-4*a*c);
        d[0]=(-b+e)/(2*a);
        d[1]=(-b-e)/(2*a);
    }
    public static void main(String[] args) {
        int a=2,b=-7,c=3;
        double d[]=new double[2];
        equ(a,b,c,d);
        System.out.println(d[0]);
        System.out.println(d[1]);
    }
}
```

自我練習

1. 請將外積運算以方法完成，並呼叫此方法求兩個三維向量的外積。例如，P=(a,b,c),Q=(d,e,f)，則 P 與 Q 外積為 (bf-ec,cd-af,ae-bd)，外積運算結果仍為向量。例如，P(x 軸)=(1,0,0)，Q(y 軸)=(0,1,0)，則 P 與 Q 的外積為 z 軸 (0,0,1)，方向即為右手螺旋定則。

8-3 遞迴 (Recursion)

於類別的方法中，若呼叫自己的方法，則稱此類程式為**遞迴**。遞迴的使用必須同時滿足以下兩個條件，否則程式會沒完沒了，終至堆疊用盡而使程式當掉。使用遞迴解題的兩個條件如下：

1. 問題須具有重複的特性，也就是在某些特性之下，可以繼續呼叫自己。

2. 重複的問題須有結束的條件。例如，階乘的結束條件為 n=1 時 1!=1；費式數列的結束條件為 n ≦ 2 時 f(2)=1，f(1)=1。

階乘

階乘的定義是求小於等於某一數至 1 的連續整數之積。本例重複的特性為每次減 1，即可自己呼叫自己。例如，

```
6!=6*5!
5!=5*4!
```

本例結束遞迴的條件是當遞減至 1 時，結束遞迴。

➔ 範例 8-3a

請使用遞迴求某一整數的階乘。例如 6!=6*5*4*3*2*1

執行結果

```
5! = 120
```

程式列印

```
public class e8_3a {
        public static int product(int n)
        {
```

```
            if (n==1)
                return n;
            else
                return n*product(n-1);
        }
        //主程式
        public static void main(String args[])  {
            int a=5;
            int sum=product(a);  //呼叫 product 方法
            System.out.println(a +"! = "+sum);
        }
    }
```

費式數列

費式數列的定義如下：

1. 當 n ＞ 2 時，則分解為 2 項，如下：

```
fn = fn-1 + fn-2
```

2. 當 n<=2 時，則定義 $F_1=1,F_2=1$。

依以上定義，費氏數列前 10 項如下：

```
1,1,2,3,5,8,13,21,34,55
```

例如，以 n=5，解說如下：

```
f(5)                   //n=5,分解成兩項,如下:
 = f(4)+f(3)           //f(4)繼續分解,f(3)先放在堆疊。
 = f(3)+f(2)+f(3)      //f(3)繼續分解,f(2)=1,後面的f(3)還是在堆疊。
 = f(2)+f(1)+1+f(3)    //f(2)=1,f(1)=1,f(3)從堆疊取之分解。
 = 1+1+1+f(2)+f(1)     //f(2)=1,f(1)=1,堆疊已空無一物,離開方法,
 = 5   並傳回結果5。
```

➔ 範例 8-3b

請用遞迴法求費式數列 (Filbonacci) 的第 n 項。

執行結果

```
費氏數列第 5 項值為 5
```

程式列印

```
public class e8_3b {
    static int product(int n)      {
        int p;
        if (n>2)
            p=product(n-1)+product(n-2);
        else
            p=1;
        return (p);
    }
    //主程式
    public static void main(String args[])    {
        int a=5;
        int sum=product(a);  //呼叫 product 方法
        System.out.println("費氏數列第" +a +"項值為 "+sum);
    }
}
```

自我練習

1. 請用遞迴重做兩數相除的商與餘數。
2. 請用遞迴重做二分猜值法求開根計算。
3. 請用遞迴重做求兩數最大公因數。

8-4 多型 (Polymorphism)

多型 (Polymorphism) 有些書譯成「同名異式」，它的原文是希臘文，意思是說，一種樣式有多種表現方式。例如，你有一個僕人專門幫你開門，那麼不論這個門是內推、外拉或向旁邊推，你都是下同一指令“開門”，然後你的僕人即會依照門的結構而完成開門的動作。物件導向的程式設計亦發揚此理念，讓程式設計者於程式設計階段使用相同的指令，而編譯器能於執行階段依據不同的需求，執行不同的程式片段，此即為多型。於 Java 有許多種多型的效果，本書僅舉三種例子，分別是**多載** (Overloading) 與**改寫** (Overriding) 及**介面**（改寫請看 9-3 節，介面請看 9-4 節）。

方法多載 (Overloading Methods)

於方法的設計裏，有時會有兩種以上的方法功能接近，例如只是參數型別或參數個數不同，是否可以使用相同的方法名稱，以減少程式設計者的困擾？答案是肯定的。因為物件導向的程式設計均允許程式設計者在參數型別與參數個數不同時，使用相同的方法名稱，這些相同的方法即稱為方法多載。例如，若已實作 add 方法如下：

```
int add(int c,int d);              (1)
```

亦可再實作 add 方法如下：

```
int add(int c,int d,int e)         (2)
double add(int c,int d,double e)   (3)
```

其次，當呼叫 add 方法時，編譯器集會依照參數的數量與型別，而呼叫對應的方法。例如，

```
add(3,4);
```

即會執行以上第（1）式。而，

```
add(3,4,5);
```

即會執行以上第（2）式。同理，

```
add(3,4,3.4)
```

即會執行以上第（3）式。但是，當有相同的參數個數與型別時，絕不可有不同的傳回值。例如，上面已經有 int add(int c,int d);，絕不能再實作 add 方法如下：

```
double add(int c,int d);
```

以下範例將示範方法的多載。其次，Java 類別庫所提供的方法，亦有許多『多載』的實例，例如 Applet 類別的 Play 方法，即有 2 種多載，如下所示。

```
public void play(URL url)
public void play(URL url, String name)
```

➔ 範例 8-4a

示範方法多載。

執行結果

```
5
9
10.2
```

程式列印

```
public class e8_4a
{
    //兩個 int 參數
    static int add(int c,int d)    {
        return c+d;
```

```
    }
    //三個 int 參數
    static int add(int c,int d,int e)    {
       return c+d+e;
    }
    //兩個 int 參數與一個 double 參數
    static double add (int c,int d,double e)    {
       return c+d+e;
    }
    //主程式
    public static void main(String args[])    {
       int a=2,b=3,c=4;
       double d=5.2;
       int i,j;
       double k;
       //add 方法的多載
       i=add(a,b);       //int + int
       System.out.println(i);
       j=add(a,b,c);     //int + int + int
       System.out.println(j);
       k=add(a,b,d);     //int + int + double
       System.out.println(k);
    }
}
```

自我練習

1. 平面中點與直線距離是 $\left|\frac{ax+by-c}{\sqrt{a^2+b^2}}\right|$，空間中點與平面的距離是 $\left|\frac{ax+by+cy-d}{\sqrt{a^2+b^2+c^2}}\right|$，用同一方法名稱，完成以上兩個方法。

8-5 抽象化 (Abstraction)

將具體的東西，依據某一需求或意念，以另一具體的成果表現，稱為**抽象化**。例如，當你看到某處某一幅景色，而要將此景色描述下來，你當然不可能鉅細靡遺的所見即所得，而是有所取捨的描繪此景色，當你完成此畫時，你即完成此景色的抽象化，而你那張畫當然稱為此景色的抽象畫。其次，每個人抽象的程度也都不同，有的人連地上的垃圾都不放過，有的人希望不同時代或背景的人有不同的體會，這就是為什麼畢卡索的畫可以流傳至今，還廣受人們討論。程式設計領域的最高境界何嘗不應如此，你的觀念或程式，是否能讓不同背景或不同需求的使用者都能使用這一程式，且這些不同需求的人都可能得到他們所要的結果，此即為抽象化的最高境界。

本章已經介紹方法、遞迴、多載，下一章將介紹類別、繼承、改寫與介面，這些都是程式設計的抽象化工具，還盼讀者進一步琢磨與體會，而能在程式設計的領域創造超越畢卡索的成就，使你的觀念或作品流傳後世。

8-6 實例探討

漢諾塔

如右圖有三根柱子 A、B 及 C，A 柱有幾個大小逐一遞增的套環，現在要將 A 柱的套環逐一搬至 B 柱，且要遵守以下規則：

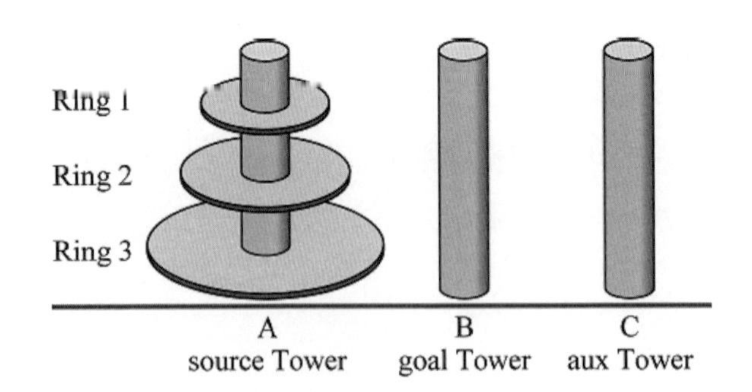

1. 一次只能搬一個套環，且只有最上面的套環可以被搬動。
2. 每個柱子被置入套環時，套環僅能由小而大排列。也就是不可以有較大的套環壓到較小的套環。

如上圖，若 A 柱有 3 個套環，要將 A 柱上的所有套環移至 B 柱，則其過程如下：

1. 將 Ring 1 由 A 搬到 B。
2. 將 Ring 2 由 A 搬到 C。
3. 將 Ring 1 由 B 搬到 C。
4. 將 Ring 3 由 A 搬到 B。
5. 將 Ring 1 由 C 搬到 A。
6. 將 Ring 2 由 C 搬到 B。
7. 將 Ring 1 由 A 搬到 B。

以上是 3 個套環，所以人腦可輕鬆推算而得，若有 4 個、5 個或 6 個套環時，則此問題的解又如何呢？所幸，這個問題可用遞迴求解如下：

1. 當 n = 1 時，只要將套環 1 由 A 柱搬到 B 柱。
2. 當 n > 1 時，則要將此問題分解如下：

   （1）將 A 柱上面的 n－1 個套環透過 B 的協助由 A 搬到 C。

   （2）將 A 柱最下面的第 n 個套環由 A 搬到 B，且此套環已達定點。

   （3）將 C 柱上面的 n－1 個套環透過 A 柱的協助，由 C 柱搬到 B 柱。

若將以上演算法，以 Java 描述，則其程式如下，為了提高程式的可讀性，我們將 A、B 及 C 柱，分別以 sourceTower、goalTower 及 auxTower 命名。

```
static void moveRings(int n,char sourceTower,char goalTower
                      ,char auxTower)
{
   if (n==1)
      s=s+"Ring " + n + " 由 " + sourceTower +" 搬到 "
      +goalTower+"\n\r";
   else
```

```
        {
          moveRings(n-1,sourceTower,auxTower,goalTower);
          s=s+"Ring " + n + " 由 " + sourceTower +" 搬到 "
          +goalTower+"\n\r";
          moveRings(n-1,auxTower,goalTower,sourceTower);
        }
    }
```

➔ 範例 8-6a

求解漢諾塔。

執行結果

以下是 n = 3 的解。

```
Ring 1 由 A 搬到 B
Ring 2 由 A 搬到 C
Ring 1 由 B 搬到 C
Ring 3 由 A 搬到 B
Ring 1 由 C 搬到 A
Ring 2 由 C 搬到 B
Ring 1 由 A 搬到 B
```

程式列印

```
public class e8_6a{
    static String s="";

    static void moveRings(int n,char sourceTower,char goalTower
                           ,char auxTower)  {

      if (n==1)
        s=s+"Ring " + n + " 由 " + sourceTower +" 搬到 "
            +goalTower+"\n\r";
      else   {
```

```
            moveRings(n-1,sourceTower,auxTower,goalTower);
            s=s+"Ring " + n + " 由 " + sourceTower +" 搬到 "
                +goalTower+"\n\r";
            moveRings(n-1,auxTower,goalTower,sourceTower);
        }
    }
    //主程式
    public static void main(String args[])  {
        int n=3;
        moveRings(n,'A','B','C');
        System.out.println(s);
    }
}
```

迷宮問題

老鼠走迷宮是實驗心理學家常做的一項實驗，在這實驗中老鼠被置於一個無頂大盒子的入口處，盒子中利用牆將大部份移動去向阻隔，這樣科學家們就可以仔細觀察老鼠在迷宮中如何移動，直到最後抵達另一端出口為止。從出口到入口只有一條路徑，而在最後出口處有一塊香甜的乳酪在等著。在這實驗中每當老鼠走錯路徑時就得重頭來，一直到它能正確無誤地一次走到出口為止，而這個實驗的次數也就代表老鼠學習的曲線。

我們可以寫一個程式來作走迷宮的實驗，第一次走的時候電腦的表現不見得比老鼠高明，它也可能要經過多次的試驗才能找到正確的路。但電腦有一點比老鼠強，就是它能將正確的路線記住，所以第二次走的時候就不會再犯同樣的錯誤。因此，重新再執行一次程式，也就變得沒有意義了。讀者不妨先試著自行撰寫這個程式，而不要急著去看我們所提供的解答。將折返的次數及修正的情形記錄下來；這樣，當我們在本書中再進行這個實驗時，你可以瞭解一下自己的學習曲線。

現在我們以一個二維陣列，maze [1..m，1..p] 代表迷宮，其中 1 代表不能通行。0 代表可以通過。迷宮的入口為 maze [1，1]。出口為 maze [m，p]，如下圖

0 0 0 0 0 1 1 0 0 0 0 1 1 1 1
1 1 1 0 1 1 0 0 1 0 0 0 1 1 1
0 1 1 0 0 0 0 1 1 1 1 1 0 1 1
1 1 0 0 1 1 1 0 0 0 0 0 1 0 0
1 1 0 1 0 0 1 0 1 1 1 1 1 1 1
0 0 0 1 0 1 1 0 0 1 0 0 1 0 1
0 1 1 1 0 0 0 0 1 1 1 1 1 1 1
0 0 1 1 0 1 1 0 1 1 1 1 1 0 1
1 0 0 0 0 1 1 0 1 0 0 0 0 0 0
0 0 1 1 1 1 1 0 0 0 1 1 1 1 0
0 1 0 0 1 1 1 1 1 0 1 1 1 1 0

由於迷宮是以二維陣列表示，因此老鼠所在的位置可以以列數 i 和行數 j 表示。現在考慮老鼠在 [i，j] 點可能移動的情形。下圖左顯示出在任何點 [i，j] 所有可能移動的情形，我們將這點用 X 表示。如果 X 點的周圍都是 0 的話，老鼠可以在這 4 條路中任選一條作為下次移動的方向。我們稱 4 個方向為西、南、東、北；用代號表示則分別為 W、S、E、N。

以上 4 個方向，我們可以以一個二維陣列 move 儲存老鼠所有可能的方向，如下圖右所示，所以陣列 move 的宣告如下：

```
int move[][]={{0,1},{1,0},{0,1},{-1,0}};
```

如果我們位於迷宮的 [i，j] 位置，同時想找在我們南方的位置 [g，h]，dire = 2，那麼我們就設：

```
g=i+move(2,1);h=j+move(2,2);
```

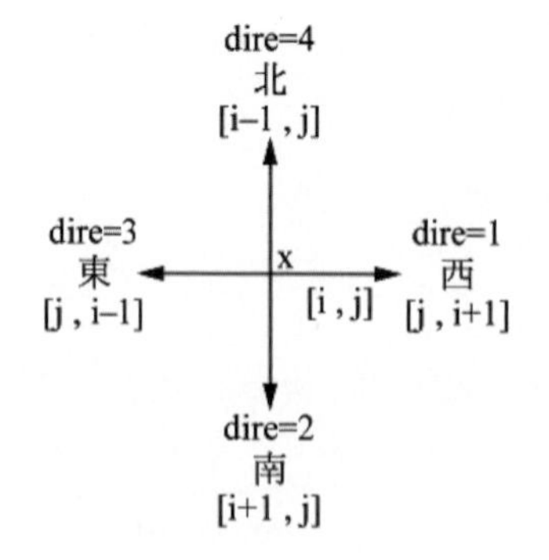

方向	dire	x 座標向量	y 座標向量
W（西）	1	0	1
S（南）	2	1	0
E（東）	3	0	–1
N（北）	4	–1	0

舉例來說，如果我們位於（3，4），則（3 + (1) = 4，4 + (0) = 4）是我們的南方。

我們必須注意，並非每個位置都有 4 個相鄰點可以移動，若 [i，j] 是在邊緣上，即 i = 1 或 m，j = 1 或 p，則只有三個相鄰點，而不是 4 個。為了避免要檢查這種邊緣的狀況，可以假設迷宮最外圍包著一層值為 1 的邊線；因此這個二維陣列要宣告為 maze [0..m + 1，0..p + 1]。

當我們在迷宮想移動時，有好幾個方向都可以移動，但由於不知道那一個方向才是正確，我們只好任選一個試試，但是必須將此時所在位置及選擇之方向記錄在一串列上；這樣假如所選的方向錯了，我們才能回到原先位置再試其他方向。每一個位置都需要測試各種方向是否可行，測試時是從西開始，然後依順時鐘方向進行。最後為了防止同一路徑走了兩次，我們用另外一個二維陣列 mark [0:m + 1，0:p + 1]，這個陣列的起始值均設為 0，而當走到某一點 [i，j] 時，mark [i，j] 就改為 1。我們又設 maze[m，p] = 0，如果不是這樣的話就沒有路通到出口。以下為迷宮的演繹邏輯。

1. 只要堆疊不是空的，表示還有路可以走。

```
while (t != 0)
```

2. 每一個位置均有 4 個方向，每個方向皆要嘗試走走看。

```
while (dire <= 4)
```

3. 計算下一步的座標。

```
g = i + move[dire][1] ;
h = j + move[dire][2] ;
```

4. 假如 (g, h) 為終點座標 (m, p)，則探索成功。此時堆疊的內容即為老鼠每一步的路徑，印出此路徑即為所求。

```
if (g == m & h == p)
{
   mark[i][j] = 1 ; mark[g][h] = 1 ;
   System.out.println("走過路徑: ");
   System.out.println("(1代表走過路徑)");
   PrintMark() ;
   return ;
}
```

5. 假如 (g, h) 為通路，且 (g, h) 還未走過，則將此點作記號、將目前座標放入堆疊、踏入這一點，且設 dire = 1，否則繼續嘗試下一個方向。

```
if (maze[g][h] == 0 & mark[g][h] == 0)
{
   push(i,j,dire) ;
   i = g ; j = h ; dire = 1;
}
else
   dire ++ ;
```

6. 假如 4 個方向都已試過，且全無路徑可移動，則應自堆疊取一個位置，重新嘗試可能的路徑。

```
pop() ;
```

➔ 範例 8-6b

示範老鼠走迷宮，並印出老鼠所走的路徑。

執行結果

1. 下圖左是原始迷宮，0 代表通格，1 代表此路不通。

2. 下圖右是老鼠走出迷宮的路徑。

迷宮圖：
(0代表通路)

```
1 1 1 1 1 1 1 1 1 1 1 1 1 1 1 1 1
1 0 0 0 0 0 1 1 0 0 0 1 1 1 1 1 1
1 1 1 1 0 1 1 0 0 1 0 0 0 1 1 1 1
1 0 1 1 0 0 0 0 1 1 1 1 0 0 1 1 1
1 1 1 0 0 1 1 1 0 0 0 0 0 1 0 0 1
1 1 1 0 1 0 0 1 0 1 1 1 1 1 1 1 1
1 0 0 0 1 0 1 1 0 0 1 0 0 1 0 1 1
1 0 1 1 1 1 0 0 0 1 1 1 1 1 1 1 1
1 0 0 1 1 0 1 1 0 1 1 1 1 1 0 1 1
1 1 0 0 0 0 1 1 0 1 0 0 0 0 0 0 1
1 0 0 1 1 1 1 1 0 0 0 1 1 1 1 0 1
1 0 1 0 0 1 1 1 1 1 0 1 1 1 1 0 1
1 1 1 1 1 1 1 1 1 1 1 1 1 1 1 1 1
```

走過路徑：
(1代表走過路徑)

```
1 1 1 1 0 0 0 1 1 1 0 0 0 0 0
0 0 0 1 0 0 1 1 0 1 1 1 0 0 0
0 0 0 1 1 1 1 0 0 0 0 1 0 0 0
0 0 0 0 0 0 0 1 1 1 1 1 0 0 0
0 0 0 0 0 0 0 1 0 0 0 0 0 0 0
0 0 0 0 0 0 0 1 0 0 0 0 0 0 0
0 0 0 0 0 0 0 1 0 0 0 0 0 0 0
0 0 0 0 0 0 0 1 0 0 0 0 0 0 0
0 0 0 0 0 0 0 1 0 1 1 1 1 1 1
0 0 0 0 0 0 0 1 1 1 0 0 0 0 1
0 0 0 0 0 0 0 0 0 0 0 0 0 0 1
```

程式列印

```
package ch08;
public class e8_6b{
    static int move [][]= new int[5][3] ; //方向
    static int s[][] = new int[101][4] ;//堆疊
    static int maze[][] = new int[13][17] ; //迷宮
    static int mark[][] = new int[13][17]; //記號
    static int g, h ;  //探測位置
    static int m, p ;  //終點位標
    static int i, j,dire, k, l ;
    static int t  ;
    //主程式
    public static void main(String args[])   {
        //設定迷宮陣列
        String s = String.valueOf(0) ;
        String mm[] = new String[13] ;
        String ps = ""   ;
        mm[0] = "11111111111111111" ;
        mm[1] = "10000011000111111" ;
        mm[2] = "11110110010001111" ;
        mm[3] = "10110000111100111" ;
        mm[4] = "11100111000001001" ;
        mm[5] = "11101001011111111" ;
        mm[6] = "10001011001001011" ;
```

```
mm[7] = "10111100011111111" ;
mm[8] = "10011011011111011" ;
mm[9] = "11000011010000001" ;
mm[10] = "10011111000111101" ;
mm[11] = "10100111110111101" ;
mm[12] = "11111111111111111" ;
//開始讀取迷宮
for (i=0;i<=12;i++) { //陣列寬
  for (j=0 ; j<=16 ; j++) { //陣列長
    s = mm[i].substring(j,j+1) ;
    ps += s + " "  ;
    maze[i][j]  = Integer.parseInt(s) ;
    mark[i][j] = 0 ;
  }
  ps += "\n" ;
}
System.out.println("迷宮圖: ");
System.out.println("(0代表通路)");
System.out.println(ps);
//讀取探測方向,預先將可能移動的方向坐標記下來
move[1][1] = 0 ; move[1][2] = 1;
move[2][1] = 1 ; move[2][2] = 0 ;
move[3][1] = 0 ; move[3][2] = -1 ;
move[4][1] = -1 ; move[4][2] = 0;
i = 1 ; j = 1 ;//起點坐標
m = 11 ; p = 15;//終點坐標
t = 1 ; //堆疊指標
dire = 1; //方向
while (t != 0)    {
  while (dire <= 4)  {
    g = i + move[dire][1] ;
    h = j + move[dire][2] ;
    //如果探測位置已到了終點 m,p ,則表示已到達出口
    //停止走迷宮,印出走過的迷宮路線圖 mark(g,h)
    if (g == m & h == p)  {
      mark[i][j] = 1 ; mark[g][h] = 1 ;
```

```
            System.out.println("走過路徑: ");
            System.out.println("(1代表走過路徑)");
            PrintMark() ;
            return ;
          }
          //假如下一個探測的位置是 "0" , 且未走過
          //則進入這一格
          if (maze[g][h] == 0 & mark[g][h] == 0) {
            push(i,j,dire) ;
            i = g ; j = h ; dire = 1;
          }
          else
            dire ++ ;
        }
        pop() ;
      }
  }

  //輸出走過路徑
  static void PrintMark()    {
        int k, l    ;
        String s="";
        mark[i][j] = 1 ; mark[g][h] = 1;
        for (k = 1 ; k<=11 ; k++)    {
          for (l= 1 ; l<=15 ; l++)      {
            s=s+ String.valueOf(mark[k][l])+ " " ;
          }
          s=s+ "\n" ;
        }
        System.out.println(s);
  }
  //將走過的方向與坐標放入堆疊
  static void push(int i,int j,int dire)    {
        mark[i][j] = 1;
        s[t][1] = i ; s[t][2] = j ; s[t][3] = dire;
        t += 1;
```

```
    }
    //走不通往回走的時候，從堆疊取回走過的路線
    static void pop()    {
        t = t - 1;
        i = s[t][1] ; j = s[t][2] ; dire = s[t][3] + 1;
        mark[i][j] = 0;
    }
}
```

快速排序法

本書於第七章已探討兩種常用的排序方法，分別是泡沫與計數排序法，本單元將要介紹另一種使用遞迴的排序法，其名稱為**快速排序法**，它的執行效率可說是所有排序法中表現最為優異的。假設有一序列其首末編號分別是 m、n，且已放入 a 陣列，則其演算法如下：

1. 宣告快速排序方法

```
static void QSort(int m,int n)
```

2. 每個序列只要其長度大於 2，均要以以下方式將序列的第一個元素放至整個序列的定點，且將此序列一分為二。

```
if (m < n )
   i=m; j =n+1 ;
```

   (1) 從序列的第 m 個元素往後找，直到有一元素大於等於此序列的第 m 個元素，設此元素的編號為 i。

```
do
   i++ ;
while(a[i] <a[m] );
```

(2) 從序列的第 n+1 個元素往前找，直到有一元素小於等於此序列的第 m 個元素，設此元素的編號為 j。

```
do
   j-- ;
while( a[j] > a[m]  );
```

(3) 假如 i ＜ j 則將編號為 i, j 的元素交換，且重複步驟（1）與（2）。

```
if (i < j){
   t = a[i] ; a[i] = a[j] ; a[j]=t ;
}
```

(4) 將編號為 m 與 j 的元素交換，此時，此序列已一分為二，前半段的所有元素都小於等於 a[j]，後半段的元素都大於等於 a[j]。

```
t = a[j] ; a[j] = a[m] ; a[m]=t ;
```

3. 前半段繼續呼叫快速排序法。

```
QSort(m,j-1) ;
```

4. 後半段繼續呼叫快速排序法。

```
QSort(j+1,n) ;
```

例如，有一序列如下：

```
7 2 9 3 8
```

則此序列的排序過程如下：

1. m ＝ 1, n ＝ 5 呼叫 QSort(1,5)

2. 將序列的第一個元素放至整個序列的正確位置，且將整個序列一分為二。

(1) 得到 i ＝ 3，a[3]=9；　j ＝ 4，a[4]=3；

(2) 因為 i ＜ j 成立，交換 a[3] 與 a[4]，a[3]=3，a[4]=9，

(3) 所以序列演變如下：

```
7  2  3  9  8
```

(4) 因為 i ＜ j 成立，重複以上步驟。得到 i ＝ 4，a[4]=9；j ＝ 3，a[3]=3；

```
i < j不成立
```

(5) 交換 a[m] 與 a[j]（m=1，j=3），所以序列演變如下，7 已達定點。

```
3    2    7   9   8
```

3. 前半段繼續呼叫 QSort。

```
QSort(1,2);
```

4. 後半段繼續呼叫 QSort。

```
Qsort(4,5);
```

➔ 範例 8-6c

示範以上快速排序法。

執行結果

1. 執行結果如下。每一次執行 Qsort 的 m、n、序列及達定點的值如下所示。

```
排序前:
50,99,32,76,16,43,71,13,45,11,23,15,66,77,34,18,91,21,81,19,
排序後:
11,13,15,16,18,19,21,23,32,34,43,45,50,66,71,76,77,81,91,99,0 19
34 19 32 21 16 43 18 13 45 11 23 15 50 77 66 71 91 76 81 99  a[12]=50 達定點 0 11
11 19 32 21 16 15 18 13 23 34 45 43 50 77 66 71 91 76 81 99  a[9]=34  達定點 0 8
11 19 32 21 16 15 18 13 23 34 45 43 50 77 66 71 91 76 81 99  a[0]=11  達定點 1 8
11 15 13 18 16 19 21 32 23 34 45 43 50 77 66 71 91 76 81 99  a[5]=19  達定點 1 4
11 13 15 18 16 19 21 32 23 34 45 43 50 77 66 71 91 76 81 99  a[2]=15  達定點 3 4
11 13 15 16 18 19 21 32 23 34 45 43 50 77 66 71 91 76 81 99  a[4]=18  達定點 6 8
11 13 15 16 18 19 21 32 23 34 45 43 50 77 66 71 91 76 81 99  a[6]=21  達定點 7 8
11 13 15 16 18 19 21 23 32 34 45 43 50 77 66 71 91 76 81 99  a[8]=32  達定點 10 11
11 13 15 16 18 19 21 23 32 34 43 45 50 77 66 71 91 76 81 99  a[11]=45  達定點 13 19
11 13 15 16 18 19 21 23 32 34 43 45 50 76 66 71 77 91 81 99  a[16]=77  達定點 13 15
11 13 15 16 18 19 21 23 32 34 43 45 50 71 66 76 77 91 81 99  a[15]=76  達定點 13 14
11 13 15 16 18 19 21 23 32 34 43 45 50 66 71 76 77 91 81 99  a[14]=71  達定點 17 19
11 13 15 16 18 19 21 23 32 34 43 45 50 66 71 76 77 81 91 99  a[18]=91  達定點
```

程式列印

```
public class e8 _ 6c{
   static int a[] = new int[20] ;
   static String str ="";
   //主程式
   public static void main(String args[])    {
      int k,M=0,N=19;
      a[0] = 50 ; a[1] = 99 ; a[2] = 32 ; a[3] = 76 ;
      a[4] = 16 ; a[5] = 43; a[6] = 71 ; a[7] = 13 ;
      a[8] = 45 ; a[9] = 11 ; a[10] = 23; a[11] = 15 ;
      a[12] = 66 ; a[13] = 77 ; a[14] = 34 ; a[15] = 18 ;
      a[16] =91 ; a[17] = 21 ; a[18] = 81 ; a[19] = 19 ;

      System.out.println("排序前: ");
      for(k=0 ; k<=19 ; k++)        {
        System.out.print(a[k] +",");
      }
      System.out.println();
      System.out.println("排序後: ");
      QSort(M,N) ;
      for(k=0 ; k<=19 ; k++)        {
```

```
        System.out.print(a[k] +",");
      }
      System.out.println();
      System.out.println(str);
    }

    //快速排序法
    static void QSort(int m,int n)    {
        int i , j , t ;
        if (m < n )        {
          i=m; j =n+1 ;
          str= str +m +" " +n +"\n";
          do    {
            do    {
              i++ ;
            }
            while(a[i] <a[m]    );
              do  {
                j-- ;
              }
            while( a[j] > a[m]  );
              if (i < j)              {
                t = a[i] ; a[i] = a[j] ; a[j]=t ;
              }
            }

          while (i<j);
          t = a[j] ; a[j] = a[m] ; a[m]=t ;
          for(int k=0;k<=19;k++)          {
            str= str +a[k] +" ";
          }
          str= str +"  a["+ j+"]="+a[j]+ "  達定點" +"\n";
          QSort(m,j-1) ;
          QSort(j+1,n) ;
        }
      }
  }
```

自我練習

1. 城市行政劃分。假設各城市等距分布，人口分布如下：

人口數	2	4	1	3	7	6	9
城市	1	2	3	4	5	6	7

只要城市數量大於等於 4，就要繼續劃分，從中間的城市找出平均人力移動距離 (人口數 * 城市與行政中心距離) 最小者為行政中心，若有相同人力移動距離，則取城市編號小者為行政中心。

補充說明 **此為 107 年 3 月 APCS 題目。答案是第一輪選到城市 5，第二輪選到城市 2。**

習題

本章補充習題請見本書下載檔案。

MEMO

CHAPTER 9

類別

JAVA

上一章，我們先介紹**方法** (Method)，這是函式導向的用法，可以先將一些常用程式寫成方法，再以方法呼叫，重複使用此程式片段。但是當方法越來越多時，將會造成方法命名的困擾，取用方法時，也有可能錯用方法。例如，用開電梯的『開門』方法開汽車的門。所以在物件導向的程式設計裡，方法已經不能單獨存在，方法通通依附在對應的**類別** (Class)，類別才是程式設計的最小單元。這樣可以減少方法命名的困擾，且方法的取用會更佳方便。

9-1 物件導向的程式設計

人類之所以會是萬物之靈，其中一個主要原因是人類可以在錯誤中成長，物件導向的程式設計 (Object Oriented Programming, OOP) 也是人們在程式語言中逐漸累積的成果，這個觀念在 1970 年代就已提出，只是當時時機未到，所以沒有任何程式語言可以實現。現在，OOP 則已是所有程式語言的標準配備，為了說明 OOP 大行其道的原因，筆者將程式語言的發展分為 3 個時期，分別是**非程序導向**、**程序導向**及**物件導向**，分別說明如下：

- **非程序導向**

  早期的程式語言，並沒有內儲副程式（又稱程式庫）。當我們開發新的應用程式時，如果某一功能與之前寫過的程式相近，則會將此段已完成的程式整段複製，並稍加修改即可重新加以利用，這些程式的分身包括本尊，自從複製出來以後就開始以各自的方式繁殖，結果造成各版本的差異越來越大，這些程式很難弄清楚誰複製誰，彼此之間也難再共用某些程式碼，當遇到錯誤，或欲新增功能時，更是很難逐一修改所有的程式。

- **程序導向**

  為了解決以上程式共用問題，各編譯器廠商便開始提供一些大家常用的函式，比較有規模的軟體設計公司亦會將一些常用的函式集中在一個函式庫，旗下的軟體產品一律呼叫這些標準的函式庫，而不是從函式庫複製出來修改，此即為程序導向的程式設計。

程式導向與非程序導向相比，的確解決了程式共用的問題，但是人們並不以此為自滿，有些問題還是不夠順暢，例如有些函式庫會隨著人們需求的增加而有不同版本，當某些函式功能增加時，我們只好重新取函式庫的函式加以修改，並賦與新的版本名稱，如此日積月累，我們的函式庫已存有多許函式，這些函式，有的功能相近、有的是前後版本不同、有的函式裡的變數來龍去脈不明，造成使用者的混亂，於是有物件導向的發展，以解決程序導向程式設計的瓶頸。

- **物件導向**

  程序導向中的函式，存有許多解決問題的函式，這些函式都是解決問題的方法，它是偏重在方法的解決，但是真實的世界是屬於較廣義的『物件』。例如，人、汽車、貓、房子或成績的計算等，都可視為一個物件，這些物件都包含屬性及行為。以人為例，當我們描述一個人時，我們會有以下描述，『他的名字是洪國勝，身高 172、體重 70，具有滾進、游泳及跑步的行為』。又例如描述一輛車子時，其描述如下：『它的名字是 SENTRA，排氣量是 1600c.c.，耗油量是每公里 0.1 公升，且有每小時 120 公里的移動行為』。以上人與車即稱為『**物件**』，名字、身高、排氣量則稱為『**屬性** (Property)』，而滾進、游泳、跑步、移動則稱為『**行為** (Behavior)』。既然真實世界是以物件描述物種，程式設計亦不應侷限在狹隘的方法，而是應以物件的宏觀角度撰寫程式，所以基於物件導向的新觀念，程式開發工具即制定一種新的型別，此型別稱為**類別**。

每一類別都有屬於自己的屬性與方法，也就是我們已將眾多的函式依照不同的類別分類存放，如此可解決目前日益龐大的函式命名與函式取用的困擾。例如，程序導向的時代，關於開門的函式即有**電梯開門、汽車開門、房子開門**等數種開門的方法，如此徒增命名與取用的困擾，但在物件導向的領域裡，開門這個方法是附在相對應的類別裡，於電梯類別有電梯的『開門』，汽車類別有汽車的『開門』，房子類別裏有房子的『開門』方法，大家的方法名稱都叫『開門』，撰寫程式時也是**電梯 . 開門**，**汽車 . 開門**，或是**房子 . 開門**（物件與方法、屬性之間以點（.）運算子連結），如此既可簡化程式的撰寫，亦可減少程式出錯的機會（註：在程序導向的領域裏，所有的函式都集中，就有可能用錯方法。例如，用電梯開門的方法去開汽車的門，結果當然是錯的）。其次，物件導向亦提出了三個觀念，分別是物件的**封裝** (Encapsulation)、**繼承** (Inheritance) 及**多型** (Polymorphism)，以解決程序導向的不足。封裝與繼承請看本章說明，多型已於 8-4 節介紹。

9-2 類別與物件的設計

類別的設計

要設計一個物件，首要工作就是定義一種型別（Data Type，有些程式語言譯為型態），此種型別稱為**類別 (Class)**。類別是由資料成員與方法成員（方法成員有些書譯為函式成員）組合而成，類別的宣告語法如下：

```
[存取範圍修飾字] class 類別名稱 [extends 繼承類別名稱] [implements 介面名稱]
{
    [存取範圍修飾字] 資料型別 資料名稱1[=初值設定];
    [存取範圍修飾字] 資料型別 資料名稱2[=初值設定];
    [存取範圍修飾字] 資料型別 資料名稱3[=初值設定];
    [存取範圍修飾字] 傳回值資料型別 方法名稱1(參數列)[throws 例外名稱1];
    [存取範圍修飾字] 傳回值資料型別 方法名稱2(參數列)[throws 例外名稱2];
    [存取範圍修飾字] 傳回值資料型別 方法名稱3(參數列)[throws 例外名稱3];
}
```

以下程式片段即定義一個類別 Pass，共含有二個資料成員 score、result 及一個方法成員 dispose()。此類別的功能是判斷資料成員 score 是否大於等於 60，若是大於等於 60，則設定資料成員 result 為『及格』，否則為『不及格』。

```
class Pass {
    //資料成員
    int score;
    String result;
    //方法成員
    void dispose()        {
       result="不及格";
       if (score>=60)
       result="及格";
    }
}
```

類別的變數

完成類別的定義之後，即可新增一個或數個類別變數，則此類別變數稱為物件、實體或實例，也就是建構類別的**實例** (Instance)。類別內的資料亦稱為屬性，類別內的函式亦稱為方法。以上使用類別的變數有三個步驟，分別是物件的宣告、物件的新增及物件成員的存取。分別說明如下。

物件的宣告

於前幾章，我們已經知道一般變數的宣告如下所示：

```
int a;
String b;
```

以上式子為宣告 a 變數的型別為 int，b 變數的型別為 String，也就是說 int 及 String 都是一個類別；同理，自訂類別經過宣告之後，它們也可宣告一個類別變數，此種類別變數較為特殊，所以我們額外給它一個名稱，稱為『物件』。以下式子即為物件的宣告語法：

```
類別名稱 物件名稱;
```

例如，以下式子，宣告一個類別為 Pass 的物件 pa。

```
Pass pa;
```

物件的新增

物件的新增語法如下：

```
物件名稱=new 類別名稱();
```

例如，以下式子可新增一個物件 pa，此時系統才配置記憶體給 pa。

```
pa=new Pass();
```

以上兩個步驟亦可合併，合併撰寫的語法如下：

```
類別名稱 物件名稱=new 類別名稱();
```

以下式子是以上物件的宣告與新增的合併撰寫方式，系統即會配置適當的記憶體給物件 pa。

```
Pass pa=new Pass();
```

成員的存取

物件經過宣告之後，即可存取其資料與方法成員，存取方法為物件與成員之間加上點運算子 (・)。以下敘述為存取資料成員的語法。

```
物件名稱.資料名稱;
```

例如，以下式子可存取資料成員 score 的值。

```
pa.score;
```

其次，存取方法成員的語法如下：

```
物件名稱.方法名稱();
```

例如，以下式子可存取方法成員 dispose()。

```
pa.dispose();
```

➔ 範例 9-2a

請以類別重作範例 5-2b 的成績及格判斷。

輸出結果

```
及格
```

程式列印

```
public class e9_2a{
    public static void main(String args[]) {
        int a=88;
        Pass pa =new Pass();    //宣告與新增物件
        pa.score=a;             //設定物件的資料成員
        pa.dispose();           //執行物件的方法
        String b=pa.result;     //取回資料成員

        System.out.println(b);
    }
}
// Pass 類別
class Pass {
    //資料成員
    int score;
    String result;
    //方法成員
    void dispose()  {
      result="不及格";
      if (score>=60)
        result="及格";
    }
}
```

程式說明

1. 筆者用的編譯程式是 Eclipse，當您打完 pa. 時，編譯程式會感應顯示可用的方法。

2. 於類別的設計，若未指定繼承何類別（本例即未指定繼承哪一類別），則預設繼承類別是 Object。Object 類別已由系統預設若干方法，如下圖的 equal()、getclass() 及 wait() 等 9 個方法。

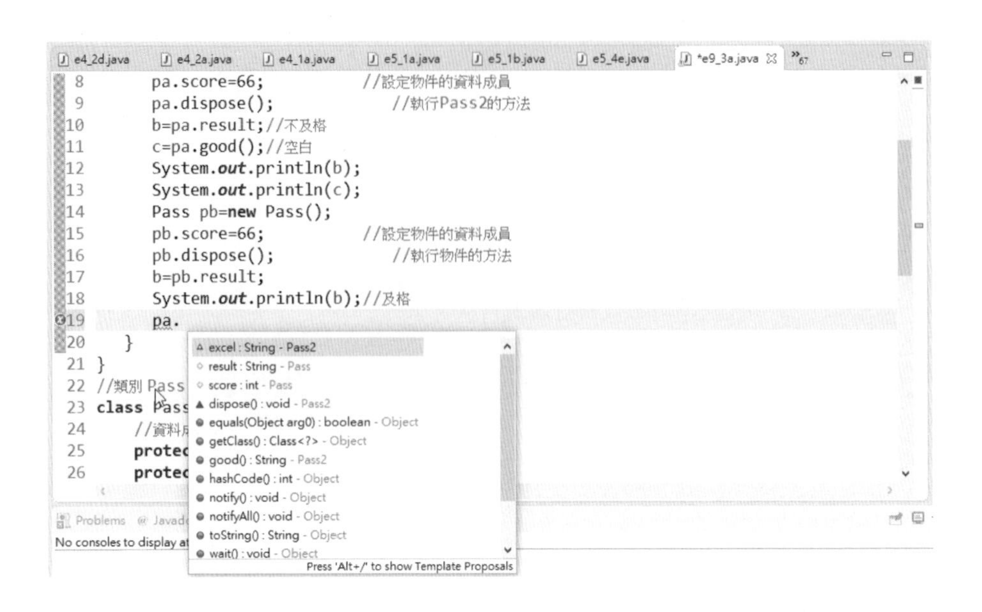

3. 本書均將同一章的程式放在同一專案，且同一專案內的類別名稱當然不能重複，但本章的程式均有類別 Pass，變通的辦法是存檔時將這些 Pass 加上註解，先行隱藏，如下圖。所以當您開啟本章程式時，都是出現一堆叉叉如下圖，請您先將 Pass 前的雙斜線去掉即可，離開時也請加上雙斜線且存檔，這樣開啟下一個程式時，才能順利執行。反過來說，若您執行程式時，發現結果不如預期，那很可能也是別個程式的 Pass 類別未加上註解 (//Pass)。

```
13 }
14 //Pass 類別
15 //class Pass {
16     //資料成員
17     int score;
18     String result;
19     //方法成員
20     void dispose()  {
21         result="不及格";
22         if (score>=60)
23             result="及格";
24     }
25 }
```

自我練習

1. 請設計一個類別，此類別可處理自來水的水費計算。假設自來水費率如下：
   A. 100 度以下，每度 3 元。
   B. 超過 100 度的部分，每度 5 元。
   請問此類別至少必須有哪些資料成員，哪些方法成員。
2. 請設計一個類別，此類別可解一元二次方程式。請問此類別至少必須有哪些資料成員，哪些方法成員。
3. 請設計一個類別，此類別可解二元一次方程式。請問此類別至少必須有哪些資料成員，哪些方法成員。

建構子(Constructors)

於類別的建置中，有一種方法較為特別，因其方法名稱必須與類別名稱相同，此方法特稱為建構子。因為於物件建立的同時，此方法亦隨之自動執行，所以此方法通常用於設定資料成員的初值。更精確的說法是，Java 提供此方法成員名稱，其內容由使用者定義，Java 於物件建構時，即自動執行此特殊的方法。例如，類別名稱為 Pass 時，類別建構子即為 Pass()。此外，建構子不得傳回任何資料型別，使用時亦不用加上 void。以下程式片段為在範例 9-2a 中，新增建構子 Pass()，此建構子可預設 score 的初值為 22。

```
Pass()  {
    score=22;
}
```

➔ 範例 9-2b

示範建構子的使用。

執行結果

本例於建構子已預設 score=22，所以執行結果如下圖。

```
不及格
```

程式列印

```
public class e9_2b{
    public static void main(String args[])    {
        Pass pa =new Pass();//宣告與新增物件,此時即設定 pa.score=22
        pa.dispose(); //執行物件的方法
        String b=pa.result;

        System.out.println(b);
    }
}

// Pass 類別
class Pass {
    //資料成員
    int score;
    String result;
    //建構子
    //建構子名稱必須與類別名稱相同
    Pass()  {
        score=22;
    }
    //方法成員
    void dispose()  {
        result="不及格";
        if (score>=60)
          result="及格";
    }
}
```

補充說明 同一專案只能有一個 Pass 類別，當您開啟本章所附範例程式，若無法執行，或發現結果不如預期、或程式前很多『xx』，那很可能也是別個程式的 Pass 類別未加上註解 (//Pass) 或請再研讀上一範例的備註。

自我練習

1. 請將上一範例自我練習加上建構子。

建構子多載

於 8-4 節我們已介紹了方法的多載，而建構子是類別成員中一個較特殊的方法，是否可多載呢？答案是肯定的，但是也要遵守方法多載的規定。例如，已有 Pass 建構子如下：

```
Pass()  {
   score=22;
}
```

亦可另外撰寫另一 Pass 建構子如下：

```
Pass(int value) {
   score=value;
}
```

此時於程式執行階段，即可依照參數的數量或型別而執行對應的建構子。例如，

```
Pass pa1=new Pass();
```

即是執行 Pass() 建構子。又例如，

```
Pass pa2=new Pass(88);
```

即是執行 Pass(int) 建構子。

➔ 範例 9-2c

示範建構子多載。

執行結果

```
22
不及格
88
及格
```

程式列印

```
public class e9_2c{
    public static void main(String args[])    {
        Pass pa1 =new Pass();//宣告與新增物件，此時即設定 pa.score=22
        System.out.println(pa1.score);
        pa1.dispose(); //執行物件的方法
        String b=pa1.result;
        System.out.println(b);

        int a=88;
        Pass pa2 =new Pass(a);//宣告與新增物件，此時已設定  pa.score=a;
        System.out.println(pa2.score);
        pa2.dispose();//執行物件的方法
        b=pa2.result;
        System.out.println(b);
    }
}

// Pass 類別
class Pass {
    //資料成員
    int score;
    String result;
    //建構子 Pass()
    Pass()    {
        score=22;
    }
    //建構子 Pass(int)
```

```
    Pass(int value)    {
        score=value;
    }
    //方法成員
    void dispose()    {
        result="不及格";
        if (score>=60)
            result="及格";
    }
}
```

預設的建構子

於類別的實作中，若省略建構子，則 Java 會自動呼叫預設的建構子（Default Constructor）。Java 預設的建構子並沒有傳遞任何參數，建構子內亦無任何敘述。例如，前面範例 9-2a 的 Pass 類別的預設建構子，將會如下：

```
Pass()   {
}
```

如此，當你以以下敘述建構類別時，才能順利建立物件。

```
Pass() pa=new Pass();
```

其次，若您亦實作一個沒有參數的建構子時，其實您也已經改寫系統預設的建構子，此時當你建構物件時，當然是執行你所改寫的建構子。例如，

```
Pass()   {
    score=22;
}
```

則當你建構此物件時，即是執行您所改寫的建構子，而不會執行系統的預設建構子。

解構子(Destructors)

大部分的物件導向程式語言都有一個與建構子相對應的方法，稱為**解構子**(Destructors)，負責歸還建構子所配置的各項資源。不過就如之前提過的，Java 會負責歸還所有的資料，因此，在 Java 就沒有解構子這種機制存在的必要。

雖然如此，在摧毀物件的時候，有些情況還是需要您執行一些垃圾回收機制無法處理的特殊善後工作。比方說，您可能在物件的生命週期內開啟了一些檔案，但是又想在物件摧毀時確定檔案是否正常關閉，此時您可在類別中定義另一個特殊用途的方法，稱為 finalize()。在物件摧毀之前，如果這個方法存在的話，垃圾回收機制會自動呼叫這個方法。因此，如果您需要執行任何特殊的善後工作，finalize() 可以為您處理。不過，垃圾回收機制在 Java 虛擬機器內是由一個低優先權的執行緒來執行，所以您沒有辦法預測它什麼時候才會真的摧毀您的物件。因此，您不應該將任何與執行間先後有關的程式碼放在 finalize() 之中，因為您沒有辦法預測它什麼時候會被呼叫。finalize() 的用法如下：

```
protected void finalize(){
    //物件摧毀所需程式
}
```

上式的 protected 修飾字，用來保護此方法，不會被不相干類別所存取。請看下一節。

自我練習

1. 請將上一範例自我練習加上建構子多載。

資料封裝

軟體科技的開發與其它的工業，如汽車、電視、收音機等機械、電子產品相較，可說是起步較晚的領域，在汽車、電視、收音機等產品上，我們發現這些產品很重視物件的封裝。以電視機而言，電視機內部有許多零件與開關，對於電視製造商而言，它們使用機殼將這些零件與開關『**封裝**』起來，只留下部份開關與螢幕讓使用者欣賞節目。軟體程式的開發何嘗不應如此呢？所以，對於類別的規劃，我們亦應重視所有方法、欄位及屬性封裝。

存取範圍修飾字(Modifier)

關於類別的封裝，Java 提供 public 及 <default>（『空白』表示 <default>）、protected、private 等存取範圍修飾子，使得這些成員有不同的封裝等級，以避免程式與類別庫之間的干擾，就像電視機或汽車的一些開關與旋鈕，有些是開放給一般的使用者調整，有的是讓維修工程師調整，有些則永遠不讓任何人調整。以上修飾字的存取範圍如下表：

修飾字	說明
public	不限套件的所有類別均可存取，如下圖的 a
<default>（空白表示<default>）	同一套件的所有類別均可存取，如下圖的 b
protected	同一類別與其衍生或稱子類別才可存取。其次，其衍生類別不限同一套件，如下圖的 c
private	僅供類別內部可存取 ，如下圖的 d

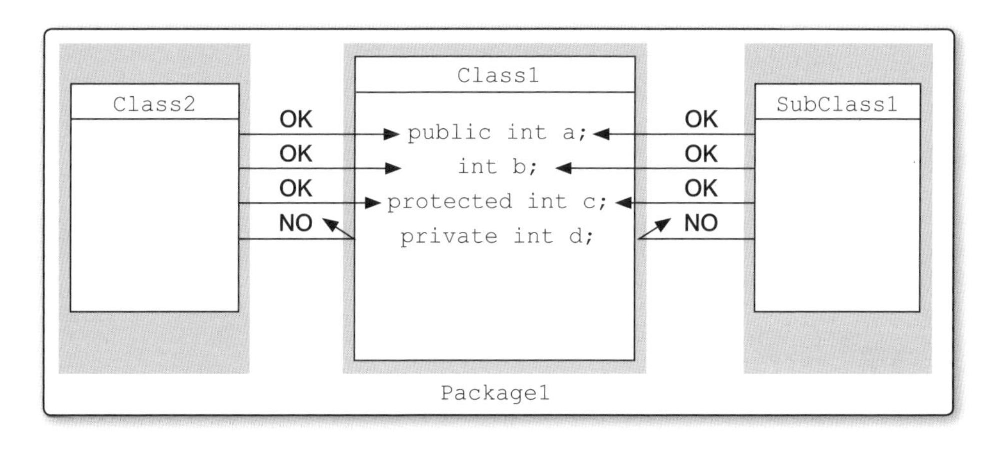

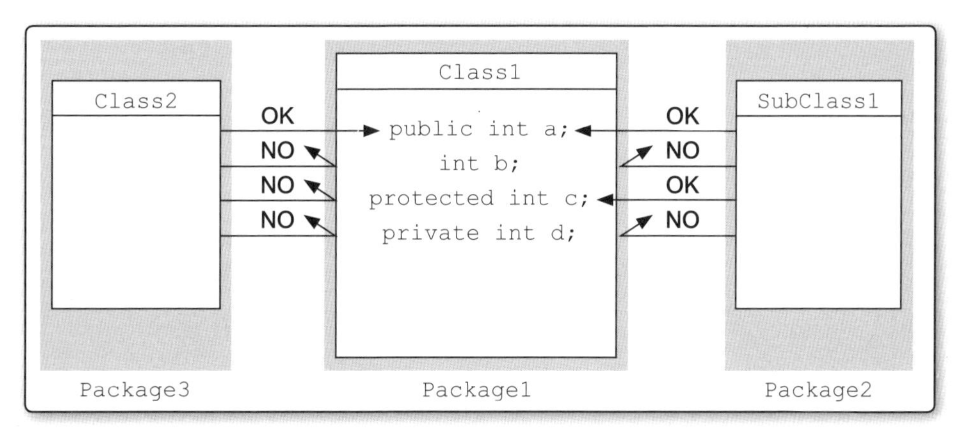

基於資料的安全性，有些資料必須先檢查其是否安全與有效，再放入，此時就要透過函式的存取，先給予檢驗再放入。例如，上例的 score，我們必須先檢查其成績範圍是否正確，才能設定其值，所以我們先宣告其資料封裝等級為 private，然後使用 Setscore() 方法輸入資料，Setscore() 有檢查其範圍是否正確的功能，若正確再放入 score，此即為資料封裝的效果，程式設計者必須透過特製好的『方法』存取此值，這樣才能確保資料的正確性，例如，

```
public boolean Setscore(int a) {
    if (a>=0 & a<=100) {
        score=a;
        return true;
    }
    else {
        System.out.println("input error");
        return false;
    }
}
```

➔ 範例 9-2d

示範 private 的用法。同範例 9-2a，但將資料成員設為 private，僅能使用 Setscore() 存取類別的私有成員。

輸出結果

```
input error
```

程式列印

```
public class e9 _ 2d{
    public static void main(String args[])    {
            Pass pa1 =new Pass();
            boolean c=pa1.Setscore(-7);
            if (c) {
                pa1.dispose();
```

```
            String b=pa1.result;
            System.out.println(b);
         }

     }
  }
  // Pass 類別
  class Pass {
     //資料成員
     private int score;//private
     public String result;
     public boolean Setscore(int a) {
        if (a>=0 & a<=100) {
          score=a;
          return true;
        }
        else {
          System.out.println("input error");
          return false;
        }
     }
     //方法成員
     public void dispose()    {
        result="不及格";
        if (score>=60)
           result="及格";
     }
  }
```

程式說明

1. 本例 score 設為 private，則此變數僅能在 Pass 內部存取。外部類別如 e9_2d 就無法存取了。所以若嘗試使用 pa.score，將會得到錯誤信息。其次，若使用 Eclipse 編輯程式，鍵入 pa. 時，則 score 成員就消失了。

建構子的 public、private 與 protected

所有的方法皆可設為 public、private 或 protected，同理建構子亦可宣告為 public、private 或 protected。宣告為 public 的建構子，則任何套件的類別皆可建構此類別。宣告為 private 的建構子則只能在同類別的其它建構子呼叫，使用者當然無法建構此類別。宣告為 protected 的建構子則只能在同類別或其衍生類別呼叫，關於 protected 請看 9-3 節。

自我練習

1. 請將上一範例自我練習的資料成員設為 private，並以方法成員存取，存取前應先檢驗是否合理。

static

static 僅能用於修飾資料與方法成員 (static 不能修飾類別)。當資料或方法成員加上 static 時，我們稱此資料或方法為**類別變數** (Class Variables)（有些書譯成靜態、或公用變數）或類別方法 (Class Method)（有些書譯成靜態或公用方法），而未加 static 的成員則稱為**實例變數** (Instance Variable) 或實例方法 (Instance Method)。

實例變數 (Instance Variable)

前面我們一直在使用實例變數，實例變數均要宣告與新增物件之後才可使用，而且每個物件的實例變數都各分配一個記憶體，所以每個實例變數都是獨立的，彼此不互相干擾。例如，Pass1 類別實作如下：

```
class Pass1 {
    int score;
}
```

則若 pa1、pa2 及 pa3 分別建構 Pass1 類別如下：

```
Pass1 pa1=new Pass1();
Pass1 pa2=new Pass1();
Pass1 pa3=new Pass1();
```

現分別設定其 score 成員如下：

```
pa1.score=10;
pa2.score=20;
pa3.score=30;
```

此時，score 成員彼此是獨立的，不會互相干擾。若重設任一成員的值，亦不會影響其它成員的值。例如，

```
pa3.score=40;
```

則 pa1.score 與 pa2.score 還是分別等於 10 與 20。

類別變數 (Class Variable)

於資料成員之前加一個 static 修飾字時，此成員稱為類別變數或公用變數。類別或公用變數可不用宣告與新增物件即可使用，例如 Math 類別的 PI 與 E，均可直接使用類別名稱加上成員名稱，中間以點（·）連結，如以下敘述。

```
System.out.println(Math.PI);
System.out.println(Math.E);
```

其次，類別公用變數於宣告與新增物件之後，所有新增的成員均是共用記憶體。例如，以下 Pass2 類別的 score 成員宣告為 static，所以其所有物件的 score 成員均會共用記憶體。

```
class Pass2{
    static int score;
}
```

以下新增 3 個 Pass2 類別的物件 sta1、sta2 及 sta3，則其 score 成員都只共用一個記憶體，任一物件的 score 成員變動時，均會影響另一物件。

```
Pass2 sta1=new Pass2();
Pass2 sta2=new Pass2();
Pass2 sta3=new Pass2();
sta1.score=30
System.out.println(sta2.score);         //30
sta3.score=40
System.out.println(sta1.score);         //40
```

以上 sta1、sta2 及 sta3 的 score 成員，僅共用一個記憶體，所以任一成員的變動均會影響所有成員，此即為類別變數的特性。

其次，類別公用變數可不用建構而直接以 " 類別名稱 . 變數名稱 " 呼叫。例如，

```
Pass2.score=40;
System.out.println(Pass2.score);
```

結果是 40。但是實例變數則一定要先建構之後，再以 " 物件名稱 . 變數名稱 " 呼叫。所以，以下敘述將會出現錯誤訊息。

```
Pass1.score=30;
```

➔ 範例 9-2e

示範實例變數與類別變數。

輸出結果

```
執行實例變數:
pa2.score: 20
pa1.score: 10
執行類別變數:
sta2.score: 30
sta1.score: 40
類別變數直接引用的特性:
Pass2.score: 40
```

程式列印


```
public class e9_2e{
   public static void main(String args[])    {
        //示範實例變數
        //宣告與新增物件 pa1,pa2,pa3
      Pass1 pa1 = new Pass1();
      Pass1 pa2 = new Pass1();
      Pass1 pa3 = new Pass1();
      System.out.println("執行實例變數:");
      pa1.score=10;
      pa2.score=20;
      pa3.score=30;
      System.out.println("pa2.score: " +pa2.score);//結果 20
      pa3.score=40;
      System.out.println("pa1.score: "+pa1.score);//結果 10
      //類別變數
      //宣告與新增物件 pa1,pa2,pa3
      Pass2 sta1 = new Pass2();
      Pass2 sta2 = new Pass2();
      Pass2 sta3 = new Pass2();
      System.out.println("執行類別變數:");
      sta1.score=30;
      System.out.println("sta2.score: "+sta2.score);//結果 30
      sta3.score=40;
      System.out.println("sta1.score: "+sta1.score);//結果 40
      //直接引用的特性
      Pass2.score=40;
      System.out.println("類別變數直接引用的特性:");
      System.out.println("Pass2.score: "+Pass2.score); //結果 40
   }
}

//類別 Pass1(類別變數)
class Pass1 {
  int score;
}
```

```
//類別 Pass2(類別變數)
class Pass2 {
  static int score;
}
```

類別變數的功能

類別變數的常用功能有二，分別是**共用記憶體傳遞資料**，或**單獨被引用**，分別說明如下：

共用記憶體

若要讓物件與物件之間傳遞資料，即可於類別宣告一個類別變數。例如，若要使用某一變數記載此類別所建構的物件個數，此時應將此變數宣告為類別變數。例如，Pass 類別如下：

```
class Pass{
   static int n =0;
   Pass ()  {
      n++;
   }
   public void printNum()    {
      System.out.println(n +" 個物件已建立");
   }
}
```

則當建構 Pass 類別之後，即可觀察此類別共建構幾個物件，如以下敘述。

```
Pass pa1=new Pass();
pa1.printNum();         //1
Pass pa2=new Pass();
pa2.printNum();         //2
```

➔ 範例 9-2f

示範以上類別變數。(請自行開啟所附檔案)。

獨立的方法與資料

若有些方法與資料都是單獨存在，彼此沒有關連，即可使用類別變數或方法。例如，Math 類別即是蒐集很多數學資料與函式，讓我們能直接引用。例如，

```
System.out.println(Math.PI);
System.out.println(Math.abs(-3));
```

以下是類別變數與方法的實作：

```
class Pass3{
   static int score=60;
   static String dispose(int a) {
      String b="不及格";
      if (a>=60)
         b="及格";
      return b;
   }
}
```

以下是類別變數與方法的存取，可直接存取不用建構。

```
System.out.println(Pass3.score);//60
System.out.println(Pass3.dispose(88));//及格
```

➔ 範例 9-2g

示範以上類別變數。（請自行開啟所附檔案）

自我練習

1. 請設計一個公用類別，此類別有解一元二次方程式與二元一次方程式的方法。

物件陣列

一般的資料可以以陣列儲存，如以下的 a 陣列即儲存 4 筆資料。

```
int a[]={0,1,2,3};
```

那物件是否得以陣列儲存？答案是肯定的。例如，以下敘述即建構 4 個物件，每個物件的 score 成員初值分別是 40，20，80，90。

```
Pass pa[] =new Pass[4];
pa[0] =new Pass(40);
pa[1] =new Pass(20);
pa[2] =new Pass(80);
pa[3] =new Pass(90);
```

以下敘述即可印出每一物件的 score 初值。

```
System.out.println(pa[0].score);
System.out.println(pa[1].score);
System.out.println(pa[2].score);
System.out.println(pa[3].score);
```

以下敘述使用迴圈評定每一物件的及格與否。

```
for(i=0;i<4;i++)
    pa[i].dispose();
```

以下敘述使用迴圈印出每一個物件的及格與否。

```
for(i=0;i<4;i++)
    System.out.println(pa[i].result);
```

➔ 範例 9-2h

示範物件陣列。

程式列印

```
public class e9_2h{
    public static void main(String args[])    {
        int i;
        Pass pa[] =new Pass[4];
        pa[0] =new Pass(40);
        pa[1] =new Pass(20);
        pa[2] =new Pass(80);
        pa[3] =new Pass(90);
        for (i=0; i<4; i++)       {
            System.out.print(pa[i].Getscore() +"   ");
            pa[i].dispose();
            System.out.println(pa[i].result);
        }
    }
}
class Pass {
    //資料成員
    private int score;//private
    public String result;
    public Pass(int a) {
        if (a>=0 & a<=100)
            score=a;
    }
    public int Getscore() {
        return score;
    }
    public boolean Setscore(int a) {
        if (a>=0 & a<=100) {
            score=a;
            return true;
        }
        else {
            System.out.println("input error");
            return false;
```

```
        }
    }
    //方法成員
    public void dispose()    {
        result="不及格";
        if (score>=60)
            result="及格";
    }
}
```

執行結果

```
40  不及格
20  不及格
80  及格
90  及格
```

內部類別

我們開發專案時，有時既成類別並沒有我們想要的方法，此時即可使用內部類別新增一些方法，以便共用一些資料成員。以下例子，於既成 Pass 類別中並無 pr() 方法，此時即可使用內部類別定義一個 pr() 方法，輸出運算結果。而且，內部類別也遵守變數的有效範圍，也就是內部類別皆可存取外部類別的所有成員，即使是 private 的成員，亦得在內部類別存取。請看以下範例說明。

➔ 範例 9-2i

示範內部類別。

1. Pass 實作如下，Pass1 就是內部類別，他可以存取外部類別任何成員，包括內部私有 result 成員。本例我們增加一個 Pass11 類別，以便新增 pr() 方法輸出結果。

```
class Pass {
    //資料成員
    int score;
    private String result;
    //方法成員
    void dispose()  {
        result="不及格";
        if (score>=60)
            result="及格";
        Pass1 pa1=new Pass1();//初始化內部類別
        pa1.pr();//執行內部類別的方法
    }
    class Pass1{//內部類別
        void pr() {
            System.out.println(result);//使用外部類別私有成員
        }
    }
}
```

2. 主程式如下：

```
public class e9_2i{
    public static void main(String args[]) {
        int a=88;
         Pass pa =new Pass(); //宣告與新增物件
         pa.score=a; //設定物件的資料成員
         pa.dispose(); //執行物件的方法
    }
}
```

執行結果

```
及格
```

匿名內部類別

上面的內部類別可於既成類別中新增方法，共用資料成員，但有時候，我們只是類別的使用者，我們無法直接修改類別，此時就可以使用**匿名內部類別**新增若干方法，以便共享資料成員，完成整個程式設計。匿名內部類別的語法如下：

```
(new 類別名稱()              //指定所依附的既成類別
{
    方法名稱(參數列)          //新增的方法
    {
        敘述;
    }
}
)[.方法名稱()];              //中刮號代表可省略的部分
```

例如，Pass 類別若只實作如下，但未實作 Setscore() 與 pr() 方法。

```
class Pass {
    //資料成員
    int score;
    public String result;
    //方法成員
    void dispose()  {
        result="不及格";
        if (score>=60)
            result="及格";
    }
}
```

此時若要直接新增且執行 Setscore 方法，則可使用匿名內部（或稱內嵌）類別如下，以便使用 Pass 類別的資料或方法成員。例如，以下是新增 Setscore 方法，此方法共用 Pass 類別的 score 成員。

```
int a=88;
Pass pa =new Pass();  //宣告與新增物件
(new Pass()   {          //使用Pass類別的成員
```

```
    void Setscore(int value)  {
        pa.score=value; //
    }
}
).Setscore(a);
```

以下是新增 pr() 方法，共用 Pass 類別的 result 成員。

```
(new Pass()   {
    void pr()  {
        System.out.println("成績為: "+pa.result);
    }
}
).pr();
```

➔ 範例 9-2j

示範匿名內部類別。

程式列印

```
public class e9_2j{
    public static void main(String args[])  {
        int a=88;
        Pass pa =new Pass(); //宣告與新增物件
        (new Pass()   {
            void Setscore(int value)  {
                pa.score=value;
            }
        }
        ).Setscore(a);
        System.out.println(pa.score);
        pa.dispose(); //執行物件的方法
        (new Pass()   {
            void pr()  {
                System.out.println("成績為: "+pa.result);
            }
```

```
            }
        ).pr();
    }
}
//Pass 類別
class Pass {
    //資料成員
    int score;
    public String result;
    //方法成員
    void dispose()  {
       result="不及格";
       if (score>=60)
          result="及格";
    }
}
```

執行結果

```
88
成績為: 及格
```

備註　此單元要熟讀，不然第十三章會很難理解。

9-3 繼承 (Inheritance)

任何新產品的開發，均不是無中生有，都是從舊有的產品中繼承某些特性，再加入新的零件而成一項新的產品。例如，NEW mazda3 的方向盤及座椅還是使用 mazda3 的東西，只是馬力變大、輪胎變大，再加上各種升級配備，這就是繼承的道理，使得新產品的開發得以縮短時程。軟體的開發何嘗不應如此？繼承的另一優點是同一方法得以讓數個新舊版本同時存在。因為當你有新產品時，你不可能讓你的新舊客戶同時更新、所以您必須讓這些不同的版本同時存在，以滿足不同的產品需求。這就是修車時，老闆會強調您的車是哪一年出廠的車，以便找到對應的零件。

Java 使用 extends 保留字繼承既有的類別。例如， 以下敘述表示 Pass2 類別繼承 Pass 類別

```
class Pass2 extends Pass{
}
```

此時，Pass2 類別即可存取 Pass 類別的 <default>、Public、protected 成員。

基礎類別 (Base class) 與衍生類別 (Derived class)

上式中的 Pass 類別，我們稱為基礎類別（有些書稱為父代類別 (Parent class)、表面類別 (Super Class)）。Pass2 則稱為衍生類別（有些書稱為子代類別 (Child class)、延伸類別 (Extend class) 或副類別 (Sub class)）。於衍生類別中，我們即可新增方法、或改寫基礎類別的方法。

方法的改寫（Override）

基礎類別的某些方法也許已不合時宜或有些缺點，此時即可在衍生類別中修改，但此方法的功能與原基礎類別的功能是接近的，且參數型別、參數個數與傳回值型別皆相同，若以新方法名稱命名，將造成方法命名與取用的困擾，此時可以在衍生類別中使用原方法的原型宣告，此稱為方法的改寫 (Override 有些書翻譯成覆寫或覆載)。就如同於汽車的研發，我們新增若干配備，或者改善原配備的性能而沒有改變配備的名稱等。方法的改寫可減輕方法命名與取用的困擾。例如，Pass 類別的 dispose 方法的及格標準為 60，現欲更改及格分數為 70，則只要改寫原 dispose 方法即可，如以下敘述。

```
void dispose()    {
    result="不及格";
    if (score>=60)
       result="及格";
}
```

protected

存取範圍修飾字若為 public，則表示此成員是公開的，毫無私密可言，任何類別皆可存取。若為 private，則表示此成員是私有的，僅可在類別內存取。本單元的 protected 則是一種折衷的存取範圍修飾字，其存取範圍為本類別與其衍生類別。protected 可以修飾資料與方法成員，一個冠有 protected 的成員可以被其衍生類別存取，且此衍生類別不論是否與基礎類別同一套件均可。例如，下圖中 A2 及 B2 因都繼承 A1，且雖然 B2 與 A1 不在同一套件，但是卻都可以存取 A1 類別的 p 成員。其次，A3、B1 類別，都無法存取 A1 類別的 p 成員。

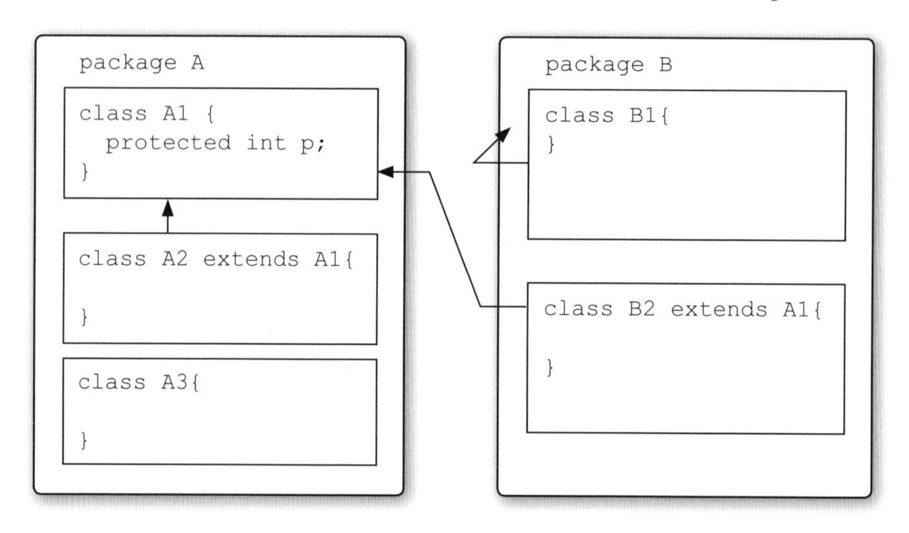

➔ 範例 9-3a

同範例 9-1a，但新增一個 Pass2 類別，此類別繼承 Pass。請在 Pass2 類別新增一個處理優等的方法，並改寫 dispose()，使得及格的標準提升為 70 分。

程式列印

1. 本例 Pass 類別實作如下，score 與 result 成員的修飾字已修改為 protected。

```
class Pass{
    //資料成員
    protected int score;
    protected String result;
    void dispose()    {
```

```
        result="不及格";
        if (score>=60)
          result="及格";
    }
}
```

2. 新增的 Pass2 繼承 Pass，其實作如下，已改寫 dispose 方法並新增 good 方法。

```
class Pass2 extends Pass {
    //新增資料成員
    String excel;
    //改寫 dispose()
    void dispose()    {
        result="不及格";
        if (score>=70)
          result="及格";
    }
    //新增 good 成員
    public String good()    {
        excel="";
        if (score>=90)
          excel="優";
        return excel;
    }
}
```

3. 主程式如下：程式設計者可依照自己的情況，使用 Pass 或 Pass2 類別。

```
public class e9_3a{
    public static void main(String args[])     {
        int a=88;
        String b,c;
        Pass2 pa =new Pass2();    //宣告與新增物件
        pa.score=66;              //設定物件的資料成員
        pa.dispose();             //執行Pass2的方法
        b=pa.result;              //不及格
```

```
            c=pa.good();//空白
            System.out.println(b);
            System.out.println(c);
            Pass pb=new Pass();
            pb.score=66;              //設定物件的資料成員
            pb.dispose();             //執行物件的方法
            b=pb.result;
            System.out.println(b);//及格
        }
    }
```

執行結果

```
不及格
及格
```

程式說明

筆者用的編譯程式是 Eclipse，當您打完 pa. 或 pb. 時即可見可用的方法，如下圖。

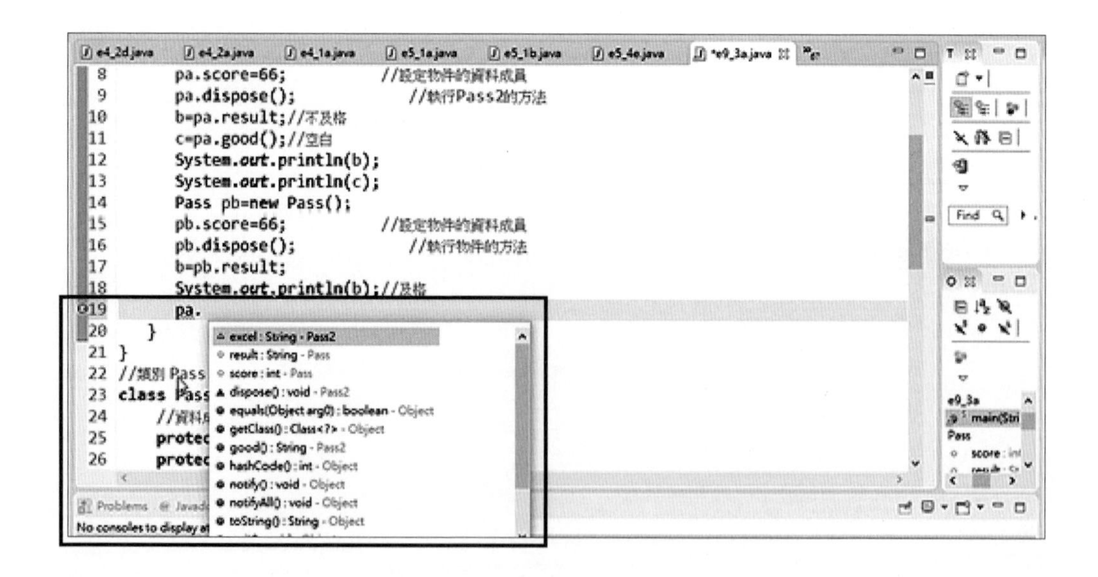

自我練習

1. 請設計一個類別 Equation，此類別有解二元一次方程式的方法。其次設計一個 Equation2，此類別繼承 Equation，並新增一個方法，此方法可解三元一次方程式。

final

於 3-4 節中，我們已介紹使用 final 可將一個實數設為常數。同樣的道理，你可以將資料成員設為 final，則該成員即為常數；若將方法成員設為 final，則該成員不可被衍生類別改寫；同理，若將類別設為 final，則該類別不可被繼承。

super

在衍生類別中，若要呼叫基礎類別的成員，則可使用 super 加上成員名稱，中間以點（·）連結。例如在 Pass2 類別中可使用以下敘述，呼叫 Pass 類別中的 score 成員。

```
super.score;
```

以下敘述，可呼叫基礎 Pass 類別中的 dispose() 方法。

```
super.dispose();
```

以下敘述，可呼叫基礎 Pass 類別中的建構子 Pass()。

```
super.Pass();
```

this

前面的 super 是用於呼叫基礎類別的成員，相對於 super 則有 this，this 保留字則用於呼叫自己類別的成員，其使用方式同 super，同樣是在 this 與成員之間加上點（·）運算子。例如，以下敘述是呼叫自己類別的 good() 方法。

```
this.good();
```

super()

在衍生類別的建構子中，若要引用基礎類別的建構子，則可使用 super()。例如，若有基礎類別建構子如下：

```
Circle(int r) {
    radius=r;
}
```

則可於衍生類別使用

```
super(3);
```

呼叫基礎類別的 Circle(int) 建構子。其次，super() 一定要放在建構子的最前面。

```
this()
```

若建構子不只一個，亦可使用 this() 呼叫自己類別的其它建構子。例如，若於自己類別已有建構子如下：

```
Cylinder(int r,int l) {
    radius=r;
    length=l;
}
```

則可使用

```
this(2,3);
```

呼叫自己類別的建構子 Cylinder(int r,int l) 。其次，this() 亦應放在建構子的最前面。

➔ 範例 9-3b

示範 this() 與 super() 的用法

程式列印

1. 本例的 Circle 類別實作如下：

```
class Circle {
   int radius;
   //無參數建構子
   Circle()    {
      radius=2;
   }
   //一參數建構子
   Circle(int r)尸    {
      radius=r;
   }
   //傳回半徑
   int getradius()     {
      return radius;
   }
   //傳回圓面積
   double getarea()    {
      return radius*radius*Math.PI;
   }
}
```

2. 實作 Cylinder 類別如下：

```
class Cylinder extends Circle {
   int length;
   Cylinder()     {
      this(2,3);
         //若無參數，則預設 r=2,l=3
         //執行 Cylinder(int,int)
   }
   Cylinder(int r,int l)    {
      super(r);
      //執行基礎類別的 Circle(int)
      length=l;
```

```
    }
    //傳回圓柱體長度
    int getlength()    {
       return length;
    }
}
```

3. 主程式實作如下：

```
public class e9 _ 3b{
    public static void main(String args[])    {
       Cylinder cy1=new Cylinder();
       //使用預設值 r=2,l=3
       System.out.println("圓柱體半徑為 " +cy1.getradius());
       System.out.println("圓柱體長度為 " +cy1.getlength());

       System.out.println();

       Cylinder cy2=new Cylinder(1,2);   //r=1,l=2
       System.out.println("圓柱體半徑為 " +cy2.getradius());
       System.out.println("圓柱體長度為 " +cy2.getlength());
       Circle ci1=new Circle();//r=2
       System.out.println("圓面積為 " +ci1.getarea());
       Circle ci2=new Circle(3);//r=3
       System.out.println("圓面積為 " +ci2.getarea());
    }
}
```

4. 執行結果如下。

```
圓柱體半徑為 2
圓柱體長度為 3

圓柱體半徑為 1
圓柱體長度為 2
圓面積為 12.566370614359172
圓面積為 28.274333882308138
```

➔ 範例 9-3c

示範以上 super、this 及 super()。

程式列印

1. 本例的 Circle 類別同上範例。
2. 定義 Cylinder 類別如下，此類別繼承 Circle 類別。

```
class Cylinder extends Circle{
    int length;
    Cylinder()    {
        this(2,3);
        //若無參數,則預設 r=2,l=3
        //執行 Cylinder(int,int)
    }
    Cylinder(int r,int l)    {
        super(r);   //執行基礎類別的 Circle(int)
        length=l;
    }
    //傳回圓柱體長度
    int getlength()    {
        return length;
    }
    //改寫基礎類別的getarea
    //傳回圓柱體表面積
    double getarea()    {
        return 2*super.getarea() +(2*super.getradius()
                *Math.PI*length);
        //呼叫基礎類別的方法 getarea()
    }
    //傳回圓柱體體積
    //示範 super
    double getvolume()    {
        return super.getarea() *length;
        //呼叫基礎類別的方法 getarea(
    }  //傳回圓柱體表面積
```

```
    //示範 this
    double thisarea1()   {
      return this.getarea();
            //呼叫自己的 getarea
    }
    //傳回圓柱體表面積
    //與 thisarea11 相同
    double thisarea2()   {
      return getarea();
            //呼叫自己的 getarea,this 可省略
    }
    //傳回圓面積
    double superarea()   {
      return super.getarea() ;
      //呼叫基礎類別的 getarea
    }
}
```

3. 宣告與新增 Circle 與 Cylinder 類別的物件如下。

```
public class e9 _ 3c{
    public static void main(String args[])   {
      Circle ci1=new Circle(2);
      Cylinder cy2=new Cylinder(2,4);

      System.out.println("圓面積為 " +ci1.getarea());
      System.out.println("圓柱表面積為 " +cy2.getarea());
      System.out.println("圓柱體積為 " +cy2.getvolume());

      System.out.println();

      System.out.println("圓柱體底面積亦為(super)"
                         +cy2.superarea());
      System.out.println("圓柱表面積亦為(this) "
                         +cy2.thisarea1());
      System.out.println("圓柱表面積亦為(省略this) "
                         +cy2.thisarea2());
```

```
        }
    }
```

執行結果

```
圓面積為 12.566370614359172
圓柱表面積為 75.39822368615503
圓柱體積為 50.26548245743669

圓柱體底面積亦為(super)12.566370614359172
圓柱表面積亦為(this) 75.39822368615503
圓柱表面積亦為(省略this) 75.39822368615503
```

自我練習

1. 請將範例 9_3a 的基礎與衍生類別補上建構子。

抽象 (Abstract) 類別

於物件的繼承中，若某些方法 (Method) 於衍生類別需要有不同的處理方式，則可先將這些方法先行宣告為抽象類別，其方式是於該方法前加上保留字 abstract，且方法內不需有任何實作，待其衍生類別再依所需自行實作。例如，繪圖就必須先規定為抽象類別，因為不同的平台有不同的實作方式，請看第十六章。其次，若某一類別內有一方法宣告為 abstract，則該類別即為抽象的，且應於該類別前加上保留字 abstract。宣告為抽象的類別，則該類別就不能被建構。

➔ 範例 9-3d

示範抽象類別。

程式列印

1. 本範例繼續以 Pass 類別示範抽象類別，因研究所與大學有不同的及格標準，所以我們在基礎類別中並不實作 dispose() 方法，而是先將其宣告為 abstract，且既然 Pass 類別有一方法為 abstract，所以 Pass 類別亦為 abstract 如下：

```
abstract class Pass{
    protected int score;
    protected String result;
    Pass()     {
        result="不及格";
    }
    public void  setscore(int value) {
        score=value;
    }
    abstract public void dispose() ;
        //此為抽象方法
        //抽象方法不用有任何實作
        //代衍生類別再實作即可
    public String getresult()     {
        return result;
    }
}
```

2. 大學的及格標準為 60 分，所以 Collage 類別的 dispose() 實作如下：

```
class Colloge extends Pass{
   public void dispose()   {
     if (score>=60)
       result="及格";
   }
}
```

3. 研究所的及格標準為 70 分，所以 Master 類別的 dispose() 實作如下：

```
class Master extends Pass {
   public void dispose()   {
     if (score>=70)
        result="及格";
   }
}
```

4. Pass 類別為抽象類別，所以不可被建構。

5. Colloge 及 Master 的建構程式如下：

```
public class e9_3d{
    public static void main(String args[]) throws IOException    {
        InputStreamReader in=new InputStreamReader(System.in);
        BufferedReader buf=new BufferedReader(in);
          int score;
        String result,str;
        Colloge co=new Colloge(); //宣告與新增物件 co
        System.out.print("請輸入成績: ");
        str=buf.readLine();
        score=Integer.parseInt(str);
        co.setscore(score);
        co.dispose() ;
        result=co.getresult();
        System.out.println("大學成績評定(60分及格)");
        System.out.println("結果: " +result);

        Master ma=new Master();
          //宣告與新增物件 ma
        ma.setscore(score);
        ma.dispose() ;
        result=ma.getresult();
        System.out.println("研究所成績評定(70分及格)");
        System.out.println("結果: " +result);
    }
}
```

輸出結果

1. 輸入 92 分，College 與 Master 均評定 " 及格 "。

```
請輸入成績: 92
大學成績評定(60分及格)
結果: 及格
研究所成績評定(70分及格)
結果: 及格
```

2. 輸入 62 分，College 類別評定 " 及格 "，而 Master 類別則評定 " 不及格 "。

```
請輸入成績: 62
大學成績評定(60分及格)
結果: 及格
研究所成績評定(70分及格)
結果: 不及格
```

9-4 介面 (Interface)

工業產品通常訂有所謂的介面規格。例如，電視、收音機及電腦等產品都有所謂的介面規格，所以若鍵盤壞了，你只要隨便買一個符合標準的鍵盤回來，即可插的下去，也可繼續工作，此即是各家廠商均依照一定的介面規格製造屬於自己的鍵盤，所以產品可以如此通用。軟體的開發何嘗不應如此？所以 Java 亦有『**介面**』的型別，此型別與類別相近，亦有所謂的資料與方法成員。但是，介面的資料成員，僅可以是常數；方法成員則與抽象方法相同，只能定義此方法的原型，不能實作。關於這些方法的實作，再由繼承這些介面的類別實作。所以介面的功能，類似僅定義一些規格，然後大家依照此一規格，各憑本事完成。

介面的設計

介面的設計其語法如下：其中資料成員僅能是常數，或稱為一個標準，方法成員僅能一個名稱，不用實作。

```
interface 介面名稱 [extends 介面名稱]    {
     資料成員;
     方法成員;
}
```

以下是宣告一個 Pass 介面，此介面共含有一個資料成員 pc=60 與 pm=70，及一個方法成員 dispose()。

```
interface Pass{
    int pc=60;
    int pm=70;
void dispose();
    }
```

以上 Pass 介面資料成員 pc、pm，僅能為常數，所以其效果與 final int pc=60 相同。其次，方法成員僅能宣告方法的原型，不得有方法的實作。

介面的實作

介面的實作需要由類別協助，以下是介面實作的語法：

```
class 類別名稱 implements 介面名稱{
    資料成員;
    方法成員(){
       方法實做;
    {
}
```

以下程式片段，則是由 Collage 類別實作 Pass 介面。

```
class Collage implements Pass{
    //資料成員
    protected int score;
    protected String result;
    public void dispose()    {
        result="不及格";
      if (score>=pc)
        result="及格";
   }
}
```

以下程式片段，則是由 Collage 類別實作 Pass 介面。

```
class Master implements Pass{
    //資料成員
    protected int score;
    protected String result;
    public void dispose()    {
       result="不及格";
        if (score>=pm)
            result="及格";
    }
}
```

主程式如下：

```
public class e9 _ 4a{
    public static void main(String args[]) throws IOException    {
       InputStreamReader in=new InputStreamReader(System.in);
       BufferedReader buf=new BufferedReader(in);
       int a;
       System.out.print("請輸入成績: ");
       String str=buf.readLine();
       a=Integer.parseInt(str);

       Collage pa1 = new Collage();
       pa1.score=a;
       pa1.dispose() ;
       System.out.println("大學成績評定(60分及格)");
       System.out.println("結果: " +pa1.result);

       Master pa2 = new Master();
       pa2.score=a;
       pa2.dispose() ;
       System.out.println("研究所成績評定(70分及格)");
       System.out.println("結果: " +pa2.result);
    }
}
```

➔ 範例 9-4a

示範介面的使用。本例以介面重作範例 9-3d 的抽象類別。(請自行開啟檔案)

實作多個介面

一個類別可以實作多個介面，其方法是在 implements 後面的介面名稱之間加上逗號（,)。例如，以下類別 A 可實作 P 與 Q 介面。

```
class A implements P,Q{
}
```

以上的 A 類別實作 P 與 Q 介面，所以 A 類別同時擁有 P 與 Q 介面的成員，請看以下範例說明。

➔ 範例 9-4b

示範一個類別實作多個介面。

程式列印

1. 定義 Pass 介面與 Good 介面如下：

```
interface Pass {
    int p1=60;
    void dispose();
}

//Good 介面
interface Good{
    int p3=90;
    void excel();
}
```

2. 定義 Student 類別如下，本例在此實作 Pass 與 Good 介面的所有方法。

```
class Student implements Pass,Good{
   //資料成員
   int score;
   String result;
   public void dispose()    {
      result="不及格";
      if (score>=p1)
         result="及格";
   }
   public void excel()    {
         result="";
      if (score>=p3)
         result="優等";
   }
}
```

3. 主程式撰寫如下，pa 物件已含 dispose() 與 excel() 等兩個方法。

```
public class e9_4b{
   public static void main(String args[]) throws IOException    {
      InputStreamReader in=new InputStreamReader(System.in);
      BufferedReader buf=new BufferedReader(in);
      int a;
      System.out.print("請輸入成績: ");
      String str=buf.readLine();
      a Integer.parseInt(str);

      Student pa = new Student();
      pa.score=a;
      pa.dispose() ;
      System.out.println(pa.result);

      pa.excel() ;
      System.out.println(pa.result);
   }
}
```

輸出結果

1. 輸入 98 分，dispose() 輸出 " 及格 "，excel() 輸出 " 優等 "。

```
請輸入成績: 98
及格
優等
```

2. 輸入 22 分，dispose() 輸出 " 不及格 "，excel() 輸出 " 空白 "。

```
請輸入成績: 22
不及格
```

多重繼承

工業產品的開發，可以一次繼承多樣產品的優異性能。例如，台塑汽車的新產品，第一代產品的推出，即擁有多項知名品牌的優點。類別的設計是否可以多重繼承呢？答案當然是肯定的，C++ 的類別設計就允許多重繼承。但是，Java 並不希望引進 C++ 多重繼承的複雜性。所以，Java 使用『介面』實現多重繼承的特性。以下敘述是 A 介面同時繼承 M、N、P 與 Q 等 4 個介面，此時 A 介面將含有 M、N、P 與 Q 等 4 個介面的所有資料與方法成員。

```
interface A extends M,N,P,Q{
}
```

➔ 範例 9-4c

示範多重繼承。本例以多重繼承重作範例 9-4b。

程式列印

1. Pass 介面與 Good 介面同上範例，其程式如下：

```
interface Pass {
    int p1=60;
    void dispose();
}
//Good 介面
interface Good{
    int p3=90;
    void excel();
}
```

2. 新增 A 介面。A 介面的程式如下，此介面同時繼承 Pass 與 Good 介面，但並未新增任何成員，所以 A 介面已含資料成員 p1 與 p3、及方法成員 dispose() 與 excel()。

```
interface A extends Pass,Good {
}
```

3. 以 Student 類別實現 A 介面，此類別實現 A 介面的 dispose() 與 excel() 成員。

```
class Student implements A{
    //資料成員
    int score;
    String result;
    public void dispose()    {
      result="不及格";
      if (score>=p1)
        result="及格";
    }
    public void excel()    {
      result="";
      if (score>=p3)
        result="優等";
    }
}
```

4. 本例的主程式同上範例，其程式如下：

```
public class e9_4c{
    public static void main(String args[]) throws IOException    {
        InputStreamReader in=new InputStreamReader(System.in);
        BufferedReader buf=new BufferedReader(in);
        int a;
        System.out.print("請輸入成績: ");
        String str=buf.readLine();
        a=Integer.parseInt(str);

        Student pa = new Student();
        pa.score=a;
        pa.dispose() ;
        System.out.println(pa.result);

        pa.excel() ;
        System.out.println(pa.result);
    }
}
```

9-5 套件 (Package)

檔案的分割

前面我們都將主程式與類別放在同一個檔案，這是一些小程式的簡便用法。當我們類別越來越多時，就要將類別分類並獨立存檔了，這樣才能將這些類別分享給不同的程式。

➔ 範例 9-5a

請將範例 9_2a 分割為兩個檔案。

程式列印

1. e9_5a.java 程式如下：

```
import java.io.*;    // 載入java.io套件裡的所有類別
public class e9 _ 5a
{
   public static void main(String args[]) throws IOException
   {
      略
   }
}
```

2. Pass.java 程式如下：

```
//類別 Pass
class Pass
{
   略
}
```

3. 以上程式已經是兩個獨立檔案，如下圖。

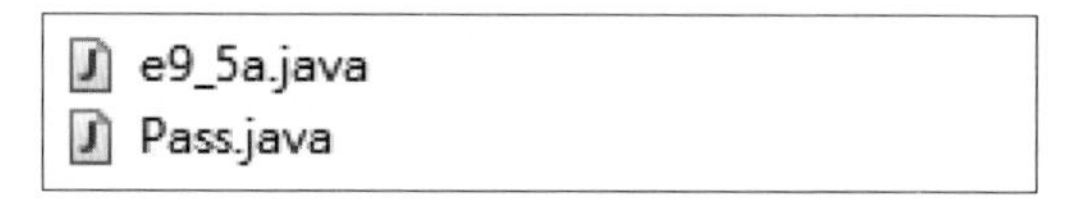

4. 也可使用檔案總管觀察以上檔案。

套件 (package)

前面我們已經說過，若干個敘述可以形成方法，若干個方法與資料可以形成一個類別，類別才是一個可執行程式的最小單元，如下圖所示。但是當類別越來越多時，就需要分類了，才能避免名稱衝突。生物界是以界、門、綱、目、科、屬、種分類，Java 則是使用套件 package 來分類，每一個套件將會是一個資料夾。

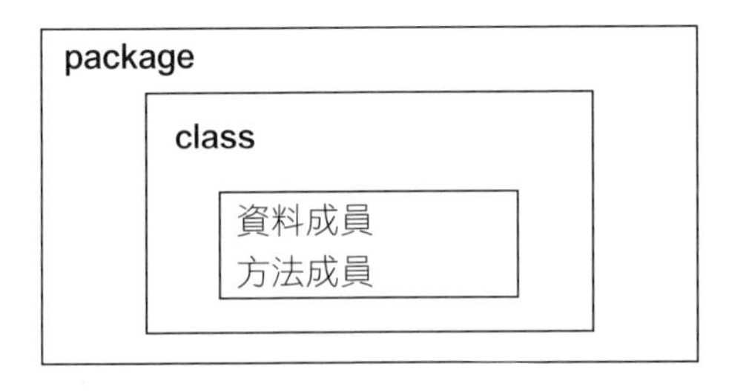

➔ 範例 9-5b

示範 package 的使用。本例要新增兩個 package，一個是 grade，內有 Pass 類別。另一個是 area，內有 Square 類別。

操作步驟

1. 新增一個 grade 套件 (package)，一個 Pass 類別 (class)。

   A. 新增 package。請點選 src 快選功能表，再點選『New/Package』，畫面如下，本例新增 grade。

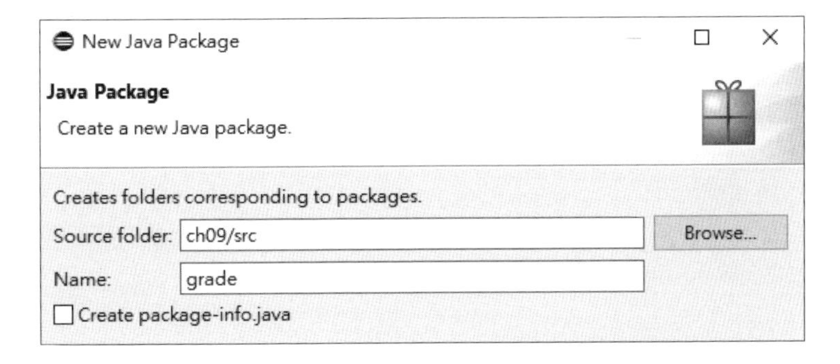

   B. 請留意已經新增 grade，如下圖，grade 是一個資料夾名稱。

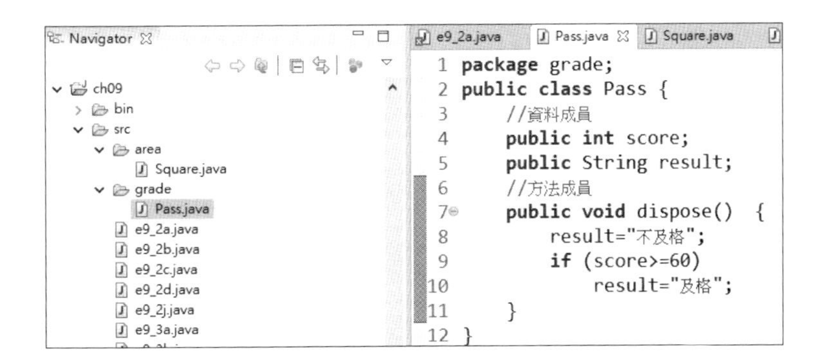

C. 新增 Pass 類別。(請點選 src 快選功能表，點選『New/Class』，畫面如下，

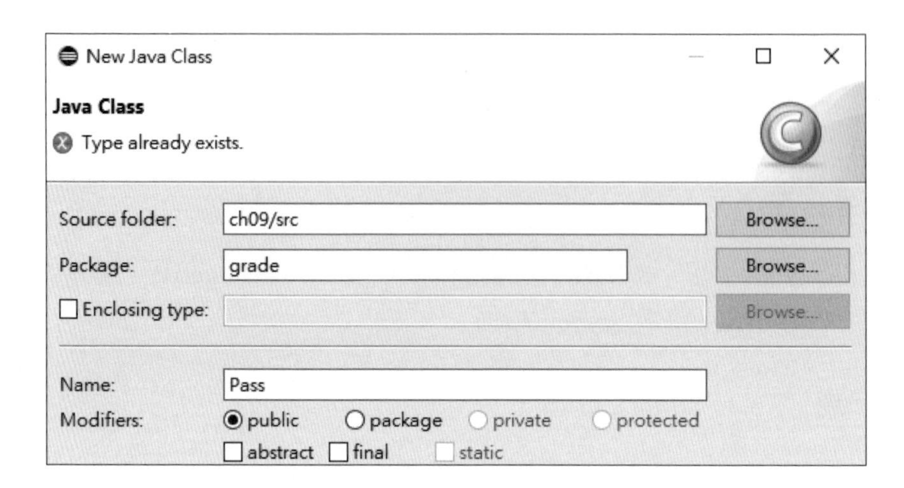

D. Pass 類別程式如下：

```
package grade;
public class Pass {
    //資料成員
    public int score;
    public String result;
    //方法成員
    public void dispose()  {
        result="不及格";
        if (score>=60)
            result="及格";
    }
}
```

2. 新增 area 套件與 Square 類別（方法同上），畫面如下，如下圖，area 也是一個資料夾名稱。

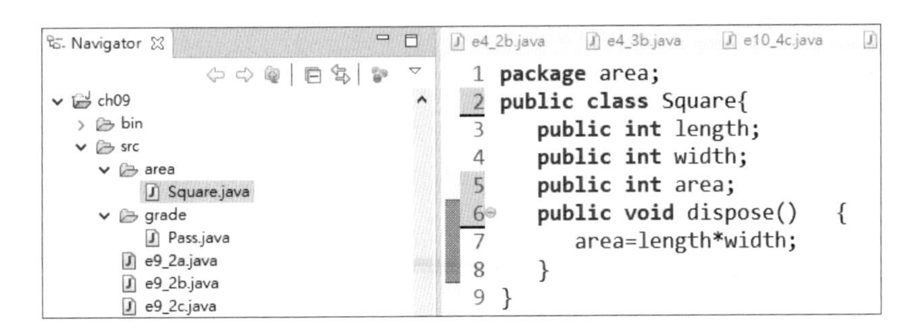

3. Square 類別程式如下：

```
package area;
public class Square{
   public int length;
   public int width;
   public int area;
   public void dispose()    {
      area=length*width;
   }
}
```

4. 主程式撰寫如下：

```
import area.Square;
import grade.Pass;
public class e9_5b {
   public static void main(String[] args) {
      int a=2,b=3,c;
      Square sq =new Square();
                //宣告與新增物件
      sq.length=a;
      sq.width=b;
                //設定物件的資料成員
      sq.dispose();
                //執行物件的方法
```

```
        c=sq.area;
        System.out.println(c);
        int d=88;
        Pass pa =new Pass();    //宣告與新增物件
        pa.score=d;             //設定物件的資料成員
        pa.dispose();           //執行物件的方法
        String e=pa.result;     //取回資料成員
        System.out.println(e);
    }
}
```

5. 本例的資料夾架構如下圖：

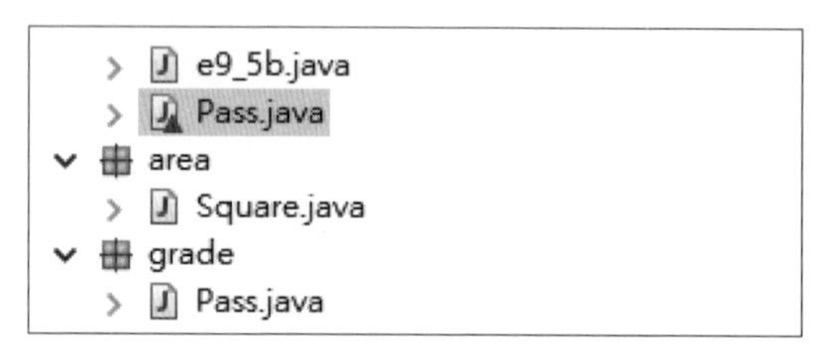

6. 前面我們一直使用 import 載入 java.io 套件裡的所有類別，就是這一道理了。

```
import java.io.*;    // 載入java.io套件裡的所有類別
```

自我練習

1. 請將以上類別的程式的資料成員改為 private，並新增存取方法。

2. 請將以上類別加上建構子。

10 CHAPTER

公用類別庫

JAVA

本章之前的程式，都是自行填入某些敘述而完成某些功能。本章則是要介紹公用類別庫，所謂公用類別庫是說，系統已事先完成許多類別，這些類別都存有許多解決問題的資料欄位與方法成員，若直接選用這些類別，將會讓您程式設計事半功倍。

Java 的公用類別相當多，所以又以套件作為分類。開啟 Java Development Kit，畫面如下圖。

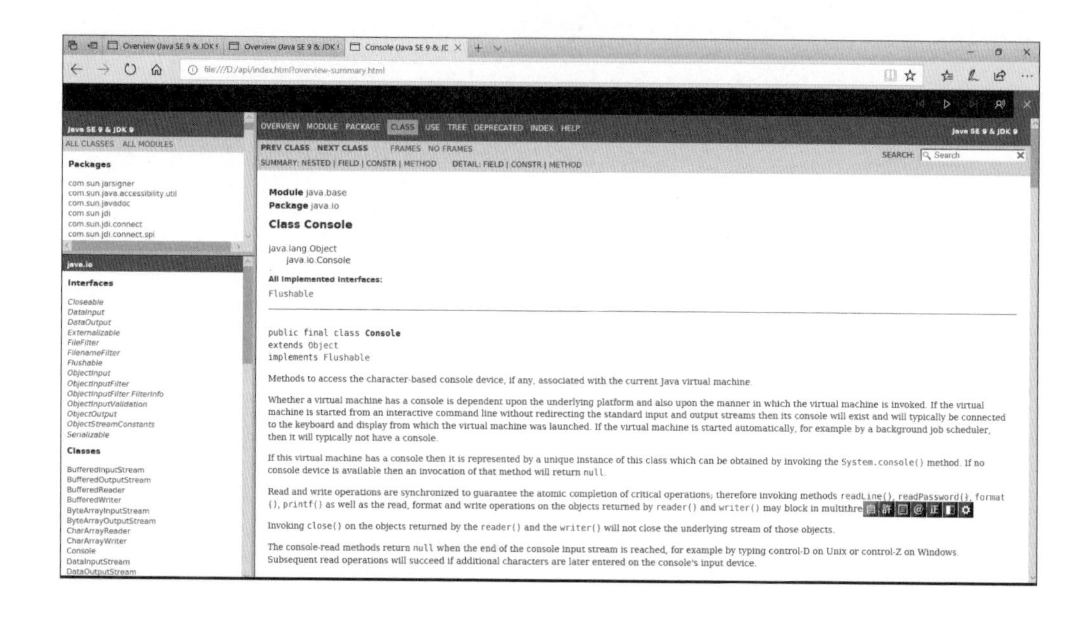

上圖左上角則是 Java 所有套件，上圖左下角則是點選套件後所出現的類別。右邊則是點選類別後所出現的方法。這麼多類別當然不可能一 介紹，本書乃根據初學者常面對的問題，挑選數值、字串、時間、陣列、演算法等類別。待學習這些類別後，讀者自可舉一反三，克服與學習其他類別。

10-1 數值處理

Java 僅提供加、減、乘、除及取餘等數值運算子，若您要的數值運算，例如，絕對值、次方、或開根號，沒有對應的運算子，那就要來 Math 尋找對應的方法，以下僅介紹一些常用數值運算的資料成員與方法成員，更詳細的方法，請自行線上查詢 java.lang.Math 類別。

Math 類別

Math 類別為 Java 處理數值運算最主要的類別，裡面有許多關於數值的運算方法，例如絕對值 (abs) 及次方 (pow) 等方法。

建構子

Math 類別的所有成員均宣告為 static，所有成員均不用建構物件實體，而直接以『**類別名稱 . 成員名稱**』呼叫其成員，所以沒有任何建構子。

資料成員

Math 類別定義資料成員 E 與 PI，其中 E 即為自然對數 e 的值，PI 為圓周長與直徑的比值 3.14159。例如，

```
System.out.println (Math.PI)
```

的結果是 3.14159...。

方法成員

Math 類別常用的方法如下：

1. **abs**

語法：static double abs(double x)

static float abs(float x)

static int abs(int x)

static long abs(long x)

說明：傳回 x 的絕對值。

例如：1. Math.abs(-3)= 3

2. Math.abs(4)= 4

2. **ceil**

語法：static double ceil (double x)

說明：傳回大於等於 x 的最大整數。

例如：1. Math.ceil(2.5)= 3.0

2. Math.ceil(- 2.5)= -2.0

3. **floor**

語法：static double floor (double x)

說明：傳回小於等於 x 的最小整數。

例如：1. Math.floor(2.5)= 2.0

2. Math.floor(-2.5)= -3.0

4. **pow**

語法：static double pow (double x，double y)

說明：傳回 x^y 值。

例如：Math.pow(2, 3)= 8.0

5. **sqrt**

語法：static double sqrt (double x)

說明：傳回開根值。

例如：Math.sqrt(4)= 2.0

6. **sin、cos、tan**

語法：static double sin(double x)；

static double cos(double x)；

static double tan(double x)；

說明：1. 傳回三角函數值。例如：Math.sin((Math.PI/6))= 0.5

2. x 的單位為弳度量（弧度），弳度量與度度量的關係為

弳度量 = 度度量 *Math.PI/180。

7. **asin、acos、atan**

語法：static double asin(double x)；

static double acos(double x)；

static double atan(double x)；

說明：1. 傳回反三角函數值。

2. asin 與 acos 的 x 範圍為 $-1 \leqq x \leqq 1$，若超出此範圍，將出現錯誤訊息。例如：Math.asin(0.5)*180/Math.PI=30

3. atan: Returns the arc tangent of a value; the returned angle is in the range -pi/2 through pi/2.

8. **atan2**

語法：static double atan2 (double x, double y)

說明：將直角座標轉為極座標 (r, θ) 的 θ，0 度在正 x 軸，逆時針為正。

例如：Math.atan2(3, 4)*180/Math.PI

結果：36.8（度）

9. **exp**

語法：static double exp(double x)

說明：傳回 e^x 值。

例如：Math.exp(1)= 2.718

10. **log**

語法：static double log(double x)

說明：傳回以 e 為底的對數值 ln(x) 值。

例如：Math.log(e)= 1

11. **log10**

語法：static double log_{10}(double x)

說明：傳回以 10 為底的對數值 log(x) 值。

例如：Math.log10(2)= 0.3010

12. **max**

語法：static double max(double x, double y)

(參數可為 double,float,int 及 long)

說明：傳回任意兩數中較大者。

例如：Math.max(5,8)= 8

13. **min**

語法：static double min(double x, double y)

(參數可為 double,float,int 及 long)

說明：傳回任意兩數中較小者。

例如：Math.min(3,8)= 3

14. **random**

語法：static double random( )

說明：產生大於等於 0 且小於 1 的隨機亂數。

15. **round**

語法：static long round(double x)

static int round(float x)

說明：將 x 四捨五入。

例如：1. Math.round(3.2)= 3

2. Math.round(3.6)= 4

16. toDegrees

語法：static double toDegrees(double x)

說明：將弳度量 x 轉為度度量。

例如：Math.toDegress(Math.PI/6) =30

17. toRadians

語法：static double toRadians(double x)

說明：將度度量 x 轉為弳度量。

例如：Math.toRadians(30)= 0.52

相關知識

您知道 e= 2.718 的由來嗎？

(1) 假設借款金額為一元，言明年利率為 100%，每年複利一次，則一年後本利和為 2 元。

$$1\times(1+1)^{1}= 2$$

(2) 假設借款金額為一元，言明年利率為 100%，每月複利一次，則一年後本利和為 2.613。

$$1\times(1+)^{12}= 2.613$$

(3) 假設借款金額為一元，言明年利率為 100%，每日複利一次，則一年後本利和為 2.714。

$$1\times(1+1/365)^{365}=2.714$$

(4) 假設借款金額為一元，言明年利率為 100%，每秒複利一次，則一年後本利和為 2.718。

$$1\times(1+1/365\times24\times60\times60)^{365\times24\times60\times60}=2.718$$

(5) 電容的充放電，細菌的繁殖，也是與 e 有關。因為他們的數量很龐大，此種數量很大的個體，若每一個個體『平均』一年成長兩倍，則此種個體一年後整體數量將成長為 e 倍，而不是 2 倍。

➔ 範例 10-1a

示範以上 Math 類別的方法與資料成員。

請自行開啟，並觀察執行結果。

自我練習

1. 請分別使用 atan 與 atan2 方法完成直角座標轉為極座標。例如，(3,0)=(3,0), (0,4)=(4,90),(3,4)=(5,36.8)，然後再轉直角座標。

2. 試寫一個四捨五入程式，其條件如下：

   (1) 可以輸入一數值。

   (2) 可以指定小數位數。例如：1.234，2 則結果是 1.23。又例如：12500，－4，則為 13000。

➔ 範例 10-1b

試寫一程式，使用雙迴圈印出如下結果：

執行結果

```
*   *   *   *   *
*   *   *   *
*   *   *
*   *
*
*   *
*   *   *
*   *   *   *
*   *   *   *   *
```

程式列印

```
public class e10_1b{
    public static void main(String args[])    {
        int i,j;
        for (i=4;i>=-4;i--) {
        for(j=0;j<=Math.abs(i);j++)       {
          System.out.print("*  ");
         }
         System.out.println();
       }
    }
}
```

演算分析

1. 圖形有一個折點，請務必聯想到使用 abs 函式。
2. 利用 abs 在 0 產生折點的特性，且本例共印出 9 列，所以假設 i 從 4 到 -4 如右。
3. 內迴圈 j 為星星個數，其與外迴圈 i 的關係為 j = abs(i) + 1，但因從 0 算起，所以應減 1。

i	星星個數	j	輸出結果
4	5	01234	*****
3	4	0123	****
2	3	012	***
1	2	01	**
0	1	0	*
-1	2	01	**
-2	3	012	***
-3	4	0123	****
-4	5	01234	*****

自我練習

1. 請寫一程式，輸出結果如下圖。

```
        *
      *   *
    *   *   *
  *   *   *   *
*   *   *   *   *
  *   *   *   *
    *   *   *
      *   *
        *
```

```
      *
    * * *
  * *   * *
* *       * *
  * *   * *
    * * *
      *
```

➔ 範例 10-1c

請寫一個樂透開獎與對獎程式。

輸出結果

```
23   4   32   38   36   18   特別號28
```

程式列印

```
public class e10 _ 1c {
    public static void main(String[] args) {
        int d[]=new int[42];
        int a[]=new int[7];
        int i,j,r,t;
        //放入彩球
          for(i=0;i<=41;i++)
                d[i]=i+1;

             //滾動彩球
          for (i=0 ;i<=41;i++)        {
                r=(int)(Math.floor(Math.random()*42));
                t=d[i];d[i]=d[r];d[r]=t;
          }
          //滾出彩球
          for(i=0;i<=6;i++)
                a[i]=d[i];
          //輸出彩球號碼
          for( i=0;i<=5;i++) {
           System.out.print(a[i]+"   ");
          }
          System.out.println("特別號"+a[6]);
    }
}
```

自我練習

1. 抽獎程式。請寫一程式，可以輸入參加人數與得獎人數的抽獎程式。例如，本次共有 48 人參加抽獎，要抽出 3 人，請寫程式輸出得獎的編號。

2. 假設以下資料是張三預先買的八張樂透彩券號碼，只有 10 個號碼。

編號	1	2	3	4	5	6
1	1	4	6	7	9	10
2	1	4	5	7	8	9
3	1	4	5	7	8	9
4	1	4	5	7	8	9
5	1	4	7	8	9	10
6	1	4	7	8	9	10
7	1	4	5	6	7	8
8	1	2	3	4	5	6

(1). 請以陣列儲存以上資料。

(2). 請寫一開獎程式，並核對與輸出每張彩券的得獎情形。

➔ 範例 10-1d

撲克牌洗牌。撲克牌剛買來時都是按序排好，試寫一程式，可以協助洗牌，並發給四個人，每人 13 張。

演算法則

1. 使用 0 到 51 等整數，分別代表撲克牌的 1C, 2C, 3C, 4C, 5C, 6C, 7C, 8C, 9C, 10C, 11C, 12C, 13C, 1D, 2D...，並以 a[] 儲存。

2. 所以牌面值為 a[i]%13+1，花色是 a[i]/13。

輸出結果

```
1C 2C 3C 4C 5C 6C 7C 8C 9C 10C 11C 12C 13C
1D 2D 3D 4D 5D 6D 7D 8D 9D 10D 11D 12D 13D
1H 2H 3H 4H 5H 6H 7H 8H 9H 10H 11H 12H 13H
1S 2S 3S 4S 5S 6S 7S 8S 9S 10S 11S 12S 13S
1:10C 2C 6S 4D 11H 6D 10D 1H 13C 6C 13H 6H 3C
2:1C 5H 12C 13D 7S 1S 5D 10H 12H 2H 2S 1D 7D
3:11D 4H 5C 3H 11C 9D 3S 9H 9C 4S 8H 8D 5S
4:13S 7C 3D 12S 7H 9S 10S 8C 12D 4C 2D 11S 8S
```

程式列印

```
public class e10_1d {
    public static void main(String[] args) {
        int a[]= new int[52];
        int b[][]=new int[4][13];
        char c[]= {'C','D','H','S'};
        int i, j, r,t ;
        // 設定每一支牌
        for(i=0; i<=51; i++)
        a[i]=i;
        // 輸出原始牌面
        for (i=0;i<=3;i++){
          for (j=0;j<=12;j++) {
            System.out.print(a[i*13+j]%13+1+""+c[a[i*13+j]/13]+" ");
          }
          System.out.println();
        }
        /* 洗牌,逐一將每張牌與產生的亂數交換 */
        for (i=0 ;i<=51;i++)          {
            r=(int)(Math.floor(Math.random()*52));
            t=a[i];a[i]=a[r];a[r]=t;
        }
        // 每人輪流發一支,依序分給b00b10b20b30b10b11b12b13b02b12b22b32...
          b012b112b212b312
        for(i=0; i<=51 ; i++) {
          b[i%4][i/4]=a[i];
```

```
        }
        // 輸出每一人的牌
        for (i=0;i<=3;i++){
          System.out.print(i+1+":");
          for (j=0;j<=12;j++){
            System.out.print(b[i][j]%13+1+""+c[b[i][j]/13]+" ");
          }
          System.out.println();
        }
    }
}
```

自我練習

1. 試寫一程式，滿足以下條件：

   (1) 產生一副撲克牌，分四種花色由小而大輸出。

   (2) 洗牌，然後分給四個人。

   (3) 將每個人的牌先按花色，再按大小輸出。

   (4) 將每個人的牌先按大小，再按花色輸出。

2. 有一個計算 π 值演算法如下：

   (1) 於 2×2 的正方形牆壁中間放一個半徑為 1 的圓。

   (2) 取十萬支箭射向此牆壁，假設此箭的落點非常均勻，落點坐標 (x，y) 可用 -1 至 1 之間的亂數模擬。

   (3) 打中圓內（$x^2+y^2 \leqq 1$）與總箭數的比即為 π 值，請以此演算法求 π 值。

10-2 字串處理

Java 關於字串的處理有兩個類別，分別是 String 與 StringBuffer 類別，兩者各有長處與優缺點，請看以下兩者的介紹。

String 類別

在本章之前，字串的使用與基本資料型別的 int、floot 及 boolean 等均相同。例如，以下敘述是宣告並初始化變數 str 的初值為 "abc"。

```
String str ="abc";
```

上式的效果等效於

```
char a [ ]={ 'a', 'b', 'c'};
String str =new string(a);
```

或

```
String str=new String("abc");
```

此即為本節所要說明的 String 類別。

建構子

String 類別的建構子共十幾個，本書並不一一詳論，僅介紹以下 String()、String(String str) 及 String (char[ ]value) 等三個建構子，其餘的讀者自可舉一反三。

- **String()**

此建構子並不用傳遞任何參數，所以只建立一個空的物件。例如，以下敘述可以建立一個 str 物件。

```
String str=new String( );
str="abc";
```

- **String(String str)**

此建構子需要傳入一個 String 類型的參數。例如，以下敘述可以建立一個 str 物件，其初值為 "abc"。

```
String str=new String("abc");
```

- **String(char[ ] value)**

此建構子需要傳入一個型別為字元陣列的物件。例如，以下敘述可以建立一個 str 物件，其初值為 "abc"。

```
Char a[ ]={ 'a', 'b', 'c'}
String str =new String(a);
```

運算子

以下是一些常用的字串運算子，可以串接字串、比較相等、重新指派等。

```
public static void main(String[] args) {
    String a="ASDF";
    String b="ASDF";
    String c="ABC";
    //求字串長度
    System.out.println(a.length());//4
    //串接
    System.out.println(a+b);//ASDFASDF
    //比較相等
    System.out.println(a==b);//true
    //System.out.println(a>=b);//無此運算子,那就要用方法
    //重新指派
    b="AA";//更改字串內容
    System.out.println(b);//AA
    System.out.println(b.length());//2
    b=c;
    System.out.println(b);//ABC
    System.out.println(b.length());//3
}
```

方法

字串處理常用的方法有取字元、字串比較、字串連結、搜尋子字串、選取子字串、取字串長度、字串取代等，本單元僅介紹一些常用的方法如下，執行結果請自行開啟檔案 e10-2a。其次，若欲得到較完整的資訊，請自行線上查詢 java.lang.String。

1. **charAt**

   語法：char charAt (int index)

   說明：取得第 index 位置的字元。

   例如：String s1="abcde"；

   System.out.println(s1.charAt(3))；

   結果：d（字串的索引值從 0 開始）

2. **compareTo**

   語法：int compareTo (String s)

   說明：依字元順序逐一比較，當遇到不同字元時，傳回兩個字元的差。

   例如：String s1="abcdef"；

   String s2="abcxyz"；

   System.out.println(s1.compareTo (s2))；

   結果：-20

   結果說明：第四個字元不同，d 的 ANSI 碼為 100，x 的 ANSI 碼為 120，所以傳回 100-120=-20。

3. **concat**

   語法：String concat (String s)

   說明：傳回兩個字串連結的結果。

   例如：String s1="abc"；

String s2="xyz"；

System.out.println(s1.concat (s2))；

結果：abcxyz

4. **indexOf**

語法：int indexOf (int ch)

說明：根據指定字元，找出第一個出現在字串的索引位置。

例如：String s1="abcdef"

System.out.println(s1.indexof('b'))；

結果：1

結果說明：b 在第 1 個位置出現。（索引從零開始）

5. **length**

語法：int length()

說明：取得字串的長度。

例如：String s1="abcdef"；

System.out.println(s1.length())；

結果：6

6. **replace**

語法：string replace (char oldchar, char newchar)

說明：將原字串裡面所有跟 oldchar 相同的字元用 newchar 取代，並建立一個新的字串。值得注意的是，它並沒有破壞 String 類別不能修改原字串的原則，因為 replace 並沒有修改原字串，而是建立一個新的字串。

例如：String s3="aabbcc"；

System.out.println(s3.replace('b', 'd'))；

結果：aaddcc

System.out.println(s3)；

結果：aabbcc（原字串並沒有改變）

7. **substring**

語法：String substring (int beginindex, int endindex)

說明：從原字串的第 beginindex+1 開始取子字串，結束點為 endindex。

例如：String s1="abcdef"；

System.out.println(s1.substring(2, 4))；

結果：cd

8. **toLowerCase**

語法：string toLowerCase()

說明：將原字串的字母都轉為小寫字母。

例如：String s4="AaBbCc"；

System.out.println(s4.toLowerCase);

結果：aabbcc

9. **toUpperCase**

語法：String toUpperCase()

說明：將原字串字母都轉為大寫字母。

例如：System.out.println(s4.toUpperCase()); //s4 同上

結果：AABBCC

10. **trim**

語法：String trim()

說明：將字串兩端的空格移除。

例如：String s5="   aabbcc   "；

System.out.println(s5.trim());

結果：aabbcc

11. **valueOf**

語法一 static String.valueOf(byte b)

說明：將指定的數值化為字串格式。其次，static 代表類別方法，不用建立物件實體即可使用此一方法。

例如：double d=3.14159；

System.out.println(String.valueOf(d))；

結果：3.14159…（但為字串格式）

語法二 static String.valueOf(boolean b)，將指定的布林變數轉換成字串物件。

static String.valueOf(char b)，將指定的字元變數轉換成字串物件。

static String.valueOf(char data)，將指定的字元陣列轉換成字串物件。

static String.valueOf(char data, int offset, int count)，將指定的字元陣列，從第 offset 個，取 count 個字元，轉為字串物件。

➔ 範例 10-2a

示範以上 String 類別的方法。請自行開啟所附檔案。

StringBuffer 類別

前面的 String 類別的物件一經建立，所有的方法均傳回運算結果，並不更動其內容，所以其執行效能會較高，但若要變更其內容，就要使用本單元的 StringBuffer 類別，請看以下說明。

建構子

StringBuffer 類別的常用建構子說明如下。

- StringBuffer()

此建構子不需要傳遞任何參數，且其預設的容量 (capacity) 是 16。例如，以下式子是建立一個 s 物件，其容量是 16。

```
StringBuffer s=new StringBuffer( );
System.out.println(s.capacity);   //結果是16
```

- **StringBuffer(int length)**

此建構子需要傳遞一個 int 型別的長度 (length) 參數，即可建立一個長度為 length 的 StringBuffer 類別物件。例如，以下敘述的 s 物件，其容量是 10。

```
StringBuffer s= new StringBuffer(10);
System.out.println(s.capacity);   //結果是10
```

- **StringBuffer(String str)**

此建構子需要傳遞一個型別為 String 的 str 變數。例如，以下式子可建立一個 StringBuffer 類別的 s 物件，此物件的內容是 "abc"。

```
StringBuffer s= new StringBuffer("abc");
```

運算子

以下是一些 StringBuffer 類別的運算子，無法使用運算子串接兩個字串，也沒有比較運算子，也不能重新指派為常數字串。

```
public static void main(String[] args) {
        // TODO Auto-generated method stub
        StringBuffer a=new StringBuffer("ASDF");
        StringBuffer b=new StringBuffer("ASDF");
        StringBuffer c=new StringBuffer("ABC");
        //StringBuffer d="ASDF";//不能如此
        //求字串長度
        System.out.println(a.length());//4
        //串接
        //System.out.println(a+b);// 不能如此
        //比較相等
        System.out.println(a==b);//false,結果錯誤,不能如此
        //System.out.println(a>=b);//無此運算子,那就要用方法
```

```
        //重新指派
        //b="AA";//更改為常數字串，不行
        b=c;
        System.out.println(b);//ABC
        System.out.println(b.length());//3
    }
```

方法

StringBuffer 類別的常用方法如下，每一例子的執行結果請自行開啟範例檔案 e10-2b。

1. **append**

   語法：StringBuffer append(String s)

   說明：將字串 s 加到原字串後面。

   例如：StringBuffer s1=new StringBuffer("abc")；

   StringBuffer s2=new StringBuffer("xyz")；

   s1. append(s2)；

   System.out.println(sl);

   結果：abcxyz，s1 的內容已經更動。

2. **delete**

   語法：StringBuffer delete (int start, int end)

   說明：將字串從第 start 個至 (end-1) 個刪除。

   例如：StringBuffer s3=new StringBuffer("0123456");

   s3.delete(2,5);

   System.out.println(s3);//0156

   結果：0156，s3 的內容已經更動。

   語法：StringBuffer deleteCharAt (int index)

   說明：刪除第 index 個字元。

例如：StringBuffer s4=new StringBuffer("0123456");

```
s4.deleteCharAt(1);
System.out.println(s4);//023456
```

結果：023456，s4 的內容已經更動。

3. **insert**

語法：StringBuffer insert(int offset, String s)

說明：將字串 s 插入原字串編號為 offset 的地方。

例如：StringBuffer s5=new StringBuffer("012");

```
StringBuffer s6=new StringBuffer("xyz");
s5.insert(1,s6);
System.out.println(s5);//0xyz12
```

結果：0xyz12，s5 的內容已經更動。

4. **length**

語法：int length()

說明：取得字串的長度。

例如：StringBuffer s7=new StringBuffer("xyz");

```
System.out.println(s7.length());
```

結果：3，s7 的內容已經更動。

5. **replace**

語法：StringBuffer replace (int start, int end, String s)

說明：將原字串的第 start 個起至第 (end-1) 個字元取出，以 s 字串代入，並取代原字串。

例如：StringBuffer s8=new StringBuffer("012345");

```
s8.replace(1,3,"abc");
System.out.println(s8);//0abc345
```

結果：0abc345，s8 的內容已經更動。

6. **reverse**

語法：StringBuffer reverse()

說明：將原字串反轉。

例如：StringBuffer s9=new StringBuffer("012345");

```
s9.reverse();
System.out.println(s9);//543210
```

結果：543210，s9 的內容已經更動。

7. **substring**

語法：String substing (int start)

說明：將原字串第 start 個字元起全取出，並傳回一個型別為 String 的字串。

例如：StringBuffer a1=new StringBuffer("012345");

```
String a2=a1.substring(2);
System.out.println(a2);//2345
```

結果：2345

語法：String substring(int start, int end)

說明：從原字串第 start 字元開始取，取至第 end 個字元，形成一個型別為 String 的字串，並傳回此字串。

例如：StringBuffer a1=new StringBuffer("012345");

```
a2=a1.substring(2,4);
System.out.println(a2);//23
```

結果：23

8. **indexOf**

語法：int indexOf(String)

說明：傳回子字串的起始位置。

例如：StringBuffer a3=new StringBuffer("012345");

int a=a3.indexOf("123");

System.out.println(a);//1

結果：1

9. **toString**

語法：String toString()

說明：將類別為 StringBuffer 的字串，轉為類別為 String 的字串。

例如：StringBuffer a4=new StringBuffer("012345");

String a5=a4.toString();

System.out.println(a5);//012345

結果：012345　　// 其型別為 String

其次，StringBuffer 類別不能使用 String 的方式建構 StringBuffer，以下程式將會產生錯誤。

```
StringBuffer s="xyz";//不能使用 String 的方式建構 StringBuffer
```

亦無法同 String 的方式更改設定字串，以下程式也錯。

```
StringBuffer s=new StringBuffer("012345");
s="abcde";
```

➔ 範例 10-2b

示範以上 StringBuffer 類別的方法。請自行開啟所附範例檔案。

➔ 範例 10-2c

示範文書處理的取代。請寫一程式，可以完成文書處理的搜尋取代與搜尋刪除功能。

程式列印

```
public class e10 _ 2c {
    public static void main(String args[]) {
        //搜尋、取代
        StringBuffer s1=new StringBuffer("There are four people in
          my family.");
        String s2="four";
        String s3="three";
        int a=s1.indexOf(s2);
        s1.replace(a, a+s2.length(), s3);
        System.out.println(s1);//There are three people in my family.
        //搜尋、刪除
        StringBuffer s4=new StringBuffer("There are four people in
          my family.");
        String s5="four";
        int b=s4.indexOf(s2);
        s4.replace(b, b+s5.length(), "");
        System.out.println(s4);//There are  people in my family.
    }
}
```

➔ 範例 10-2d

有一種遊戲稱為幾 A 幾 B 的猜數字遊戲，兩個人對玩，互相猜對方預先寫下的四位數（四位數中的阿拉伯數字不可重覆），若所猜的數字與對方位置相同者為 A，數字相同，位置不對，則稱為 B。例如對方預寫的數字為 6713，若猜 6731 則應回應 2A2B，若猜 7851 則應回應 0A2B。試寫一程式，電腦自動產生四位數的亂數，再讓使用者猜的一種遊戲程式。（電腦應逐一回應使用者已猜的狀況）

執行結果

1. 程式執行時，電腦已產生四位數的亂數 9856。

2. 第一次猜 1234 時，結果回應為 0A4B，第二次猜 5678 時，結果回應為 0A3B，以此類推。

3. 直至輸入 9856 時，結果回應為 4A0B，為其正確答案，然後結束程式。

```
9856
請輸入數字: 1234
結果: 0 A 0 B

請輸入數字: 5678
結果: 0 A 3 B

請輸入數字: 9865
結果: 2 A 2 B
```

➔ 範例 10-2e

同上題，使用者預先寫下四位數，由電腦猜數字。（使用者必須逐一回應電腦已猜的狀況）

【提示】電腦猜值的演算法如下：

(1) 列出 1000 至 9999 的四位數。

(2) 逐一刪除阿拉伯數字重複者，例如 1001 或 3343 等。

(3) 於剩下的可能數字中，挑最小的當作猜值，本例為 1023。（使用者應回應幾 A 幾 B，本例假設使用者回應 1A2B）

(4) 於剩下的可能值中，使用臆測值，本例為 1023 逐一比對，將不是 1A2B 者都全部刪除。（為什麼？因為答案也會是 1A2B）

(5) 重複 (3)、(4) 兩個步驟，直到使用者回應 4A0B 為止。

執行結果

1. 下圖左為程式執行的初始畫面，電腦臆測數字為 1023。

2. 本例使用者答案為 7203，所以回應 1A2B，電腦並繼續臆測數字為 1204。

3. 使用者繼續回應 2A0B，電腦繼續猜 1235。

4. 使用者繼續回應 1A1B，電腦繼續猜 1306。

5. 電腦繼續臆測 7203，已得正確答案。

6. 當回應 4A0B 時，電腦回應答對了。

7. 若中途輸入的 AB 數目錯誤，則剩餘陣列將會空無一物，導致無解。

```
電腦猜值: 1023
請輸入比對結果: 1A2B
電腦猜值: 1204
請輸入比對結果: 2A0B
電腦猜值: 1235
請輸入比對結果: 1A1B
電腦猜值: 1306
請輸入比對結果: 1A1B
電腦猜值: 7203
請輸入比對結果:
```

程式列印

```
import java.io.*;
public class e10 _ 2e{
   static String s1[]=new String[10000];
   static String s2[]=new String[10000];
   static int l;  //字串陣列長度
   //列出1000至9999的四位數,並刪除數字重複者
   static void first()    {
      int i,j,k;
      char c1[]=new char[4];
      boolean bf;

      //列出1000至9999的四位數
      for(i=1000;i<=9999;i++)        {
        s1[i]=String.valueOf(i);  // 取得字串
      }
      l=0;
```

```
    //將字串陣列中有相同字元的字串去掉
    //例如1000,1122，均應去掉
    for(i=1000;i<=9999;i++)     {
      bf=false;
      c1=s1[i].toCharArray() ;   //將字串轉為字元陣列
      for (j=0;j<=2;j++)    {
        for (k=j+1;k<=3;k++)            {
          if (c1[j]==c1[k]){   //字元若有相同，
                               //則略過此字串
          bf=true;
          break;
              }
          }
          if (bf==true)  //字元若有相同，則略過此字串
              break;
        }
        if (bf==true)  //字元若有相同，則略過此字串
          continue;

        //此字串內的字元均相異，蒐集此字串
        s2[l]=String.valueOf(c1);   //將字元陣列，轉為字串
        l++; //l 為字串陣列長度
    }
    l--;    //最後一個未填入字串，應扣回來
    for (i=0;i<=l;i++)
        s1[i]=s2[i];
    System.out.println("電腦猜值: " +s1[0]);
    //s1 陣列第0個即為猜測數字
}

//電腦猜值
static boolean gass() throws IOException    {
    InputStreamReader in=new InputStreamReader(System.in);
    BufferedReader buf=new BufferedReader(in);
```

```
int a,b,i,j,k,m;
int a1,b1;  //使用者所猜測的 A B 數目
char d1[]=new char[4];
char c1[]=new char[4];
char x;
String str;
boolean che=false;

d1=s1[0].toCharArray();
//s1 陣列第0個即為猜測數字

System.out.print("請輸入比對結果: ");
str=buf.readLine();
//x=str.charAT(0);
a1=Integer.parseInt(String.valueOf(str.charAt(0)));
//x=str.charAT(2);
b1=Integer.parseInt(String.valueOf(str.charAt(2)));
//使用者所猜測的 A B 數
if (a1==4)        {
  System.out.println("答對了");
  che=true;
  return che;
}

//將剩餘的可能數字與臆測的數字相比較，
//將相同A B 的數字收集起來。
//也就是不是與臆測數字相同A B 者，均去掉。
m=0;
for(k=1;k<=l;k++)        {
  c1=s1[k].toCharArray() ; //將字串轉為字元陣列
  a=0;
  b=0;
  for (i=0;i<=3;i++)          {
    for (j=0;j<=3;j++)          {
    if (d1[i]==c1[j])
         b++;
```

```
            }
            if (d1[i]==c1[i])
               a++;
         }
         b=b-a;

         //將相同A B 的數字收集起來。
         if (a==a1 & b==b1)  {
            s2[m]=String.valueOf(c1);
            m++;
         }
      }
      if (m==0)        {
         System.out.println("您中途輸入錯誤,導致無解");
         che=true;
         return che;
      }
      m--;
      l=m;
      for (i=0;i<=l;i++)
         s1[i]=s2[i];
      System.out.println("電腦猜值: " +s1[0]);
      return che;
   }
   //主程式
   public static void main(String args[]) throws IOException   {
      boolean che;
      first();
      do
         che=gass();
      while(che==false);
   }
}
```

StringTokenizer 類別

若您希望撰寫英文翻譯軟體，則 StringTokenizer 是一個好幫手，因為它可協助我們將一個句子分解成若干個字（Word）。例如，This is a book.，可分解成 4 個字，分別是 This、is、a 及 book.。請看以下說明：

建構子

StringTokenizer 共有 3 個建構子，本書僅介紹最常用的如下：

- **StringTokenizer(String str)**

使用 str 字串建構此類別。例如，以下敘述可建構一個 a 物件。此物件將要解析 "This is a book."。

```
String s =”This is a book”
StringTokenizer a=new StringTokenizer (s);
```

方法

StringTokenizer 的常用方法如下：

- **int countTokens()**

傳回可解析的字數。例如，

```
System.out.println(a.countTokens( )); //a物件同上
```

的結果是 4。

- **String nextToken()**

傳回下一個待解析的字。例如

```
System.out.println(a.nextToken( ));     //a物件同上
```

的結果是 This。

- **boolean hasMoreTokens()**

是否還有待解析的字。例如，

```
System.out.println(a.hasMoreTokens( ));
```

的結果是 true。其次，以上兩個方法的綜合應用，即可完成一個句子的解析。例如，

```
String s =”This is a book”
StringTokenizer a=new StringTokenizer (s);
while (a.hasMoreTokens( )){
    System.out.println(a.nextToken( ));
}
```

的結果是

```
This
is
a
book.
```

➔ 範例 10-2f

示範 StringTokenizer。請讀者自行開啟檔案 e10-2f，並瀏覽程式與觀察結果。

型別轉換方法

物件導向的程式設計，每一種資料型別都是一種類別，例如處理數值的型別有 byte、short、int、long、floot 及 double，處理字元的 char 型別，處理字串的 String 型別，這些型別都有自己的類別，如 Byte、Short、Integer、Long、Floot、Double、Character 及 String 等類別，這些類別位於 java.lang 套件。它們每一個類別都有很多方法，而且很多方法具有共通性，其中有一個 toString 方法，可以將以上類別轉為字串。例如以下式子可將 int 與 double 的型別轉為字串型別。

```
int a=8;
String b=Integer.toString(a);
double c=3.4;
String d=Double.toString(c);
System.out.println(b+d);   //83.4字串相加
```

而以上類別以 Parse 開頭的方法可將 String 型別轉為指定的型別。例如，

```
String a="12345";
int b=Integer.parseInt(a);
b=b+1;
System.out.println(b);   //12346數值相加
```

String 類別

String 類別的 valueOf() 亦可完成型別轉換，請自行探索。例如，

```
int a=8;
String b=String.valueOf(a);
```

可將 int 型別轉為 String 型別。

自我練習

1. 試設計一程式將一字串反轉，例如輸入 BASIC，輸出為 CISAB，但不可使用 reverse 方法。

2. 試設計一程式將輸入的句子反轉，例如輸入 This is a book，輸出為 book a is This。

3. 試設計一程式，統計輸入字串中各字母出現次數。

   例如輸入 book

   則輸出

   b → 1，k → 1，o → 2

10-3 陣列處理

本書已於第 7 章介紹**陣列**的用法，關於陣列的使用，Java 另有 java.util.Arrays 類別，此類別提供一些填滿、判斷是否相等、排序及搜尋等類別方法，本單元即要介紹這些方法。

填滿

填滿陣列的語法如下：

fill(boolean[] a, boolean val)	Assigns the specified boolean value to each element of the specified array of booleans.
fill(boolean[] a, int fromIndex, int toIndex, boolean val)	Assigns the specified boolean value to each element of the specified range of the specified array of booleans.
fill(byte[] a, byte val)	Assigns the specified byte value to each element of the specified array of bytes.
fill(byte[] a, int fromIndex, int toIndex, byte val)	Assigns the specified byte value to each element of the specified range of the specified array of bytes.
fill(char[] a, char val)	Assigns the specified char value to each element of the specified array of chars.

例如，

```
int a[ ] =new int[5]
Arrays.fill(a,3)
```

則 a 陣列的 5 個元素將全為 3。其次，fromIndex 代表起始索引且包含此索引；toIndex 為結束的索引，但不包含此索引。例如，以下敘述表示將索引 1 與索引 2 填入 8。

```
Arrays.fill(a,1,3,8,);        //a物件同上
```

則 a 陣列的 5 個元素將為 3,8,8,3,3。

判斷陣列是否相等

判斷兩個陣列是否相等，其語法如下：

equals(boolean[] a, boolean[] a2)	Returns true if the two specified arrays of booleans are *equal* to one another.
equals(boolean[] a, int aFromIndex, int aToIndex, boolean[] b, int bFromIndex, int bToIndex)	Returns true if the two specified arrays of booleans, over the specified ranges, are *equal* to one another.
equals(byte[] a, byte[] a2)	Returns true if the two specified arrays of bytes are *equal* to one another.
equals(byte[] a, int aFromIndex, int aToIndex, byte[] b, int bFromIndex, int bToIndex)	Returns true if the two specified arrays of bytes, over the specified ranges, are *equal* to one another.
equals(char[] a, char[] a2)	Returns true if the two specified arrays of chars are *equal* to one another.

當 a 與 a2 陣列的索引個數及相對的索引值完全相同時，傳回 true。例如，

```
int[]b={3,8,2,5,1};
int[]c={3,8,2,5,1};
System.out.println(Array.equals(b,c));
```

結果是 true。

排序

陣列的排序是採用由小而大的遞增方式，其語法如下：

sort(byte[] a)	Sorts the specified array into ascending numerical order.
sort(byte[] a, int fromIndex, int toIndex)	Sorts the specified range of the array into ascending order.
sort(char[] a)	Sorts the specified array into ascending numerical order.
sort(char[] a, int fromIndex, int toIndex)	Sorts the specified range of the array into ascending order.
sort(double[] a)	Sorts the specified array into ascending numerical order.
sort(double[] a, int fromIndex, int toIndex)	Sorts the specified range of the array into ascending order.

例如，

```
int[] d={8,2,1,3,4};
Arrays.sort(d);
for(int i=0;i<d.length;i++)
    System.out.print(d[i]);
```

的結果是 12348。其次，fromIndex 是排序的起始索引且包含此索引；toIndex 是排序的結束索引，且不包含此索引值。例如，

```
int[] e={8,2,1,3,4};
Arrays.sort(e,1,3);
for(int i=0;i<e.length;i++)
    System.out.print(e[I]);
```

的結果是 81234，僅索引 1 與 2 參與排序。

搜尋

搜尋的語法如下：使用二分搜尋法搜尋所給的鍵值，並傳回此鍵值所在的索引。其次，欲搜尋的陣列必須是由小而大的已排序陣列，否則傳回值均無法事先預估。

binarySearch(byte[] a, byte key)	Searches the specified array of bytes for the specified value using the binary search algorithm.
binarySearch(byte[] a, int fromIndex, int toIndex, byte key)	Searches a range of the specified array of bytes for the specified value using the binary search algorithm.
binarySearch(char[] a, char key)	Searches the specified array of chars for the specified value using the binary search algorithm.
binarySearch(char[] a, int fromIndex, int toIndex, char key)	Searches a range of the specified array of chars for the specified value using the binary search algorithm.
binarySearch(double[] a, double key)	Searches the specified array of doubles for the specified value using the binary search algorithm.

例如，

```
int[] f={10,20,30,40,50};   //f 只能由小而大排列
System.out.println(Arrays.binarySearch(f,40));
```

f 陣列只能由小而大排列，結果是 3。其次，若是欲搜尋的鍵值不在陣列，則傳回一個負值。例如，

```
System.out.println(array.binarySearch(f,80));
```

則其結果是一個負值。又例如，f 陣列若未由小而大排序，也是傳回負值。

```
int[] f={10,50,30,20,40};   //f 只能由小而大排列
System.out.println(Arrays.binarySearch(f,40));
```

既然是二分搜尋法，那如果有多個相同值，那也無法預期傳回哪一個，例如，以下兩個陣列的傳回值就不同了。

```
int[] f={10,20,30,40,40,50};
System.out.println(Arrays.binarySearch(f,40));
int[] f={10,20,30,40,40,40,50};
System.out.println(Arrays.binarySearch(f,40));
```

➔ 範例 10-3a

示範以上方法。請自行開啟所附檔案。

10-4 時間處理

JDK 舊版是使用 Date 類別處理時間，它允許將一個時間轉為年 (getYear())、月 (getMonth())、日、時、分、秒等欄位，但這種方式卻不利於程式國際化，所以很多方法已經被取消。JDK 新版即推出 Calendar(java.util.Calendar) 及 GregorianCalendar(java.util. GregorianCalendar)，用來取代 Date 類別。

Calendar

Calendar 的建構子如下：

Constructors

Modifier	Constructor
protected	Calendar()
protected	Calendar(TimeZone zone, Locale aLocale)

但因 Calendar 是一個抽象類別，所以我們無法使用這些建構子建立物件實體，而是使用以下敘述取得一個物件實體。

```
Calendar c=Calendar.getInstance( );
```

下圖 Calendar 的部分方法。

All Methods | Static Methods | Instance Methods | Abstract Methods | Concrete Methods

Modifier and Type	Method	Description
abstract void	**add**(int field, int amount)	Adds or subtracts the specified amount of time to the given calendar field, based on the calendar's rules.
boolean	**after**(**Object** when)	Returns whether this Calendar represents a time after the time represented by the specified Object.
boolean	**before**(**Object** when)	Returns whether this Calendar represents a time before the time represented by the specified Object.
void	**clear**()	Sets all the calendar field values and the time value (millisecond offset from the **Epoch**) of this Calendar undefined.
void	**clear**(int field)	Sets the given calendar field value and the time value (millisecond offset from the **Epoch**) of this Calendar undefined.

toString()

toString() 方法可得其全部資料，例如，

```
System.out.println(c.toString());//很長，請自己執行
```

getTime()

getTime() 可得日期與時間資料，例如，

```
System.out.println(c.getTime());//Sun Feb 18 17:14:37 CST 2018
```

get()

get(int Field) 方法可取得相關的欄位。以下就是一些常用的欄位常數，這些常數是類別（static）常數，且僅能用於 get 與 set 方法中。

欄位常數	說明
static int YEAR	取得或設定年份
static int MONTH	取得或設定月份
static int DATE	取得或設定日期
static int HOUR	取得或設定時（採用 12 時制）
static int HOUR_OF_DAY	取得或設定時（採用 24 時制）
static int MINUTE	取得或設定分
static int SECOND	取得或設定秒
static int AM_PM	取得或設上下午
static int DAY_OF_YEAR	取得或設定目前是一年的第幾天
static int WEEK_OF_YEAR	取得或設定目前是一年裏的第幾個星期
static int AM	上午
static int PM	下午
static int MONDAY	星期一
static int TUESDAY	星期二
static int WEDNESDAY	星期三
static int THURSDAY	星期四
static int FRIDAY	星期五
static int SATURDAY	星期六
static int SUNDAY	星期日
static int JANUARY	一月
static int FEBRUARY	二月
static int MARCH	三月
static int APRIL	四月
static int MAY	五月
static int JUNE	六月
static int JULY	七月
static int AUGUST	八月
static int SEPTEMBER	九月
static int OCTOBER	十月
static int NOVERBER	十一月
static int DECEMBER	十二月

例如，

```
Calendar c=Calendar.getInstance( );//取得物件實體
c.get(Calendar.YEAR);//2018
```

可取得年。又例如，

```
c.get(Calendar.MONTH);
```

可取得月（一月是 0，二月是 1），請看以下範例的輸出結果。

➔ 範例 10-4a

請鍵入以下程式，並觀察執行結果。

```
import java.util.Calendar;
public class e10 _ 4a {
    public static void main(String[] args) {
        Calendar c=Calendar.getInstance();
        System.out.println(c.toString());//很長
        System.out.println(c.getTime());//Sun Feb 18 17:14:37 CST 2018
        System.out.println(c.get(Calendar.YEAR));//2018
        System.out.println(c.get(Calendar.MONTH));// 1(一月是0，二月是1)
        System.out.println(c.get(Calendar.DATE));//18
        System.out.println(c.get(Calendar.DAY _ OF _ WEEK));//星期日是1，
          星期一是2
        System.out.println(c.get(Calendar.HOUR _ OF _ DAY));//24時制
        System.out.println(c.get(Calendar.HOUR));//12時制
        System.out.println(c.get(Calendar.MINUTE));
        System.out.println(c.get(Calendar.SECOND));
    }
}
```

set()

設定日期與時間，常用的多載如下：

```
void set ( int field, int value)
void set ( int year, int month, int date)
void set ( int year, int month , int date , int hour, int minute)
void set ( int year, int month , int date , int hour, int minute,
   int second)
```

void set (int field, int value)

設定指定欄位的資料。例如，以下敘述可將 c 物件的月份設為五月。

```
c.set (Calendar.MONTH, Calendar.MAY);    //c 物件同上
c.set (Calendar.MONTH,4); //一月是 0，五月是 4
```

以下是設定年、月、日、時、分及秒的方法多載。

```
void set ( int year, int month, int date)
void set ( int year, int month , int date , int hour, int minute)
void set ( int year, int month , int date , int hour, int minute,
   int second)
```

例如，以下敘述可設定 c 物件的內容是 2019 年 4 月 20 日。

```
c.set(2019, 4,20);//一月是0，五月是4
```

➔ 範例 10-4b

請鍵入以下程式，並觀察執行結果。

```
import java.util.Calendar;
public class e10_4b {
   public static void main(String[] args) {
      Calendar c=Calendar.getInstance();
      c.set(Calendar.YEAR, 2019);
```

```
        c.set(Calendar.MONTH, Calendar.MAY);
        c.set(Calendar.DATE, 20);
        System.out.println(c.getTime());//Mon May 20 17:47:57 CST 2019
        c.set(2019, 4,20);//一月是0，五月是4
        System.out.println(c.getTime());//Mon May 20 17:47:57 CST 2019
    }
}
```

abstract void add (int field, int amount)

將指定欄位加上指定的大小。例如，以下敘述可得 15 天後的日期。

```
Calendar c=Calendar.getInstance();
c.set(2019, 4,20);//一月是0，五月是4,2019/5/20
c.add(Calendar.DATE,15);
System.out.println(c.getTime());//Tue Jun 04 20:30:20 CST 2019
```

以下敘述則可得 3 個月又兩天前的日期。

```
c.add(Calendar.DATE,-2);
c.add(Calendar.MONTH,-3);
```

abstract void roll (int field, boolean up)

將指定欄位加 1 或減 1。up 為 true 時加 1，up 為 false 時減 1。其次，本方法並不產生進位或借位。例如，

```
c.set(2002,Calendar.FEBRUARY,28);
c.roll(Calendar.DATE,true);
```

則可得 c 的內容是 2002 年 2 月 1 日，其中『月』並未加 1。又例如，

```
c.set(2002,2,28,23,0,0);
c.roll(Calendar.HOUR_OF_DAY,true);
```

可得 c 的內容是 2002 年 2 月 28 日 00:00:00，其中『日』並未加 1。

void roll (int field, int amount)

將指定的欄位加上某一指定的大小，唯本方法並不產生進位或借位。例如，

```
c.set(2002,Calendar.JANUARY,1);
c.roll(Calendar.DATE,-2);
```

則 c 的內容是 2002/1/30。

boolean after (Object when)

比較時間前後。若參數較小則傳回 true。例如，

```
c.set(2018,Calendar.JANUARY,2);
d.set(2018,Calendar.JANUARY,1);
System.out.println(c.after(d));
```

結果為 true。

boolean before (Object when)

比較時間的前後，若參數較大則傳回 true。例如，

```
System.out.println(d.before( c ));
```

c 與 d 物件的內容同上，結果為 true。

日期的差

Java 並沒有兩個日期差的運算子，為了計算兩個日期的差，可使用 getTimeInMillis() 方法，得到兩個時間的差，單位是 ms。

```
c.set(2018,1,28,10,10,0);
d.set(2018,1,28,11,20,0);
long e=(d.getTimeInMillis()-c.getTimeInMillis())/60000;
System.out.println(e+"分鐘");//70分鐘
c.set(2018,1,28);
```

```
d.set(2018,2,3);
int f=(int)(d.getTimeInMillis()-c.getTimeInMillis())/(24*60*60*1000);
System.out.println(f+"日");//3日
```

➔ 範例 10-4c

示範以上方法。請自行開啟檔案 e12-1a，並觀察執行結果。

GregorianCalendar

GregorianCalendar 類別是 Calendar 的衍生類別，此類別主要是加強建構子及新增若干方法。以下範例以 GregorianCalendar 重做範例 10_4b。

➔ 範例 10-4d

以 GregorianCalendar 重做範例 10_4b。

程式列印

```
import java.util.*;
import java.text.*;
public class e10_4d {
   public static void main(String[] args) {
      GregorianCalendar c=new GregorianCalendar();
      c.set(Calendar.YEAR, 2019);
      c.set(Calendar.MONTH, Calendar.MAY);
      c.set(Calendar.DATE, 20);
      System.out.println(c.getTime());//Mon May 20 17:47:57 CST 2019
      c.set(2019, 4,20);//一月是0，五月是4
      System.out.println(c.getTime());//Mon May 20 17:47:57 CST 2019
   }
}
```

字串轉時間

有時候程式設計者面對時間格式是字串，此時就要將此字串轉為時間格式，Java 提供兩個字串轉時間的類別，分別是 DateFormat 及其衍生類別 SimpleDateFormat，同樣 DateFormat 是抽象類別，需使用 getDateInstance() 取其類別實體。以下範例分別使用以上類別，將字串轉為 Date 型別，再設定此時間。

➔ 範例 10-4d

示範將字串轉為時間。

程式列印

```
import java.util.*;
import java.text.*;
public class e10 _ 4e {
   public static void main(String[] args) {
      Calendar c=Calendar.getInstance();//
      Date d1=new Date();
      Date d2=new Date();
      DateFormat df = DateFormat.getDateInstance();//抽象類別
      SimpleDateFormat sd=new SimpleDateFormat();
      try{
          d1=df.parse("2018/02/19") ;
          d2=sd.parse("2018/02/19") ;
      }
      catch(ParseException ex) {
      }
      c.setTime(d1);
        System.out.println(c.getTime());//Mon Feb 19 00:00:00 CST 2018
        c.setTime(d2);
        System.out.println(c.getTime());//Mon Feb 19 00:00:00 CST 2018
   }
}
```

以上範例我們成功的將 "2018/02/19" 轉為 Java 可處理的時間格式，但若您遇到的時間格式無法在 DateFormat 或 SimpleDateFormat 找到適當的方法轉換，那就是要靠自己使用字串的 subString 方法，取出所要的日期或時間。

自我練習

1. 請寫一程式，可以輸入兩個時間而計算其時間間隔。例如 2/22.3:40 至 2/22.5:15，其時間間隔是 1:25。

2. 同上題，請寫一程式，可以管理停車場的計費程式。（假設每 60 分鐘 30 元，不足 60 分鐘均以 60 分計算）

3. 請寫一程式，可以輸入兩個日期而計算其所經過的天數。例如，2018/2/28 至 2018/3/5，其日期的間隔是 5 日。

4. 活儲利息計算。

   假設銀行活儲利息計算為每日存款餘額乘以日利率的累加，日利率以年利率除以 365。請寫一程式，可以協助銀行的活儲利息計算，年利率 1%。例如，張三的活儲餘額如下：

日期	帳戶餘額
2018/5/20	10000
2018/5/30	20000
2018/6/15	5000

   則其 6/20 的利息計算如下：（帳戶餘額 * 存放天數 * 日利率）

   10000×10 天 × 日利率

   + 20000×16 天 × 日利率

   + 50000×5 天 × 日利率

5. 判斷逾期與否。請寫一程式，可以輸入一個日期，並與系統今天的日期判斷，判斷是否逾期，若未逾期，還輸出還有幾天。

6. 請以今天為基準，可以輸入工作天數（星期一到五才是工作日），並可輸出到期的日期。例如，今天是 2018 年 2 月 22，若給十個工作天，那就是 3 月 9 日驗收。

10-5 資料結構

Java 提供 ArrayList、Arraydeque、Stack 等類別，這些類別可協助使者撰寫資料結構等程式。

ArrayList 類別

前面的陣列結構，其可儲存的資料僅限相同型別，且陣列的大小一經設定，就無法改變。ArrayList 類別卻可儲存不同類型的資料，且其儲存容量也不用事先規定，當您不斷增加資料，串列的大小將會陸續增加。例如，以下程式即可儲存不同型別的資料。

```
import java.util.*;
public class e10_5a {
   public static void main(String[] args) {
      ArrayList a=new ArrayList();
      a.add(3);
      a.add("Mary");
      a.add(3.14);
      System.out.println(a);//[3, Mary, 3.14]
   }
}
```

以下介紹一些 ArrayList 類別常用方法。

add (E e)

加一元素於此串列的尾端。例如，

```
ArrayList a=new ArrayList();
a.add(3);
a.add("Mary");
a.add(3.14);
System.out.println(a);//[3, Mary, 3.14]
```

add (int index, E element)

加一元素於此串列的指定索引，且其位置以後元素後退一個（索引從 0 開始）。例如，

```
System.out.println(a);//[3, Mary, 3.14]
a.add(1,5);
System.out.println(a);//[3, 5, Mary, 3.14]
```

contains (Object o)

檢查元素是否存在。例如，以下程式可檢查串列是否包含 5。

```
System.out.println(a);//[3, 5, Mary, 3.14]
System.out.println(a.contains(5));//true
```

indexOf (Object o)

取得元素的索引值。例如，

```
System.out.println(a.indexOf(5));//1
```

get (int index)

取得指定索引的元素。例如，

```
Object e=a.get(1);
System.out.println(e);//5
```

size ()

傳回串列長度。例如，

```
System.out.println(a.size());//4
```

remove (int index)

去掉指定索引元素。例如，

```
System.out.println(a);//[3, 5, Mary, 3.14]
a.remove(1);
System.out.println(a);//[3, Mary, 3.14]
```

remove (Object o)

去掉指定元素。例如，

```
a.remove("Mary");
System.out.println(a);//[3, 3.14]
```

➔ 範例 10-5a

示範以上方法。(請自行開啟檔案。)

Stack 類別

Stack 繼承 Vector 類別（Vector 類別與 ArrayList 相近，官方鼓勵大家使用較新的 ArrayList，所以本書直接介紹 ArrayList），如下圖。

```
java.lang.Object
    java.util.AbstractCollection<E>
        java.util.AbstractList<E>
            java.util.Vector<E>
                java.util.Stack<E>
```

所以 Vector 類別的所有方法（與前面 ArrayList 相近）皆可使用，但其重點是以下堆疊的方法 Push、Peek、Pop，請看以下範例。

Modifier and Type	Method	Description
boolean	empty()	Tests if this stack is empty.
E	peek()	Looks at the object at the top of this stack without removing it from the stack.
E	pop()	Removes the object at the top of this stack and returns that object as the value of this function.
E	push(E item)	Pushes an item onto the top of this stack.
int	search (Object o)	Returns the 1-based position where an object is on this stack.

➔ 範例 10-5b

示範 Stack 類別。

程式列印

```
import java.util.*;
public class e10 _ 5b {
   public static void main(String[] args) {
      Stack a=new Stack();
      a.push(3);
      a.push("A");
      a.push(3.4);
      System.out.println(a);//[3, A, 3.4] 3是底端 3.4是頂端
      System.out.println(a.peek());//3.4  檢索，未取出
      System.out.println(a);//3.4
      System.out.println(a.pop());//3.4  取出
      System.out.println(a);//[3, A]
      System.out.println(a.push(1));
      System.out.println(a);//[3, A, 1]
      System.out.println(a.pop());//1  1是頂端
      System.out.println(a);//[3, A]
   }
}
```

ArrayDeque 類別

ArrayDeque 是雙向佇列，但也可當作單向佇列，也可單作單向堆疊（Stack 類別的 push、pop 功能都有）。ArrayDeque 類別的方法，使用手冊已經非常詳盡，此處不再贅述，請讀者自己翻閱，請配合以下範例理解。

➔ 範例 10-5c

示範 ArrayDeque 方法。

程式列印

```
import java.util.ArrayDeque;
public class e10_5c {
   public static void main(String[] args) {
      ArrayDeque a=new ArrayDeque();
      a.add(3);
      a.add("A");
      a.add(3.4);
      System.out.println(a);//[3, A, 3.4],左邊是front,右邊back
      System.out.println(a.getFirst());//3  檢索,未取出
      System.out.println(a.peekFirst());//3  檢索,未取出
      System.out.println(a.peek());//3    檢索,未取出
      System.out.println(a.removeFirst());//3   取出
      System.out.println(a);//[A, 3.4]
      System.out.println(a.remove("A"));//true   A取出
      System.out.println(a);//[3.4]
      a.addFirst(2);
      System.out.println(a);//[2, 3.4]
      System.out.println(a.remove());//2
      //Retrieves and removes the head of the queue represented by
        this deque.
      System.out.println(a);//[3.4]
      a.add(1);
      a.add(3);
      System.out.println(a);//[3.4, 1, 3]
      a.addLast(4);
```

```
        System.out.println(a);//[3.4, 1, 3, 4]
    }
}
```

➔ 範例 10-5d

棒球計分程式。請寫一程式，可以協助棒球計分。本例假設輸入僅有如下：

輸入	說明
1	一壘安打，壘包各往前推進一個
2	二壘安打，壘包各往前推進兩個
3	三壘安打，壘包各往前推進三個
h	全壘打，壘包清空統通回來得分
4	四壞球保送，壘包各往前推進一個
o	三振
k	刺殺，壘包沒有變動
s	犧牲打，跑者往前推進一個

輸出結果

```
Input a char:1
0[0, 0, 1]0
Input a char:h
2[0, 0, 0]0
Input a char:
```

程式列印

```
import java.util.*;
import java.io.*;
public class e10 _ 5d {
    public static void main(String[] args) throws IOException{
        ArrayDeque a=new ArrayDeque();
        int i=0;
        char b;
```

```
        int d=0;
        //初始化壘包
        a.add(0);
        a.add(0);
        a.add(0);
      do {
         //char c;
         //System.out.print("Please Press any char: ");
           //b=System.in.read();
           String str;
           InputStreamReader in=new InputStreamReader(System.in);
           BufferedReader buf=new BufferedReader(in);
           System.out.print("Input a char:");
           str=buf.readLine();
           b=str.charAt(0);
         switch (b) {
           case '1':
           case '4'://四壞
             a.add(1);
             d=d+(int)a.removeFirst();
             break;
           case '2':
             a.add(1);
             d=d+(int)a.removeFirst();
             a.add(0);
             d=d+(int)a.removeFirst();
             break;
           case '3':
             a.add(1);
             d=d+(int)a.removeFirst();
             a.add(0);
             d=d+(int)a.removeFirst();
             a.add(0);
             d=d+(int)a.removeFirst();
             break;
           case 'h':
             a.add(1);
```

```
            d=d+(int)a.removeFirst();
            a.add(0);
            d=d+(int)a.removeFirst();
            a.add(0);
            d=d+(int)a.removeFirst();
            a.add(0);
            d=d+(int)a.removeFirst();
            break;
          case 'o'://出局
          case 'k':
            i++;
            break;
          case 's'://犧牲打
            a.add(0);
            d=d+(int)a.removeFirst();
            i++;
            break;
        }
        System.out.print(d);
        System.out.print(a);
        System.out.println(i);
      }while (i<=2);
    }
  }
```

自我練習

1. 同上範例，但增加以下輸入。

輸入	說明
5	一壘跑者出局
6	二壘跑者出局
7	三壘跑者出局

2. 請以 Stack 重做範例 8_6b 的老鼠走迷宮。

習題

本章補充習題請見本書下載檔案。

CHAPTER

11

例外處理

JAVA

一支程式經過編輯、編譯、執行無誤之後，是否就可交由客戶使用而能高枕無憂，答案當然是否定的，因為客戶的使用習慣不一，或輸入錯誤，或應輸入數值而輸入字串，或誤將除數設為零，或磁碟機已容量不足，或網路未連線等因素。若未考慮以上因素，將會造成當機，更嚴重的是，若未即時存檔而離開，將會造成使用者的損失。Java 語言的例外處理 (Eception Handling) 即是為克服此問題而設，而使得程式具有強健 (Robust) 的特性。

11-1 例外型別

當任何的執行錯誤發生時，Java 即產生一個例外（Exception），此例外是 java.lang.Throwable 類別或其衍生類別的物件實體。Throwable 類別是包含在 java.lang 這個套件，其衍生類別則散佈在不同的套件。例如，Error 類別處理圖形化使用者介面的例外，其所在套件是 java.awt；數值的運算例外則包含在 java.lang 套件。下圖是常見的例外類別。

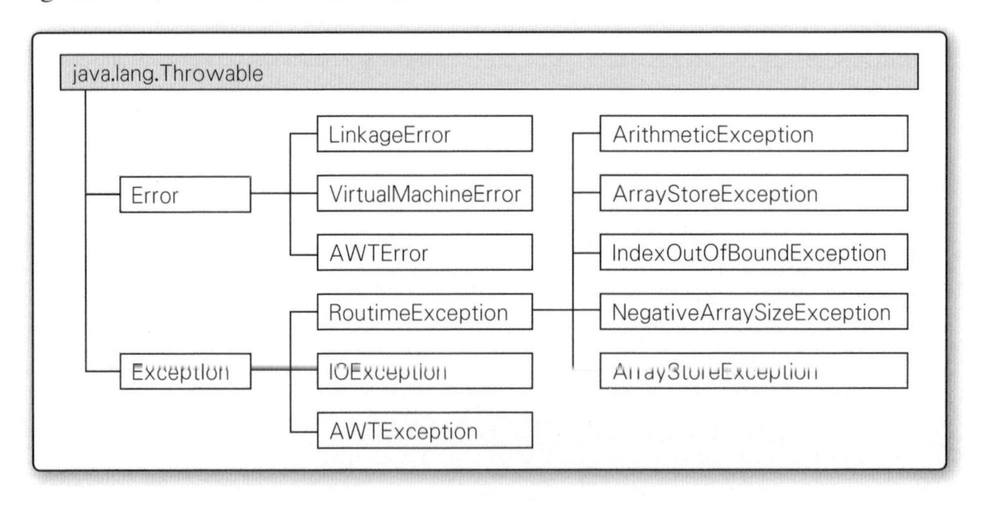

Error

Error 類別專門用來處理電腦系統內部的錯誤，其發生的機會很低。若此錯誤發生時，你並無任何補救的辦法，唯一能作的是通知使用者、並以儘量降低災害的方式離開。此類別的衍生類別有 LinkageError、VitualMachineError 及 AWTError。

LinkageError

當某一類別與另一類別互相關連，但是另一類別於編譯時，才發現與前一類別有些許的不相容，當此一錯誤發生時，Java 即產生 LinkageError 類別的物件實體。

VirtualMachineError

當 Java Virtual Machine 的系統資源耗盡時，Java 即產生 VirtualMachine Error 類別的物件實體。

AWTError

當圖形化使用者介面發生致命的錯誤時，Java 即產生 AWTError 類別的物件實體。

Exception

Exception 類別用來描述一些程式或外部環境所造成的錯誤，通常這些錯誤都可以被捕捉而給予適當的補救以避免當機。此類別的常用衍生類別有 RuntimeException、IOException 及 AWTException。

RuntimeException

RuntimeException 類別用來描述一些執行階段的錯誤，例如，錯誤的鑄型（Casting）、存取陣列時超出索引或數值運算的錯誤。此類別的常用衍生類別有 ClassCastException、IndexOutOfBoundsException、ArrayStoreException 及 ArithmeticException 等類別。

IOException

IOException 類別用來描述一些輸入與輸出的錯誤。例如，錯誤的輸入、讀檔時超過檔案的結束點或讀取一個不存在的檔案。此類別的常用衍生類別有 InterruptedIOException、EOFException 及 FileNotFoundException。

AWTException

AWTException 類別用來描述一些圖形處理的錯誤。

11-2 例外處理模式

Java 的例外處理模式，分別是**例外的申請**（Claiming Exception）、**例外的丟出**（Throwing Exception）及**例外的捕捉**（Catching Exception），說明如下：

例外的申請（Claiming Exception）

Java 的所有敘述並不單獨存在，它一定被包含在某一個方法（Method）。例如，應用程式一定由 main 方法或 main 方法內所呼叫的方法所組成；Applet 則一定由 init 方法或其它方法所組成。所以，例外處理的第一步是申請這個方法所能處理的例外，這個步驟即稱為例外的申請。例外的申請即是知會編譯器，某一方法可能遭遇某些錯誤。其次，因為任何地方都可能發生 Error 類別與 RuntimeException 類別的錯誤，所以這兩種類別的錯誤並不用事先申請。例外的申請，其語法如下：

```
public void myMethod( ) throw IOException
```

throws 保留字即告知編譯器於 myMethod 方法內有可能出現 IOException 類別的錯誤。其次，若同一方法內可能產生數個錯誤類別，則應於類別間加逗號（，），如下所示：

```
public vod myMethod throws Exception 1[, Exception 2]…
```

例外的丟出（Throwing Exception）

當錯誤發生時，系統即會丟出錯誤類別的物件實體。例如，以下敘述

```
int a=6;
int b=0;
int c=a/b;
```

系統將會丟出 ArithmeticException 類別的物件實體，並離開此效述所在的方法（程式當掉）。又例如，以下敘述

```
int[ ] a=new int[4];
a[5]=3;
```

系統將會丟出 IndexOutOfBoundsException 類別的物件實體，並離開此敘述所在的方法。其次，有些錯誤並不易發生，但為了測試錯誤的捕捉是否完美，此時即可自己丟出一個錯誤實體。就好像消防演練一樣，指揮官下達三樓起火，此時消防組即灌水、醫療組即搶救生還者。以下敘述為丟出一個 ArithmeticException 類別的物件實體。

```
throw new ArithmeticException( );
```

以上敘述與下面敘述等效。

```
ArithmeticException ex=new ArithmeticException( );
throw ex ;
```

➔ 範例 11-2a

示範以上四個程式片段。請自行開啟檔案 e11-2a，並執行觀察執行結果。

例外的捕捉（Catching Exception）

當錯誤發生時，Java 的執行系統即開始尋找可解決此錯誤的程式碼，此段程式碼即稱為例外的捕捉。例外的捕捉的語法如下：

```
try
   {
      Statement ;
   }
```

```
    catch(Exception 1 ex)
  {
    Statement 1;
  }
    catch(Exception 2 ex)
  {
    Statement 2;
  }
  …
    catch(Exception n ex)
  {
    Statement n;
  }
```

首先，應將可能產生錯誤的程式區塊以 try 保留字圍住。其次，再依序使用若干個 catch 捕捉此例外實體。最後，不管捕捉到的實體為何，均可使用錯誤之祖先類別 Throwable 的實例方法，以瞭解實際的錯誤原因。Throwable 類別的常用方法如下：

String getMessage()

傳回詳細的錯誤訊息。

String toString()

傳回錯誤訊息的簡訊。（註：getMessage 是詳細訊息，toString 則是簡訊。）

String getLocalizedMessage()

傳回本土化的錯誤訊息。Throwabel 的衍生類別可改寫此方法而得到一個本土化的錯誤訊息（例如將錯誤訊息以台語表示，讓阿公阿媽也能茅塞頓開）。若其衍生類別未改寫此方法，則其結果同 getMessage。

void printStackTrace()

於主控台印出錯誤的訊息。

➔ 範例 11-2b

示範例外的捕捉

程式列印

```
public class e11_2b {
    public static void main(String args[])    {
        try
        {
            //1 ArithmeticException
            int a=6;
            int b=0;
            System.out.println(a/b);
        }
        catch(ArithmeticException ex)
        //catch(RuntimeException ex)
        //catch(Exception ex)
        //catch(Throwable ex)
        {
            System.out.println("1: "+ex.getMessage());
            System.out.println("2: "+ex.toString());
            System.out.println("3: "+ex.getLocalizedMessage());
            System.out.println("4: ");
            ex.printStackTrace();
        }
    }
}
```

輸出結果

```
1: / by zero
2: java.lang.ArithmeticException: / by zero
3: / by zero
4:
java.lang.ArithmeticException: / by zero
  at e11_2b.main(e11_2b.java:10)
```

程式說明

本例的錯誤為 ArithmeticException 類別的物件實體，其父代類別均可捕捉此錯誤。所以，本例若以

```
catch ( RuntimeException ex) 或
catch ( Exception ex) 或
catch ( Throwable ex)
```

均可捕捉例外。

➔ 範例 11-2c

示範從小而大，層層捕捉錯誤來源。

程式列印

```
public class e11_2c {
   public static void main(String args[])   {
      try
      {
         //1 ArithmeticException
         int a=6;
         int b=0;
         System.out.println(a/b);
         //2 IndexOutOfBoundsException
         int[ ] c=new int[4];
         c[5]=3;
      }
      catch(ArithmeticException ex)
      {
         System.out.println("1: "+ex.getMessage());
         System.out.println("2: "+ex.toString());
         System.out.println("3: "+ex.getLocalizedMessage());
         System.out.println("4: ");
         ex.printStackTrace();
      }
```

```
        catch(IndexOutOfBoundsException ex)
        {
            System.out.println("1: "+ex.getMessage());
            System.out.println("2: "+ex.toString());
            System.out.println("3: "+ex.getLocalizedMessage());
            System.out.println("4: ");
            ex.printStackTrace();
        }
        catch(RuntimeException ex)
        {
            System.out.println("1: "+ex.getMessage());
            System.out.println("2: "+ex.toString());
            System.out.println("3: "+ex.getLocalizedMessage());
            System.out.println("4: ");
            ex.printStackTrace();
        }
        catch(Exception ex)
        {
            System.out.println("1: "+ex.getMessage());
            System.out.println("2: "+ex.toString());
            System.out.println("3: "+ex.getLocalizedMessage());
            System.out.println("4: ");
            ex.printStackTrace();
        }
        catch(Throwable ex)
        {
            System.out.println("1: "+ex.getMessage());
            System.out.println("2: "+ex.toString());
            System.out.println("3: "+ex.getLocalizedMessage());
            System.out.println("4: ");
            ex.printStackTrace();
        }
    }
}
```

輸出結果

```
1: / by zero
2: java.lang.ArithmeticException: / by zero
3: / by zero
4:
java.lang.ArithmeticException: / by zero
  at e11_2c.main(e11_2c.java:9)
```

程式說明

因為父代類別可涵蓋子代類別的所有錯誤，所以不可將父代類別的捕捉放在子代類別的前面。例如，以下敘述將於編譯時產生錯誤。

```
catch(Exception ex)
{
   Statement;
}
catch(ArithmeticException ex)
{
   Statement;
}
```

finally

有時候，我們可能需要執行一段程式碼，此程式碼不論例外是否發生或例外是否被捕捉，均要執行，此時即可使用 finally 保留字。其語法如下：

```
try
{
   Statement 1;
}
catch(Exception1 ex)
{
   Statement 2;
}
```

```
finally
{
    Statement 3
}
```

Statement 4

以上語法的 Statement3，不論例外是否發生，也不論例外是否被捕捉，均一定執行。其次，考慮以下三種情況：

1. 若無例外發生，則 catch 未被執行。執行的順序是 Statement1 → Statement3 → Statement4。

2. 若有例外發生，且已被其中一個 catch 捕捉，則 Statement1 中未被執行的敘述將被忽略，且執行所對應的 catch 敘述，接著執行 Statement3 與 Statement4。

3. 若有例外發生，但未被 catch 捕捉，則 Statement1 中未被執行的敘述將被忽略，接著執行 Statement3 並離開此方法，且 Statement4 未被執行。(註：此方法若為 main 則是結束程式)。此種情況，請看以下範例說明。

➔ 範例 11-2d

示範以上 finally 的第三種情況。

1. 若無例外發生，則 catch 未被執行。執行的順序是 Statement1 → Statement3 → Statement4。

程式列印

```
public class e11_2d {
  public static void main(String args[])    {
     try
     {
        //1 ArithmeticException
```

```
            int a=6;
            int b=2;
            System.out.println("1."+a/b);
        }
        catch(ArithmeticException ex)
        {
            System.out.println("2: "+ex.getMessage());

        }
        finally
        {
            System.out.println("3.AA");
        }
        System.out.println("4.BB");
    }
}
```

執行結果

```
1.3
3.AA
4.BB
```

2. 若有例外發生，且已被其中一個 catch 捕捉，則 Statement1 中未被執行的敘述將被忽略，且執行所對應的 catch 敘述，接著執行 Statement3 與 Statement4。

```
public class e11_2d {
    public static void main(String args[])    {
        try
        {
            //1 ArithmeticException
            int a=6;
            int b=0;
            System.out.println("1."+a/b);
```

```
        }
        catch(ArithmeticException ex)
        {
            System.out.println("2: "+ex.getMessage());

        }
        finally
        {
            System.out.println("3.AA");
        }
        System.out.println("4.BB");
    }
}
```

執行結果

```
2: / by zero
3.AA
4.BB
```

3. 若有例外發生，但未被 catch 捕捉，則 Statement1 中未被執行的敘述將被忽略，接著執行 Statement3 並離開此方法，且 Statement4 未被執行。

```
public class e11_2d {
    public static void main(String args[])   {
        try
        {
            //1 ArithmeticException
            int a=6;
            int b=0;
            System.out.println("1."+a/b);
        }
        catch(IndexOutOfBoundsException  ex)
        {
            System.out.println("2: "+ex.getMessage());
```

```
        }
        finally
        {
            System.out.println("3.AA");
        }
        System.out.println("4.BB");
    }
}
```

執行結果

```
3.AA
Exception in thread "main" java.lang.ArithmeticException: / by zero
  at e11_2d.main(e11_2d.java:8)
```

12 CHAPTER

檔案

JAVA

所有程式語言都提供了資料輸出入的處理功能，諸如檔案的開啟、寫入及關閉等等。這一章將介紹如何針對不同形式的資料，使用 Java 程式語言實作資料的輸出入動作。

進入本章的主題之前，先介紹**串流**觀念。在 Java 的世界，任何資料都可以想像成抽象的資料流，就如同真實世界的水流，可以四處流動，這些資料不斷的在程式與檔案之間來回流動，形成所謂的串流。而資料流的流進流出，也就是我們所了解的資料輸出與輸入。例如，將一串文字輸出到文字檔，從網路讀取一個圖檔或從鍵盤輸入資料等，都稱為串流。

Java 提供了相當多的串流類別，將所有形式的資料以串流的觀念來處理，統一了各種不同形式資料的處理方式，這些類別都放在 java.io 套件，如下圖所示，這麼多的類別常令初學者頭昏眼花，而無從上手，所以本書乃定幾個主題，分別是 12-1 節的**檔案屬性**、12-2 節的**文字檔寫入**、12-3 節的**文字檔輸出**及 12-4 節的**隨機檔**。希望這些主題可以讓您快樂的快速管窺 Java 豐富的輸出入串流。

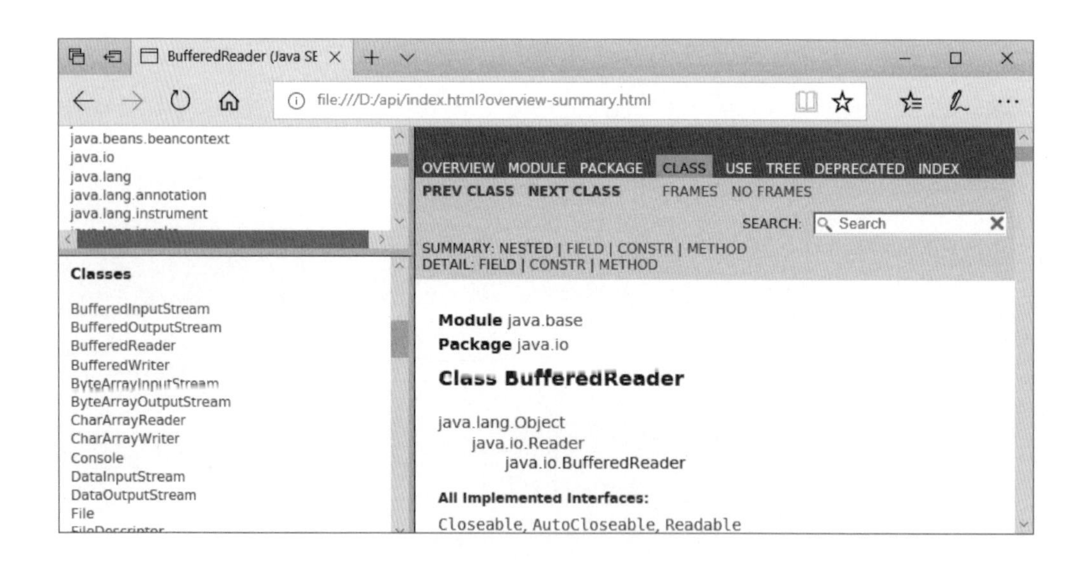

12-1 檔案屬性

File 類別

進入串流主題之前，先來介紹 java.io.File 類別，這個類別提供很多關於檔案屬性的方法。例如，檔案或資料夾是否存在、可讀取、可寫入、檔案長度等，若是資料夾，還可顯示此資料夾所含檔案。File 類別存在於 java.io 套件，所以使用前應先匯入此套件，如以下敘述。

```
import java.io.File;
```

或

```
import java.io.*;
```

建構子

File 類別建構子如下圖。

Constructor	Description
File(File parent, **String** child)	Creates a new File instance from a parent abstract pathname and a child pathname string.
File(String pathname)	Creates a new File instance by converting the given pathname string into an abstract pathname.
File(String parent, **String** child)	Creates a new File instance from a parent pathname string and a child pathname string.
File(URI uri)	Creates a new File instance by converting the given file: URI into an abstract pathname.

- File(String pathname)

此建構子需要傳遞一個型別為 String 的 pathname 變數，此 pathname 即為參照的檔案變數。例如，以下敘述可建立一個 filename 物件，此物件參照檔案 d:/jb/stream.txt。

```
File filename =new File("d:/jb/stream.txt");
```

以下敘述則參照一條路徑 d:/jb。

```
File pathname=new ("d:/jb");
```

其次，若不指定路徑，則預設其路徑為專案所在路徑。例如，

```
File filename =new File("test1.txt");
```

- **File(String parent,String child)**

此建構子需要檔案路徑 parent 與檔案名稱 child 兩個參數。例如，以下敘述建立一個 fullname 物件，此物件參照 d:/jb/stream.txt。

```
File fullname=new File("d","stream.txt");
```

- **File(File parent,String child)**

此建構子需要傳遞兩個參數，分別是 File 型別的路徑 (parent) 與 String 型別的檔案名稱 (child)。例如，以下敘述建立一個 f 物件，此物件參照檔案 d:/jb/stream.txt。

```
File pathname =new File("d:/jb");
File f =new File(pathname, "stream.tx");
```

➔ 範例 12-1a

示範以上建構子。請自行開啟檔案。

方法

File 類別的方法很多，幾乎檔案總管的功能都有，以下範例示範其常用方法。

➔ 範例 12-1b

示範檔案常用屬性。

程式列印

```
import java.io.*;
public class e12 _ 1b
{
    public static void main(String args[])
    {
        String a,b;
        a="d:/jb";
        b="stream.txt";
        System.out.println("檔案路徑: " +a);
        System.out.println("檔案名稱: " +b);
        File dir = new File(a) ;
        File fileName = new File(a,b) ;
        System.out.println("檔案是否存在: "+fileName.exists());
        System.out.println("檔案所在資料夾: "+fileName.getParent());
        System.out.println("是否為檔案:"+fileName.isFile());
        System.out.println("是否為資料夾:"+fileName.isDirectory());
        System.out.println("是否為資料夾:"+dir.isDirectory());
        System.out.println("可讀取:"+fileName.canRead()) ;
        System.out.println("可寫入:"+fileName.canWrite()) ;
        System.out.println("檔案大小"+fileName.length());
    }
}
```

輸出結果

```
檔案路徑: d:/jb
檔案名稱: stream.txt
檔案是否存在: true
檔案是否存在: d:\jb
是否為檔案:true
是否為資料夾:false
是否為資料夾:true
可讀取:true
可寫入:true
檔案大小140
```

➔ 範例 12-1c

示範使用 list() 列出指定資料夾的所有檔案。

程式列印

```
import java.io.File;
public class e12 _ 1c
{
   public static void main(String args[])
   {
      String a,b;
      a="d:/jb";
      System.out.println("檔案路徑: " +a);
      File dir = new File(a) ;
      String s[]=dir.list();
      for (int i=0;i<s.length ;i++) {
        File f=new File(a+"/"+s[i]);
        if (f.isDirectory())
          System.out.println(s[i]+" is a 資料夾");
        else
          System.out.println(s[i]+" is a File");
        }
   }
}
```

輸出結果

```
檔案路徑: d:/jb
ch02 is a 資料夾
ch03 is a 資料夾
ch04 is a 資料夾
stream.txt is a File
```

FilenameFilter 介面

若要過濾檔案，則要使用 FilenameFilter 介面，並實作其方法 accept 方法，請看以下範例。

➔ 範例 12-1d

示範使用 FilenameFilter 介面，過濾檔案。

程式列印

1. 使用類別實作 FilenameFilter 介面，本例為 aa 類別。

```
import java.io.File;
import java.io.FilenameFilter;
public class aa implements FilenameFilter {
   String ext;
   public aa(String ext) {
      this.ext="."+ext;
   }
   public boolean accept(File dir,String name) {
      return name.endsWith(ext);
   }
}
```

2. 主程式如下：本例指定僅列出 *.txt 的檔案。

```
import java.io.*;
public class e12_1d
{
   public static void main(String args[])
   {
      String a,b;
      a="d:/jb";
      System.out.println("檔案路徑: " +a);
      File dir = new File(a) ;
      aa only=new aa("txt");
```

```
        String s[]=dir.list(only);
        for (int i=0;i<s.length ;i++) {
        File f=new File(a+"/"+s[i]);
        if (f.isDirectory())
          System.out.println(s[i]+" is a 資料夾");
        else
          System.out.println(s[i]+" is a File");
        }
    }
}
```

執行結果

```
檔案路徑: d:/jb
stream.txt is a File
```

自我練習

1. 請練習取得檔案最後修改日期。
2. 請練習更改檔名。
3. 請練習刪除指定檔案。
4. 請練習建立資料夾。

12-2 檔案的輸入

Java 的串流類別相當多，我們並不一一介紹，本節僅介紹以下四種類別，分別是 FileOutputStream、DataOutputStream、FileWriter 及 BufferedWriter 等四個類別。只要熟悉以上類別的建構子與方法，相信讀者可自行舉一反三探索其它類別。

FileOutputStream 類別

FileOutputStream 的主要功能是定義一個檔案的輸出串流，且提供一些基本的方法，將簡單型別的資料如 int、byte[] 寫入檔案裡。

建構子

本書僅介紹以下三個常用的建構子。

- **FileOutputStream(File file)**

此建構子必需傳入一個 File 類別的物件為參數。例如，以下敘述即可在 d:/jb 資料夾底下建立一個空的 test1.txt

```
File filename =new File("d:/jb","test1.txt");
FileOutputStream f1=new FileOutputStream(filename);
```

以下敘述即可在專案所在資料夾底下建立一個空的 test1.txt。資料和程式放在同一專案，那安裝複製專案時，資料較不容易遺漏。

```
File filename =new File("test1.txt");
FileOutputStream f1=new FileOutputStream(filename);
```

- **FileOutputStream(String name)**

此建構子傳入一個檔案的完整路徑為參數。例如，以下敘述即可在 d:/jb 資料夾底下建立一個空的 test2.txt。

```
FileOutputStream f2=new FileOutputStream("d:/jb/test2.txt");
```

- **FileOutputStream(String name,boolean append)**

使用前面兩種建構子所新增的檔案，均會覆蓋原有的內容，但是此建構子比上一個建構子多一個參數 append。append 若為 true，則表示欲加入的內容附加在原檔案後面；append 若為 false，則表示欲加入內容覆蓋原檔案內容。例如，以下敘述可以建立 d:/jb 資料夾的 test2.txt，且欲加入的內容將會放在原檔案後面。

```
FileOutputStream f3=new FileOutputStream("d:/jb/test2.txt",true);
```

➔ 範例 12-2a

示範以上建構子。請自行開啟檔案。

方法

FileOutputStream 的常用方法介紹如下：

- **void write(int b)**

寫入一個整數。例如，以下敘述可將 65 寫入 test1.txt，如下圖：

```
FileOutputStream f=new FileOutputStream("test1.txt");
f.write(65);
```

- **void write(byte[] b)**

寫入一個型別為 byte[] 的陣列。例如，以下敘述可將 b 陣列的內容存入 test1.txt。其次，若使用記事本開啟 test1.txt，將可得 "ABCD"。

```
FileOutputStream f=new FileOutputStream("d:/jb/test1.txt");
byte[] b= {65,66,67,68};
f.write(b);
```

➔ 範例 12-2b

示範以上方法。

```
import java.io.*;
public class e12_2b {
   public static void main(String[] args) throws IOException {
      //給完整檔名,且覆蓋原檔案
      FileOutputStream f=new FileOutputStream("test1.txt");
      f.write(65);
      byte[] b= {65,66,67,68};
```

```
            f.write(b);
        }
    }
```

執行結果

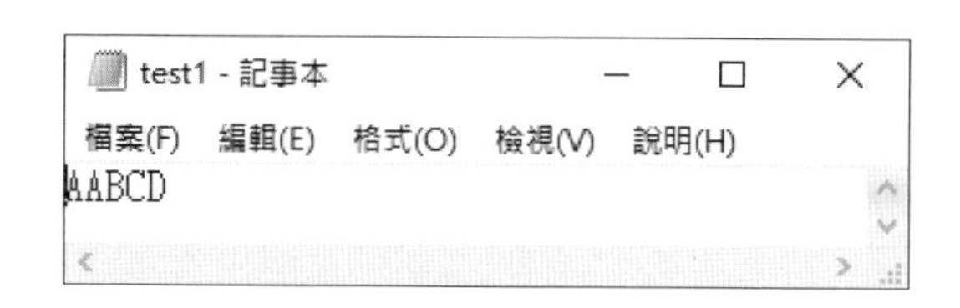

DataOutputStream 類別

前面的 FileOutputStream 所提供寫入檔案的方法，其資料型別僅限整數或位元陣列。但是，Java 的資料型別還有 double、floot 及 String 等。所幸，Java 另外提供一個高階的檔案輸入類別 DataOutPutStream，此類別所提供的方法將能滿足 Java 的基本資料型別，請看以下說明。

建構子

DataOutputStream 的建構子，只有一個，它需要傳入一個型別為 OutputStream 的參數 out，如以下敘述。

```
DataOutputStream(OutputStream out)
```

OutputStream 是一個抽象類別（抽象類別的某些方法成員只有原型宣告而無實作，請看 9-3 節的範例），其衍生類別有 ByteArrayOutputStream、FileOutputStream、FilterOutputStream、ObjectOutputStream、OutputStream 及 PipedOutputStream 等。也就是若要使用 DataOutputStream 類別協助將資料輸入檔案，則必須配合其衍生類別，例如前面的 FileOutputStream 類別協助開啟檔案。以下敘述則可使用 DataOutputStream 開啟專案資料夾下的 test1.txt。

```
FileOutputStream f=new FileOutputStream("test1.txt");
   DataOutputStream d=new DataOutputStream(f);
```

方法

DataOutputStream 的方法所能傳遞的資料型別相當完備。例如，byte[]、int、boolean 及 String 等，本單元僅介紹 writeBytes(String s)。

● void writeBytes(String s)

此方法需要傳入一個型別為 String 的參數 s，即可將字串 s 寫入資料流。例如，以下敘述即可將 "This is a book." 寫入位於專案資料夾的 test1.txt。

```
FileOutputStream f=new FileOutputStream("test1.txt");
DataOutputStream d=new DataOutputStream(f);
String s="This is a book.";
d.writeBytes(s);
d.close();
```

➔ 範例 12-2c

示範使用 writeByte 方法，將 "This is a book." 寫入 test1.txt 。

程式列印

```
import java.io.*;
public class e12_2c {
   public static void main(String[] args) throws IOException {
      //給完整檔名,且覆蓋原檔案
      FileOutputStream f=new FileOutputStream("d:/jb/test1.txt");
      DataOutputStream d=new DataOutputStream(f);
      String s="This is a book.";
      d.writeBytes(s);
      d.close();
   }
}
```

執行結果

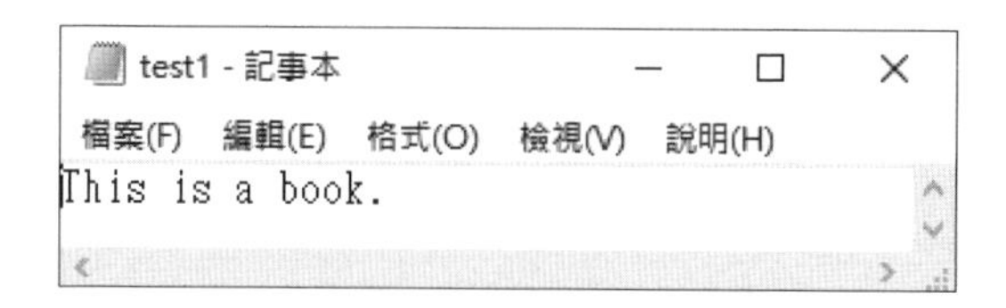

FileWriter 與 BufferedWriter

前面的 FileOutputStream 與 DataOutputStream 都是針對位元組資料所設計的檔案寫入類別，但是對於大部分的亞洲國家而言，所有的文字均需要字組（雙位元組另稱為字組），所以昇陽公司另外針對亞洲國家設計了 FileWriter 類別與 BufferedWriter 類別，這兩個類別的用法分別對應前面的 FileOutputStream 與 DataOutputStream，如下圖所示。

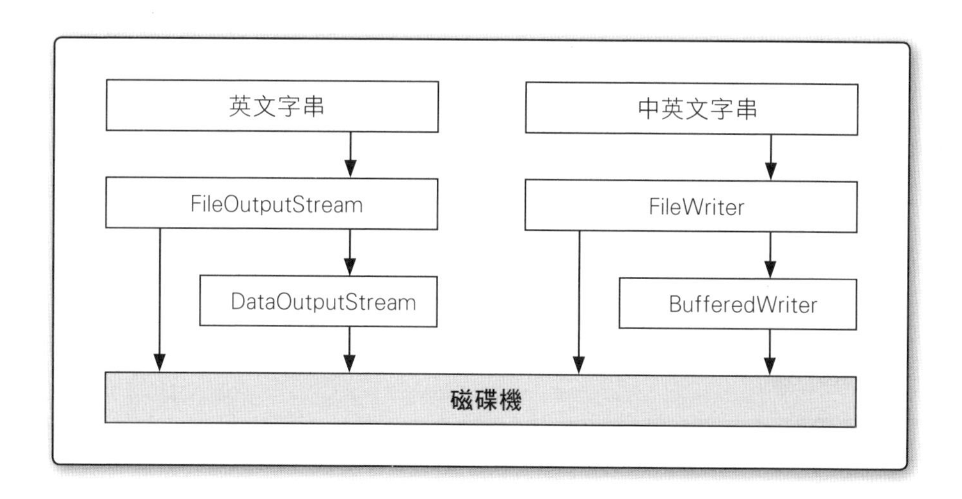

➔ 範例 12-2d

示範使用 FileWriter 與 BufferedWriter 類別，將 " 這是一本書 " 寫入 test2.txt

程式列印

```
import java.io.*;
public class e12_2d {
    public static void main(String[] args) throws IOException {
        FileWriter f=new FileWriter("test2.txt");
        BufferedWriter d=new BufferedWriter(f);
        String s="這是一本書";
        d.write(s);
        d.close();
    }
}
```

執行結果

如下圖是執行本程式之後，再用記事本開啟 test2.txt 的結果。

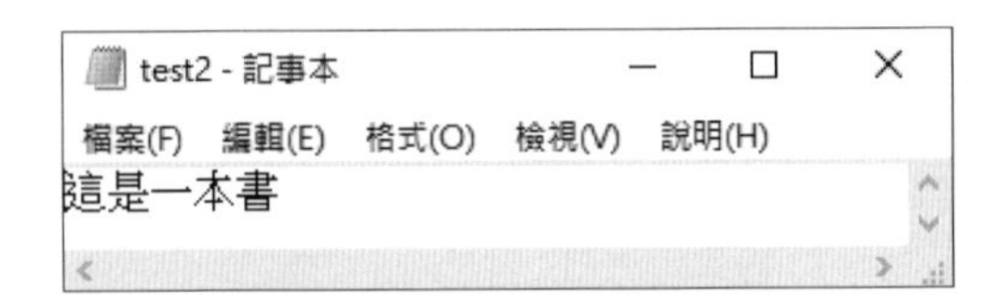

12-3 文字檔輸出

經由上一節的範例及相關內容的說明，相信讀者對於輸出串流已經有了基本的認識與了解，接下來介紹的輸入串流與輸出串流剛好相反，它的功能是將資料從檔案中取出。幸運的是，它的用法、觀念與輸出串流相當類似。本單元同樣只介紹四種類別，分別是 FileInputStream、DataInputStream、FileReader 及 BufferedReader，以上 4 個類別與上一節的 FileOutputStream、DataOutputStream、FileWriter 及 BufferedWriter 的對應，如下圖所示。

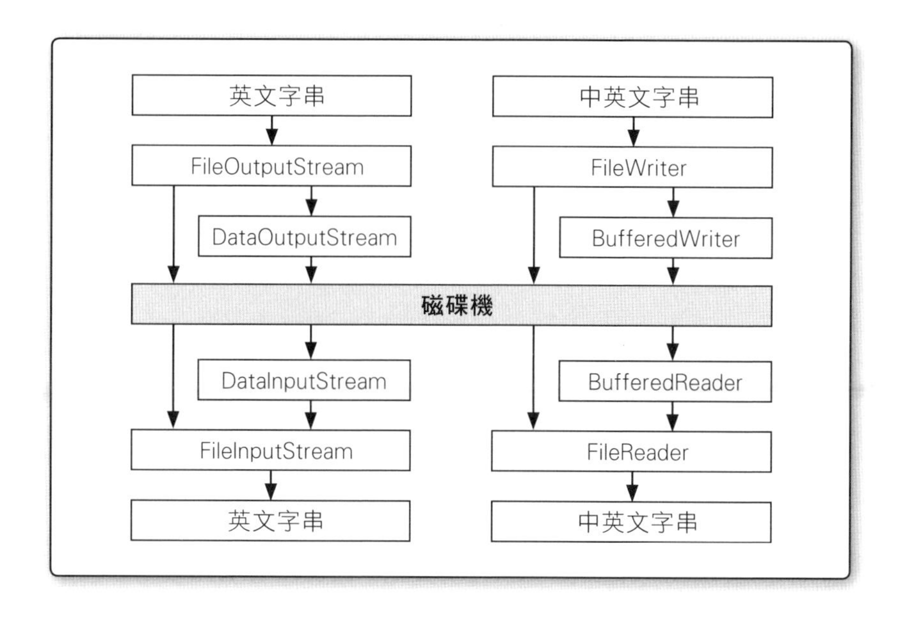

FileInputStream 類別

FileInputStream 類別的物件，可以參考到一個實體檔案，並從實體檔案取得資料，其用法同 FileOutputStream。

建構子

FileInputStream 的建構子所提供的輸入參數可以是一段檔案路徑、檔名或是 File 類別物件。以下列出 FileInputStream 常用的建構子，此與 FileOutputStream 非常類似。

● **FileInputStream(File file)**

使用這種類型的建構子，需先建立一個 File 類別的物件當作參數傳入。例如，以下敘述建立一個 FileInputStream 類別的 f 物件，此物件參照到 d:/jb/test1.txt 這個實體檔案。

```
File f =new File("d:/jb/test1.txt");
FileInputStream f1=new FileInputStream(f);
FileInputStream(String filename)
```

使用檔案的完整路徑為參數建構物件。例如，以下敘述建立一個 f2 物件，此物件參照 d:/jb/test1.txt。

```
FileInputStream f2=new FileInputStream("d:/jb/test1.txt");
```

其次，若不指定路徑，則資料的路徑同專案所在路徑。例如，

```
FileInputStream f2=new FileInputStream("test1.txt");
```

方法

FileInputStream 的方法請自行線上查詢，本單元僅介紹 read 方法，此方法共有兩個多載，分別說明如下：

- **int read()**

從串流中讀取一個位元 (byte)。例如，若有 test1.txt 如下圖。

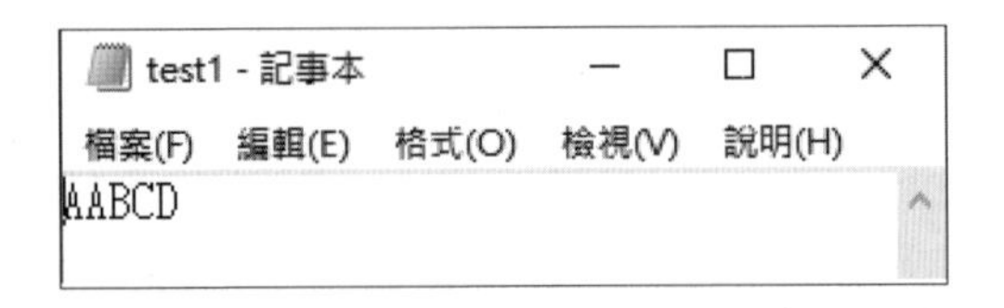

則以下敘述可得第一個字元 A 的 ASSCII 值 65。

```
int a=f1.read();
System.out.println(a);//65
```

若要得到字元 A，則應將 byte 型別轉為 char 型別。例如，以下敘述可得到字元 A。

```
System.out.println((char)a);//A
```

- **int read(byte[] b)**

從串流中讀取全部的資料放入型別為位元陣列的 b 變數，並傳回串流的位元組長度。例如，以下敘述可將串流資料放入 b 陣列。

```
FileInputStream f2=new FileInputStream("test1.txt");
byte[ ]b=new byte[10];
int d;
d=f2.read(b);// d is length
for (int i=0;i<=d-1;i++)
   System.out.print(b[i]);
```

以上敘述的 b，其型別是位元陣列。以下敘述可逐一將每一位元轉為字元，並輸出串流的內容。

```
for (int i=0;i<=d-1;i++)
   System.out.print((char)b[i]); //逐一鑄型
```

➔ 範例 12-3a

以上 read 方法。請自行開啟檔案。

DataInputStream 類別

DataInputStream 類別與前面的 DataOutputStream 的用法相似。其功能為加強 FileInputStream 的功能。

建構子

DataInputStream 的建構子與 DataoutputStream 相同。例如，以下敘述可建立一個 d 物件。此物件參照檔案 test2.txt。

```
FileInputStream f= new FileInputStream("test2.txt");
DataInputStream d=new DataInputStream(f);
```

方法

DataInputStream 所提供的方法請自行線上查詢，以下僅介紹 read 方法。

- int read(byte[] b)

此方法與上一單元的 read 相同，請看以下範例。

➔ 範例 12-3b

示範以上 read 方法。

程式列印

```
import java.io.*;
public class e12 _ 3b {
    public static void main(String[] args) throws IOException {
        FileInputStream f= new FileInputStream("test2.txt");
        DataInputStream d=new DataInputStream(f);
        String s;
        //s=d.readLine();//已經禁用
        byte[ ]b=new byte[30];
        int e;
        e=d.read(b);// e is length
        for (int i=0;i<=e-1;i++)
        System.out.print(b[i]+",");
        System.out.println();
        for (int i=0;i<=e-1;i++)
        System.out.print((char)b[i]);
    }
}
```

執行結果

```
84,104,105,115,32,105,115,32,97,32,98,111,111,107,46,
This is a book.
```

FileReader 與 BufferedReader 類別

前面的 FileInputStream 與 DataOutputStream 並無法處理中文，若要處理中文，則應使用 FileReader 與 BufferedReader。

String readLine()

從串流中讀取一列字串。例如，以下敘述可以從 test3.txt 中讀取一列字串，字串的分隔為 "\n" 或 "\r"。

```
FileReader f=new FileReader("test3.txt");
BufferedReader b=new BufferedReader(f);
String s;
s=b.readLine( );
System.out.println(s);
```

boolean ready()

傳回串流中是否已經可讀取，例如，以下敘述即可讀取 b 物件中所有的資料。

```
while (b.ready()){
   s=b.readLine( );
   System.out.println(s);
}
```

➔ 範例 12-3c

示範以上方法。請自行開啟檔案。

➔ 範例 12-3d

請寫一程式，模擬記事本功能，可從檔案取出一個字串、修改，離開時，再存檔取代原檔案。

程式列印

```
import java.io.*;
public class e12_3d {
   public static void main(String[] args) throws IOException {
      FileReader f=new FileReader("d:/jb/test3.txt");
      BufferedReader b=new BufferedReader(f);
      String s="";
```

```
        while (b.ready()){
          s=s+b.readLine( );
          System.out.println(s);
        }
        b.close();
        f.close();
        //編輯
        s=s+"I am a super teacher.";
        //存檔,覆蓋原檔案
        FileWriter f2=new FileWriter("d:/jb/test3.txt");
        BufferedWriter d=new BufferedWriter(f2);
        d.write(s);
        d.close();
        f2.close();
    }
}
```

執行結果

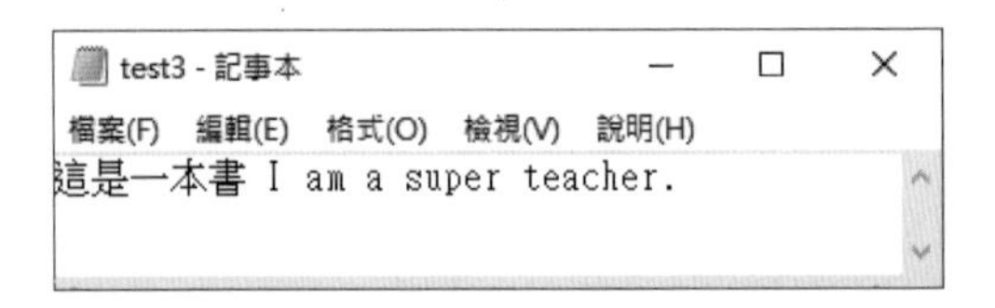

➔ 範例 12-3e

請寫一程式，可以將以下資料存入檔案，取出計算每一個人平均，並輸出。

姓名	國文	英文
洪國勝	90	80
陳惠敏	80	70
趙無極	70	60

程式列印

1. 因為循序檔讀檔僅能讀取一整列，所以我們寫入檔案時，將數值統統轉為字串，且以逗號為分隔。

2. 讀檔時再使用 String 的 split 分割字串。

```
import java.io.*;
public class e12_3e {
    public static void main(String[] args) throws IOException {
        //Write
        FileWriter f1=new FileWriter("test4.txt");//和專案同一資料夾
        BufferedWriter d=new BufferedWriter(f1);
        String a[]= {"洪國勝","陳惠敏","趙無極"};
        int b[]= {90,80,70};
        int c[]= {80,70,60};
        for (int i=0;i<=2;i++) {
          d.write(a[i]);d.write(",");
          d.write(String.valueOf(b[i]));d.write(",");
          d.write(String.valueOf(c[i]));d.write(",");
          d.write("\n");//跳列
        }
        d.close();
        f1.close();
        //Read
        FileReader f2=new FileReader("test4.txt");
          BufferedReader e=new BufferedReader(f2);
          String s;
          String s1[];
          while (e.ready()){
            s=e.readLine( );
            s1=s.split(",");//分割字串
          for (int i=0 ;i<s1.length;i++)
            System.out.print(s1[i]+",");
          int g=(Integer.parseInt(s1[1])+Integer.parseInt(s1[2]))/2;
          System.out.print(g);
            System.out.println();
          }
        e.close();
        f2.close();
    }
}
```

輸出結果

1. 以下是存檔後，使用記事本開啟 test4 的結果，雖然沒有明顯跳列，但讀檔不會出錯。

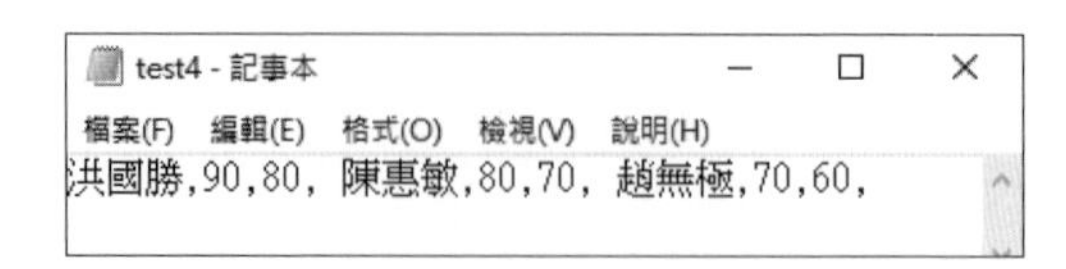

2. 以下是讀檔後的輸出結果。

```
洪國勝,90,80,85
陳惠敏,80,70,75
趙無極,70,60,65
```

程式說明

1. 本例使用逗號分隔欄位，使用 "\n" 分隔記錄。

2. s=e.readLine( )，讀取一列，列與列的分隔是 "\n" 或 "\r"。

3. s1=s.split(",")，以逗號分割字串，通常要選字串中不可能出現的字元當分割依據，這樣才不會分割錯誤。例如，純數字可以使用空白分割，但是若有紀錄是 It's a book. 90 40，就不能用逗號、空白或點當分割了，此時就可選用冒號分割如下：

```
It's a book. :90 :40
```

➔ 範例 12-3f

若已經將資料以記事本儲存如下，請寫一程式讀取。

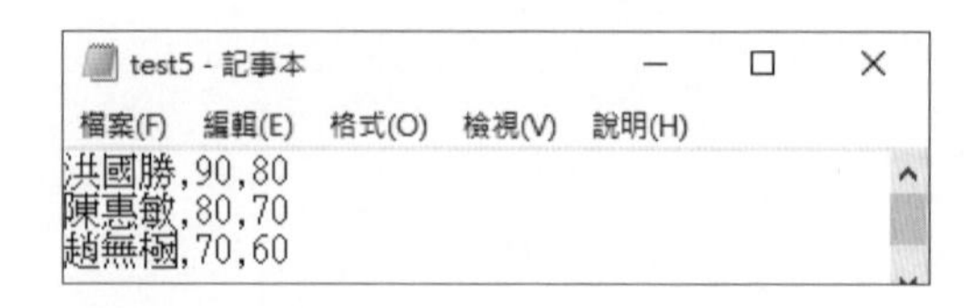

程式列印

```
import java.io.*;
public class e12_3f {
   public static void main(String[] args) throws IOException {
      FileReader f2=new FileReader("test5.txt");
      BufferedReader b=new BufferedReader(f2);
      String s;
      String s1[];
      while (b.ready()){
        s=b.readLine( );
        s1=s.split(",");
        for (int i=0 ;i<s1.length;i++)
          System.out.print(s1[i]+",");
      int d=(Integer.parseInt(s1[1])+Integer.parseInt(s1[2]))/2;
      System.out.print(d);
      System.out.println();
      }
   }
}
```

輸出結果

```
洪國勝,90,80,85
陳惠敏,80,70,75
趙無極,70,60,65
```

自我練習

1. 請寫一程式，可以將客戶所線上輸入資料，逐一存檔。（資料一直新增在原檔案後面）

2. 以下是張三預先買的樂透彩券號碼，已經事先用記事本輸入。請寫一程式，可輸入開獎號碼，並核對每張彩券中獎情形。

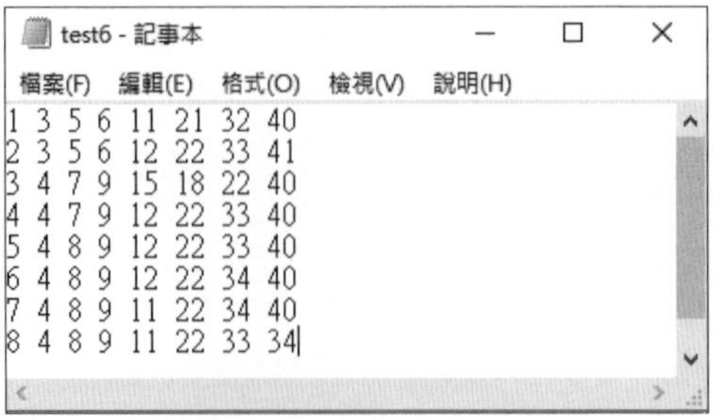

test6 - 記事本

檔案(F) 編輯(E) 格式(O) 檢視(V) 說明(H)

```
1 3 5 6 11 21 32 40
2 3 5 6 12 22 33 41
3 4 7 9 15 18 22 40
4 4 7 9 12 22 33 40
5 4 8 9 12 22 33 40
6 4 8 9 12 22 34 40
7 4 8 9 11 22 34 40
8 4 8 9 11 22 33 34
```

3. 假如有客戶資料如下：

出生年月日	姓名	電話
0530730	洪國勝	0939168168
0560530	陳惠敏	0953168168
0501211	趙無極	0920168168
0201122	陳美鳳	0933168168
1020320	史豔文	0911168168
0211120	藏鏡人	0922168168
0300320	黃宗仁	0934168168
0450721	黃秋香	0925168168
0860809	洪俊維	0958168168
0330722	劉玉珍	0932168168

請寫一程式，將以上資料循序儲存，並可以輸入出生年月日，以循序搜尋法找出其姓名與電話。

4. 範例 7_3f 是以陣列儲存單字，請將該題的資料以記事本儲存，並以檔案讀取資料。

5. 範例 7_3g 是以陣列儲存單字，請將該題的資料以記事本儲存，並以檔案讀取資料。

12-4 隨機檔

前面的檔案處理方式，我們稱為循序檔。因為不管檔案的大小，每次僅能從頭到尾循序存入，取出時也僅能全部取出，但有時候我們檔案實在太大了，根本不可能全部取出，或沒有必要全部取出，此時就要使用隨機檔。因為隨機檔可以指定一個位置，僅修改或取出某一或某些紀錄。既然要能指定位置，所以就有一個檔案指標，其次每一筆紀錄的大小也要相同，例如，若有紀錄如下，他含有三筆欄位，分別是字串的姓名、國文成績與數學成績。

姓名	國文	數學
洪國勝	90	80.5
陳惠敏	80	85.6
趙無極	70	95.5

為了讓每筆記錄長度固定，那姓名就取 6 位元，國文是整數，其長度是 4 位元，數學是短實數 (float)，長度是 4 位元。

➔ 範例 12-4a

示範以上記錄的讀取與修改。

程式列印

```
import java.io.*;
public class e12_4a {
   public static void main(String[] args) throws IOException {
      //Write
      RandomAccessFile d=new  RandomAccessFile("test6.txt","rw");
      // r is read,w is write ,rw is read and write
      String a[]= {"洪國勝","陳惠敏","趙無極"};//長度要相同
      int b[]= {90,80,70};
      float c[]= {80.5f,85.6f,95.5f};
      for (int i=0;i<=2;i++) {
```

```
    d.write(a[i].getBytes());//轉為位元組
    System.out.print(a[i].getBytes().length);//6
    d.writeInt(b[i]);
    d.writeFloat(c[i]);
  }
  System.out.println();
  int l=6+4+4;//記錄指標
  //d.close();
  int a2; Float a3;
  byte[] e=new byte[6];
  //讀第一筆記錄
  d.seek(l);
  d.readFully(e);//讀取一欄位,轉為位元組
  a2=d.readInt();
  a3=d.readFloat();
  System.out.print(new String(e)+",");//轉為字串
  System.out.print(a2+",");
  System.out.println(a3);
  //讀第二筆記錄
  d.seek(2*l);
  d.readFully(e);//讀取一欄位,轉為位元組
  a2=d.readInt();
  a3=d.readFloat();
  System.out.print(new String(e)+",");//轉為字串
  System.out.print(a2+",");
  System.out.println(a3);
  //修改第 筆記錄
  d.seek(l);
  d.write("洪俊維".getBytes());//轉為位元組
  d.writeInt(88);
  d.writeFloat(66f);
  //讀第一筆記錄
  d.seek(l);
  d.readFully(e);//讀取一欄位,轉為字元組
  a2=d.readInt();
  a3=d.readFloat();
```

```
        System.out.print(new String(e)+",");//轉為字串
        System.out.print(a2+",");
        System.out.println(a3);
    }
}
```

執行結果

```
666
陳惠敏,80,85.6
趙無極,70,95.5
洪俊維,88,66.0
```

程式說明

1. RandomAccessFile("test6.txt","rw")，前面的循序檔，檔案的寫入或讀取都有個別的建構子，但是 RandomAccessFile 則可 read, 可 write，或同時 read/write，此一開檔模式由 r,w 或 rw 控制。

2. d.write(a[i].getBytes())，隨機檔雖然可直接寫入字串，但因為本例還有其它欄位型態，而沒有適當的讀取字串方法，所以先轉為位元組。(這是我體會的方法，您也可以自己各憑本事發揮，相信方法不唯一，也沒有對或錯，反正我做得出來)

3. d.readFully(e)，讀取一欄位，轉為位元組。

4. new String(e)，將位元組轉為字串。

自我練習

1. 假如有客戶資料如下：

出生年月日	姓名	電話
0530730	洪國勝	0939168168
0560530	陳惠敏	0953168168
0501211	趙無極	0920168168
0201122	陳美鳳	0933168168
1020320	史豔文	0911168168
0211120	藏鏡人	0922168168
0300320	黃宗仁	0934168168
0450721	黃秋香	0925168168
0860809	洪俊維	0958168168
0330722	劉玉珍	0932168168

請寫一程式，將以上資料以出生年月日排序，以隨機檔儲存，並可以輸入初生年月日，以循序搜尋法找出其姓名與電話。

2. 同上題，但以二分搜尋法找出其姓名與電話。

13

CHAPTER

視窗程式設計 AWT

JAVA

在本章之前，我們先專注在 Java 的基本語法，所以所有的輸出入均使用簡單的主控台輸出入指令。但是視窗程式設計已經是時代趨勢，所以，Java 一推出就使用 java.awt 套件作為視窗程式設計的元件，例如，有表單、Label、TextField、Button…等常見視窗元件，請看 13-1 節。但是，官方卻說 AWT 很耗系統資源，又推出 javax.swing 的圖形化套件，關於 javax.swing 請看下一章。因為 java.awt 套件是所有 Java 視窗程式設計的鼻組 (包括新的 javax.swing)，所有事件與版面配置還是使用 java.awt 套件，所以本章還是先介紹 AWT 的視窗設計。

13-1 表單與表單控制項

請讀者先瀏覽 java.awt 套件所有介面與類別，如下圖所示：

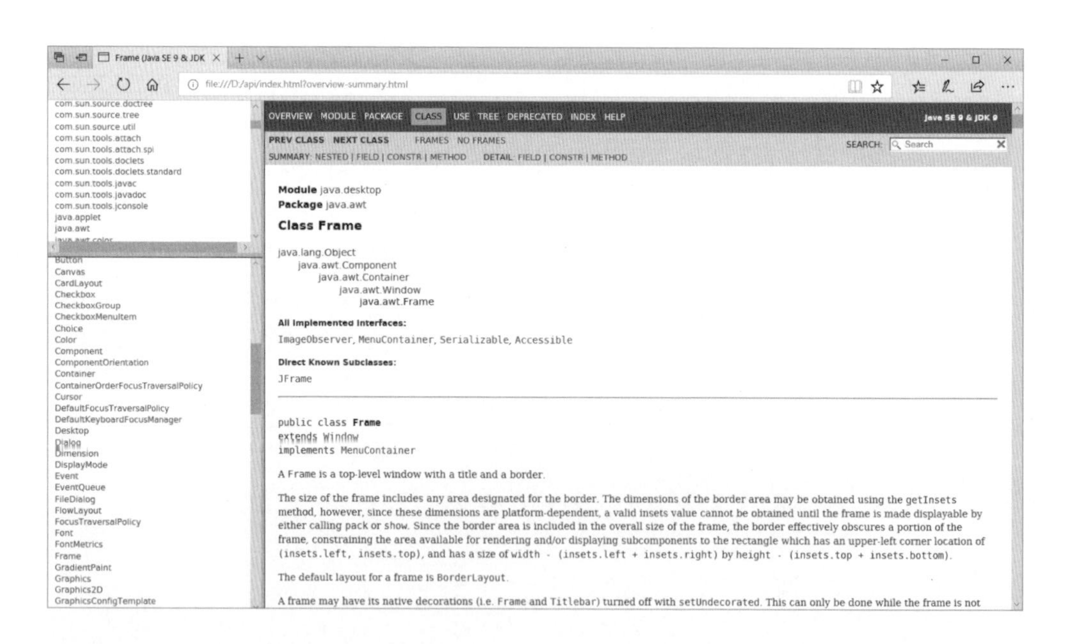

本節就要介紹一些常用類別。例如，Frame、Label、TextField、Button。

表單

視窗程式設計第一步就是要有表單，AWT 的視窗表單就是 java.awt.Frame 類別。要產生表單有兩個方法，分別是建構此類別，或您的類別繼承此類別。例如，以下程式樣例 Frame 類別，那程式一執行，就會出現表單了。

```
import java.awt.*;
public class e16 _ 1aa
{
    public static void main(String args[])
    {
        Frame frm=new Frame("Hello");//標題
        frm.setSize(250,100);//表單寬度,高度
        frm.seratVisible(true);//呈現表單
    }
}
```

以上程式執行結果如下圖。

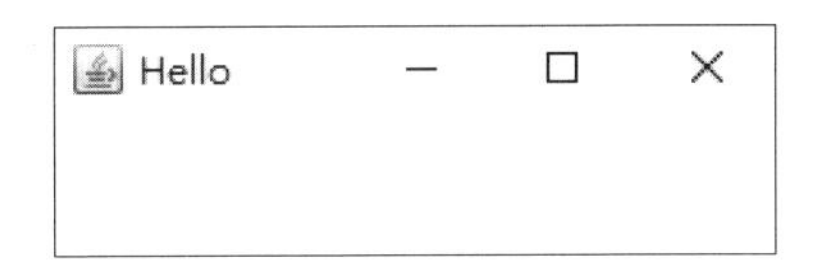

以下程式則是繼承 Frame 類別，程式執行結果同上。

```
import java.awt.*;
public class e13 _ 1ab extends Frame{
        e13 _ 1ab()    {
        super("Hello");
        this.setSize(200,150);
    }
    public static void main(String args[])    {
        e13 _ 1ab frm=new e13 _ 1ab();
        frm.setVisible(true);
    }
}
```

以上表單右上角雖然有關閉按鈕 (X)，但卻沒有反應，無法關閉視窗，那是因為我們尚未實作與註冊事件，關於事件的實作與註冊請看 13_2 節。現在請讀者自行瀏覽研讀 Frame 類別的建構子與方法，此類別的繼承如下圖，所以其祖先類別的方法，也是他的方法，都要瀏覽。

元件

視窗程式設計第二步就是要有元件，或稱控制項。以上表單、常用元件類別繼承圖如下：

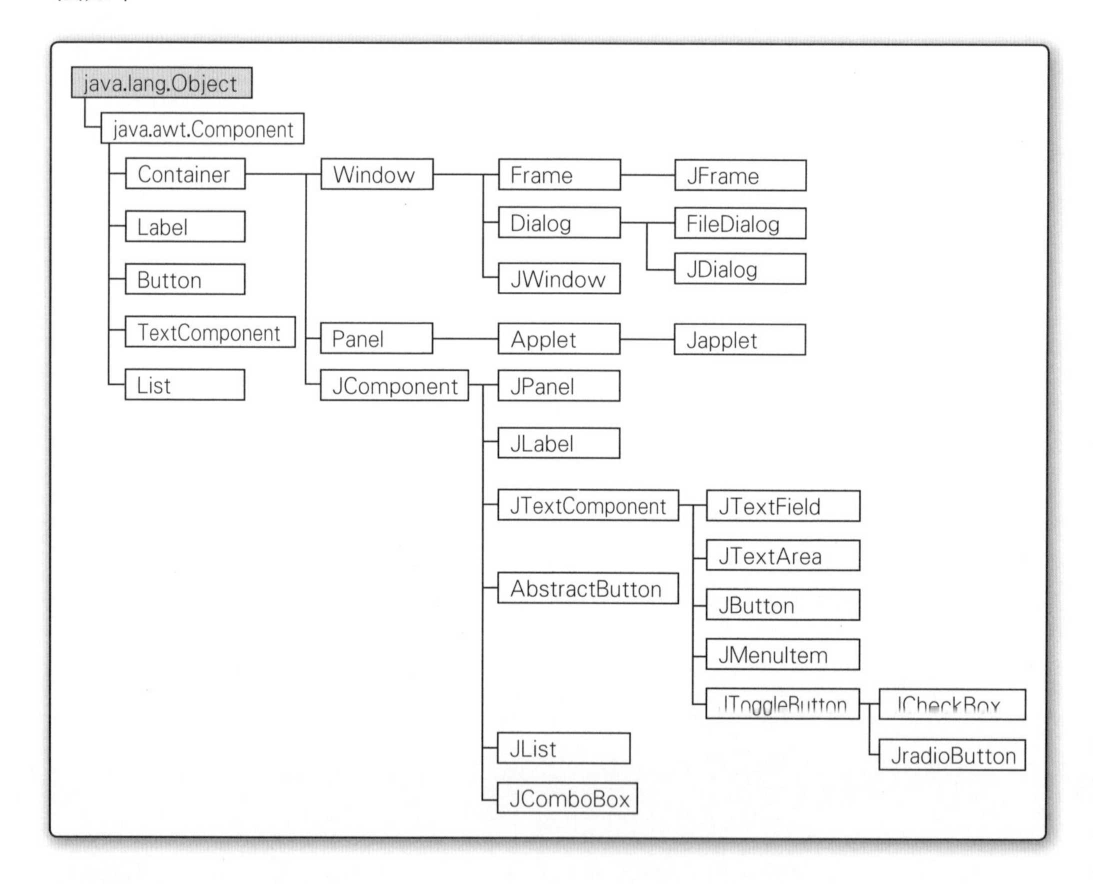

Label

Label 通常當作輸出結果或輸入提示，以下程式即新增一個 Label 控制項。其次 Java 比較特殊，因為 Java 為了支援跨平台，所以有版面配置的機制，但本例先簡化問題，先不使用版面配置，關於版面配置請看 13-3 節。

```
import java.awt.*;
public class e13 _ 1b extends Frame
{
    public e13 _ 1b()
    {
        this.setLocation(100,50); //位置
        this.setSize(200,150);     //大小
        this.setTitle("Add Label"); //標題
        this.setLayout(null);//自行設定版面配置
    }
    public static void main(String args[])
    {
        e13 _ 1b frm =new e13 _ 1b();
        frm.setVisible(true);
        Label lbl = new Label();
        lbl.setLocation(50,50);
        lbl.setSize(100,50);
        lbl.setBackground(Color.yellow); //背景顏色
        lbl.setText("How are you");
        frm.add(lbl);   //使用add方法加入lbl物件
   }
}
```

表單輸出結果如下：(同樣還是無法關閉表單)

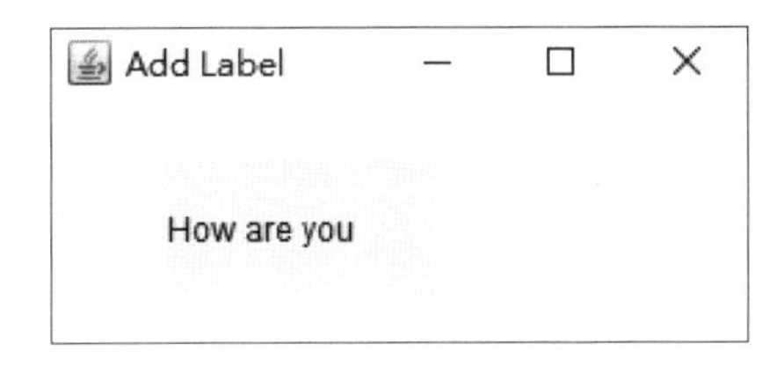

以上關於 Label 類別的介紹，請自行查閱 API。

TextField

Java.awt.TextField 通常用來輸入文數字，其建構子與方法請自行開啟 API。

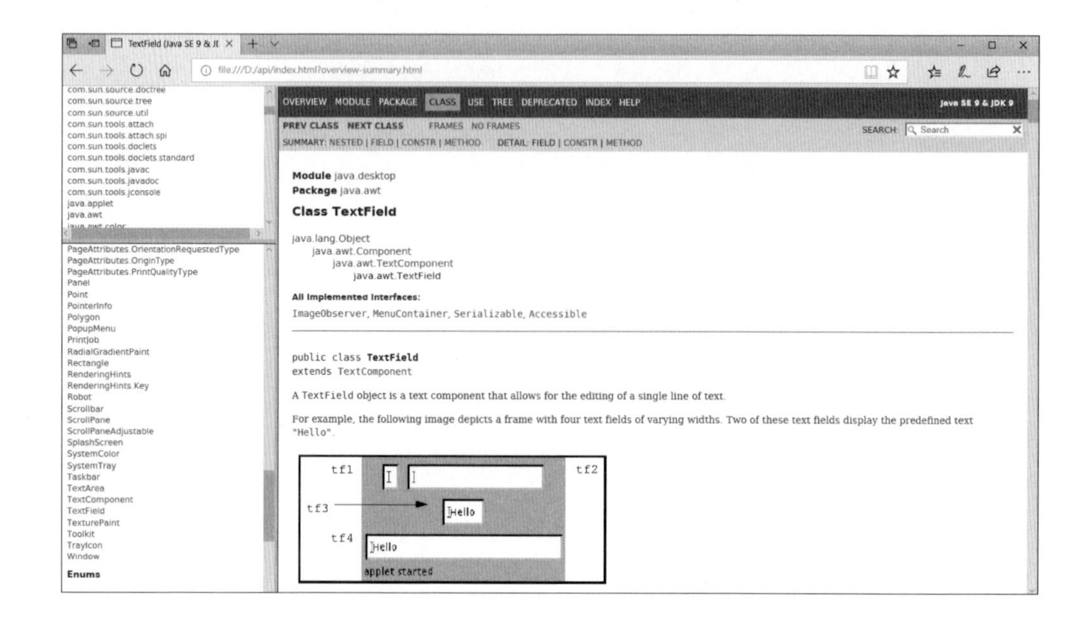

以下程式示範其常用方法。

```
import java.awt.*;
public class e13_1d extends Frame
{
    e13_1d()
    {
       setLocation(100,50); //位置
       setSize(200,150);     //大小
       setTitle("Add Button"); //標題
       setLayout(null);//自行設定版面配置
    }
    public static void main(String args[])
    {
       e13_1d frm =new e13_1d();
       frm.setVisible(true);
       Button btn = new Button();
       btn.setLabel("Start");
       btn.setBounds(30,60,120,40);    //x=30,y=60,width=120,height=40
       btn.setBackground(Color.yellow); //背景顏色
       frm.add(btn);   //加入btn物件
```

```
        }
    }
```

以上程式輸出結果如右，當然可以輸入文數字，但是沒有任何作用，因為我們還沒有寫要如何處理這些輸入的東西。

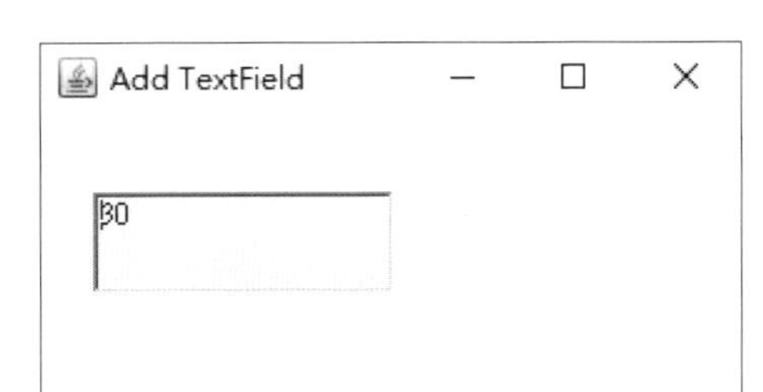

Button

java.awt.Button 通常用來當作功能鍵，可讓使用者按鍵而執行某一項任務，如下圖所示。

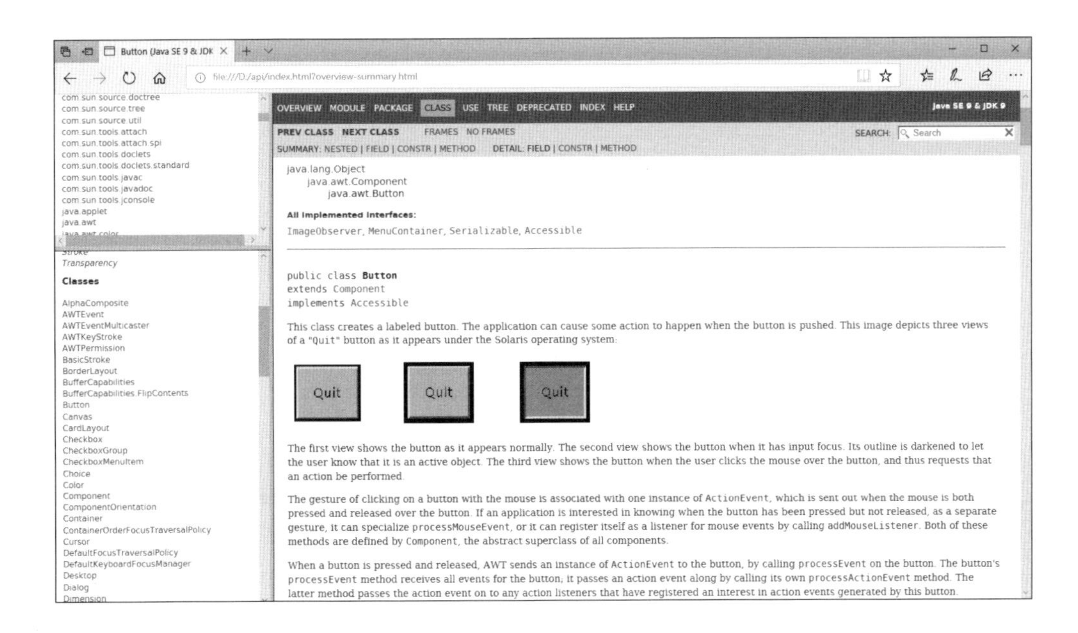

以下程式可新增一個 Button 控制項。

```
import java.awt.*;
public class e13_1d extends Frame
{
    e13_1d()
```

```
    {
       setLocation(100,50); //位置x,y
       setSize(300,150);     //大小,寬,高
       setTitle("Add Button"); //標題
       setLayout(null);//自行設定版面配置
    }
    public static void main(String args[])
    {
       e13_1d frm =new e13_1d();
       frm.setVisible(true);
       Button btn = new Button();
       btn.setLabel("Start");
       btn.setBounds(30,60,120,40);    //x=30,y=60,width=120,height=40
       btn.setBackground(Color.yellow); //背景顏色
       frm.add(btn);   //加入btn物件
    }
}
```

執行結果如右，同樣道理，您可以用滑鼠按此元件，但還是沒有按鈕的效果。

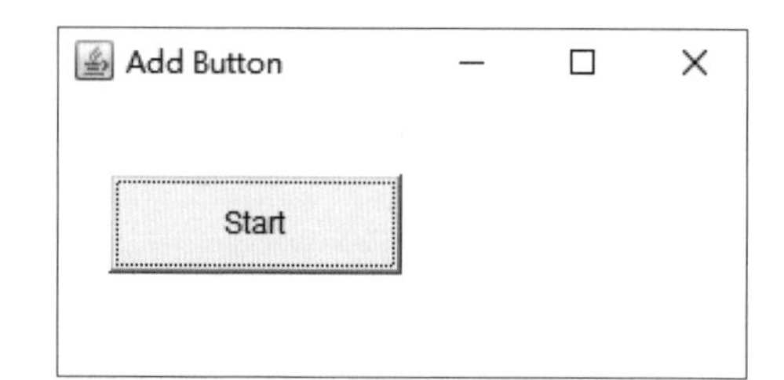

13-2 滑鼠動作事件

在其它語言，例如，C#、Visual Basic 等，事件也都是與生俱有，但 Java 也都是純手工，所有事件均定義在 Java.awt.event 套件，如下圖所示。

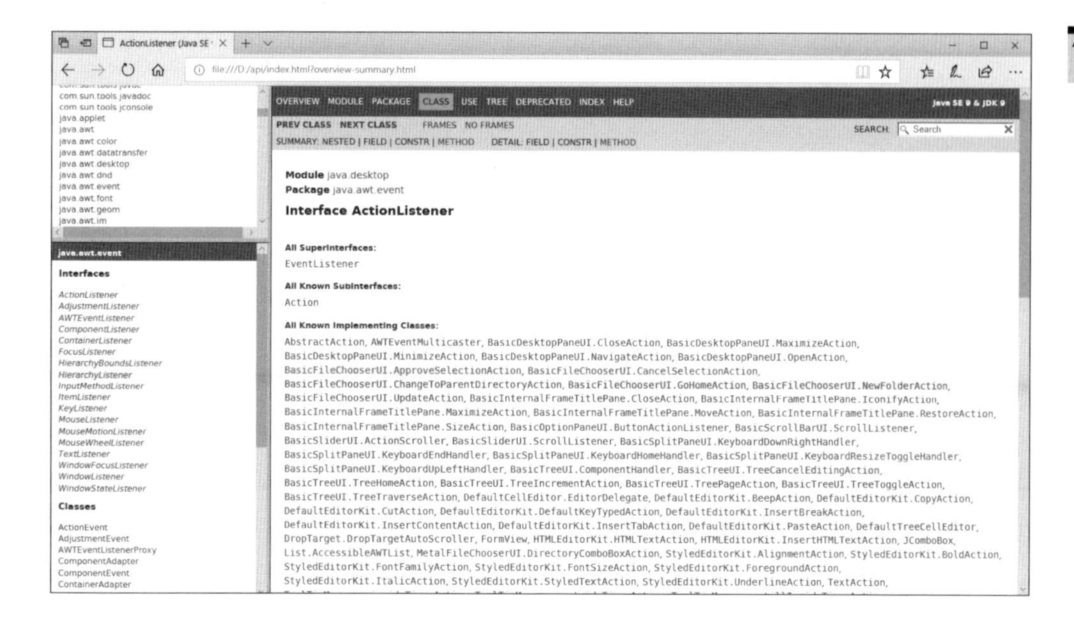

滑鼠動作事件是所有元件最常用的事件，它被定義在 actionPerformed 方法中，哪一個元件要感應此事件，均要註冊此事件，此方法被歸類在 java.awt.event.ActionListener 介面中，如下圖。

Method	Description
actionPerformed(ActionEvent e)	Invoked when an action occurs.

所以，當您要讓您的元件能感受滑鼠動作事件的能力，則您的類別要先實作 ActionListener 介面，如以下程式。

```
class e13_2a extend Frame implements  ActionListener
```

事件的加入

前面曾提及，要將元件放在表單上面，必須使用 add 方法如下：

```
this.add(button);      //this為繼承Frame類別物件
```

現在，要讓各元件具有傾聽（接收）事件的能力，則要讓各元件加入此傾聽能力。例如，以下敘述可將 button 元件加入傾聽滑鼠動作事件。

```
button.addActionListener(this);
```

this 為事件委派物件，本例類別 e13_2a 實作 ActionListener ，那他就能接受委派了。

事件的處理

當使用者觸發事件之後，其對應的事件方法將被執行。例如，使用者按一下 button 元件時，actionPerformed 方法將被執行，程式設計者應將按此按鈕所要執行的敘述放在 actionPerformed 方法裏面，此方法的語法如下：

```
public void actionPerformed(ActionEvent e)
{     }
```

好了，斷斷續續有點複雜，請看以下範例。

➔ 範例 13-2a

請寫一程式，當使用者按一下 Button 時，請以 Button 的標題顯示按鍵次數。

執行結果

1. 下圖左是執行的初始畫面。

2. 下圖右是按二次 Button 元件的畫面。

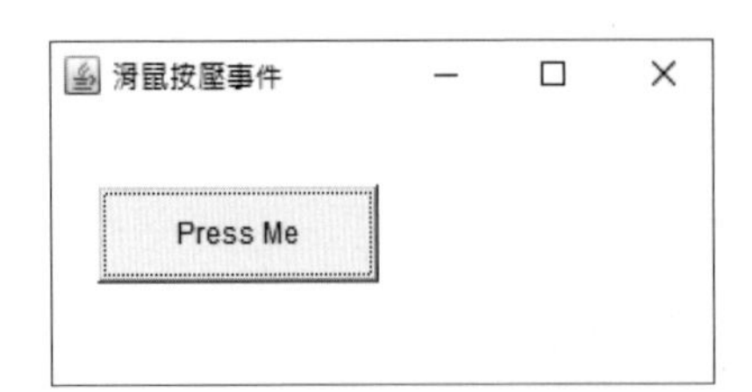

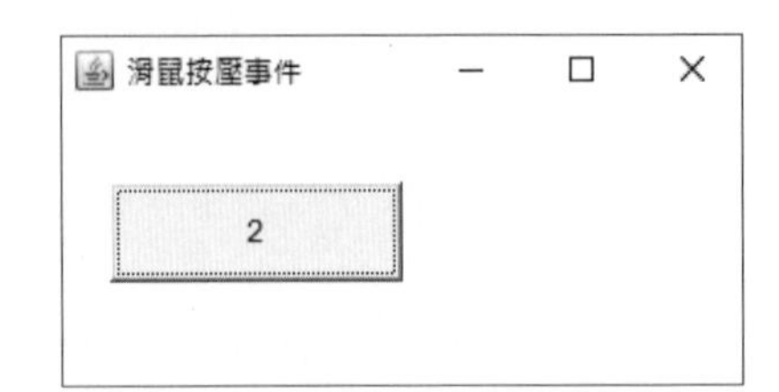

程式列印


```
import java.awt.*;
import java.awt.event.*;
//1、實作ActionListener
public class e13_2a extends Frame implements ActionListener
{
    static int i=0;
    Button btn = new Button();//移來此,actionPerformed才能用
    //建構子
    //安排表單內容與註冊事件
    public e13_2a()
    {
        this.setLocation(100,50); //位置
        this.setSize(300,150);     //大小
        this.setTitle("滑鼠動作事件"); //標題
        this.setLayout(null);//自行設定版面配置

        btn.setLabel("Press Me");
        btn.setBounds(30,60,120,40);    //x=30,y=60,width=120,height=40
        btn.setBackground(Color.yellow); //背景顏色
        this.add(btn);   //加入btn物件
        //2、加入ActionListener介面,以便感受滑鼠動作事件
        btn.addActionListener(this);//委派e13_2a處理事件
    }
    public static void main(String args[])
    {
        e13_2a frm =new e13_2a();
        frm.setVisible(true);
    }
    //3、當委任者感受滑鼠動作事件,就會執行actionPerformed方法
    public void actionPerformed(ActionEvent e)
    {
        i++;
        btn.setLabel(String.valueOf(i));
    }
}
```

程式說明

1. 以上程式，我們使用 implements ActionListener，來實作事件的委派。但是亦可自行撰寫內部類別，接受委派，程式如下：

```
import java.awt.*;
import java.awt.event.*;
public class e13_2aa extends Frame //implements ActionListener
{
    static int i=0;
    Button btn = new Button();//移來此,actionPerformed才能用
    //建構子
    //安排表單內容與註冊事件
    public e13_2aa()
    {
        this.setLocation(100,50); //位置
        this.setSize(300,150);     //大小
        this.setTitle("滑鼠事件"); //標題
        this.setLayout(null);//自行設定版面配置

        btn.setLabel("Press Me");
        btn.setBounds(30,60,120,40);    //x=30,y=60,width=120,height=40
        btn.setBackground(Color.yellow); //背景顏色

        this.add(btn);  //加入btn物件
        //1、加入ActionListener介面,以便感受滑鼠動作事件
        btn.addActionListener(new action());  //委派action類別處理事件
    }
    public static void main(String args[])
    {
        e13_2a frm =new e13_2a();
        frm.setVisible(true);
    }
    //內部類別,接受事件委派
    class action implements ActionListener{
      public void actionPerformed(ActionEvent e)
      {
```

```
            i++;
            btn.setLabel(String.valueOf(i));
        }
    }
}
```

2. 其次，請複習一下 9-2 節的內部類別與匿名內嵌類別，以下程式則是以匿名內嵌類別重做以上範例，因為此一程式，其類別名稱已經不重要了，所以改用匿名內嵌類別。這也是大部分書籍一下子就跑出來的程式，讓初學者非常頭痛。相信經過筆者一步一步闡釋解析後，您就能豁然開朗。

```
import java.awt.*;
import java.awt.event.*;
public class e13_2ab extends Frame //implements ActionListener
{
    static int i=0;
    Button btn = new Button();//移來此，actionPerformed才能用
    //建構子
    //安排表單內容與註冊事件
    public e13_2ab()
    {
        this.setLocation(100,50); //位置
        this.setSize(250,150);     //大小
        this.setTitle("滑鼠事件"); //標題
        this.setLayout(null);//自行設定版面配置

        btn.setLabel("Press Me");
        btn.setBounds(30,60,120,40);    //x=30,y=60,width=120,height=40
        btn.setBackground(Color.yellow); //背景顏色
        this.add(btn);  //加入btn物件
        //匿名內嵌類別
        btn.addActionListener(new ActionListener(){
                    public void actionPerformed(ActionEvent e) {
                      btn_Start_actionPerformed(e);
                    }
                });
```

```
    }
    public static void main(String args[])
    {
        e13 _ 2ab frm =new e13 _ 2ab();
        frm.setVisible(true);
    }
    public void btn _ Start _ actionPerformed(ActionEvent e)
    {
          i++;
          btn.setLabel(String.valueOf(i));
    }
}
```

ActionEvent 類別

於上例中的 actionPerformed（ActionEvent e）方法，它需要一個參數 e，其型別是 java.awt.event.ActionEvent 類別，所以解析此類別如下：。

資料成員

ActionEvent 的常用資料成員如下：

- ALT_MASK

傳回事件發生時，鍵盤的 ALT 鍵是否按下。若是，其值為 1，否則為 0。其語法如下：

```
public static final int ALT _ MASK
```

- CTRL_MASK

傳回事件發生時，鍵盤的 CTRL 鍵是否按下。若是，其值為 1，否則為 0。

- SHIFT-MASK

傳回事件發生時，鍵盤的 SHIFT 鍵是否按下。若是，其值為 1，否則為 0。

方法成員

ActionEvent 的常用方法如下：

- **Object getSource( )**

此方法繼承至 java.util.EventObject 類別，其功能為傳回事件發生時，事件發生的來源。例如，同一個 Frame 可能有兩個或兩個以上的 Button 元件，此時即可使用 getSource() 方法判斷是哪一個控制項或物件被按。請看以下範例說明。

➔ 範例 13-2b

同上範例，但新增一個 " 減一 " 與 " 結束 " 按鈕。

執行結果

1. 下圖左是程式執行的初始畫面。
2. 下圖右是按一下 "Add 1" 的結果。
3. 按一下 "Exit" 按鈕，即可結束程式的執行。

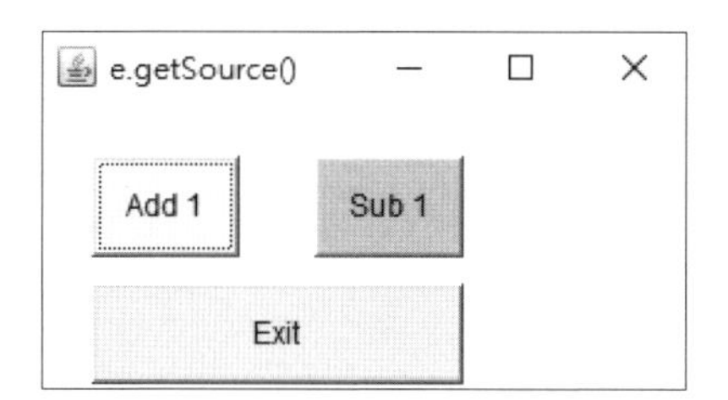

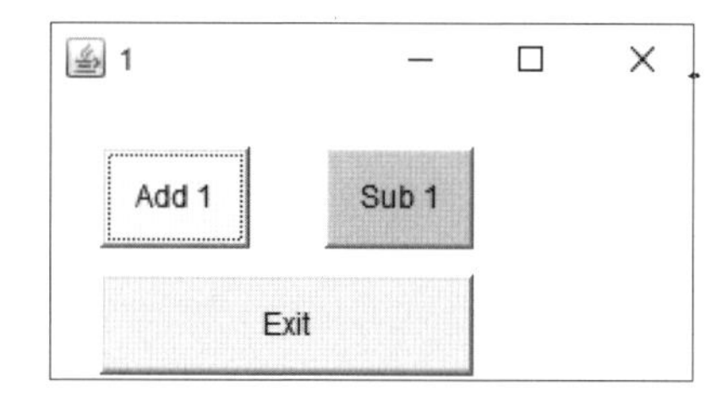

程式列印

```
import java.awt.*;
import java.awt.event.*;
public class e13_2b extends Frame implements ActionListener
{
   static int i=0;
   Button btnAdd = new Button();
```

```
Button btnSub = new Button();
Button btnExit=new Button("Exit");
e13 _ 2b()
{
   setLocation(100,50); //位置
   setSize(280,150);     //大小
   setTitle("e.getSource()"); //標題
   setLayout(null);//自行設定版面配置

   btnAdd.setLabel("Add 1");
   btnAdd.setBounds(30,50,60,40);
   btnAdd.setBackground(Color.yellow); //背景顏色

   btnSub.setLabel("Sub 1");
   btnSub.setBounds(120,50,60,40);
   btnSub.setBackground(Color.green); //背景顏色

   btnExit.setBounds(30,100,150,40);

   this.add(btnAdd);   //加入btnAdd物件
   this.add(btnSub);
   this.add(btnExit);
   //加入事件處理功能
   btnAdd.addActionListener(this);
   btnSub.addActionListener(this);
   btnExit.addActionListener(this);
}
public static void main(String args[])
{
   e13 _ 2b frm =new e13 _ 2b();
   frm.setVisible(true);
 }
 public void actionPerformed(ActionEvent e)
 {
   if (e.getSource()== btnAdd)
      i++;
```

```
            else if  (e.getSource()== btnSub)
                i--;
                else//剩下btnExit
                    System.exit(0);
        this.setTitle(String.valueOf(i));
    }
}
```

程式說明

1. 以下程式則以內部類別 action1、action2、action3 接受事件委派。

```
import java.awt.*;
import java.awt.event.*;
public class e13_2ba extends Frame// implements ActionListener
{
    static int i=0;

    Button btnAdd = new Button();
    Button btnSub = new Button();
    Button btnExit=new Button("Exit");

    e13_2ba()
    {
        setLocation(100,50); //位置
        setSize(250,150);     //大小
        setTitle("Frame Test"); //標題
        setLayout(null);//自行設定版面配置

        btnAdd.setLabel("Add 1");
        btnAdd.setBounds(30,50,60,40);
        btnAdd.setBackground(Color.yellow); //背景顏色

        btnSub.setLabel("Sub 1");
        btnSub.setBounds(120,50,60,40);
        btnSub.setBackground(Color.green); //背景顏色
```

```
        btnExit.setBounds(30,100,150,40);

        this.add(btnAdd);  //加入btnAdd物件
        this.add(btnSub);
        this.add(btnExit);
        //加入事件處理功能
        btnAdd.addActionListener(new action1());
        btnSub.addActionListener(new action2());
        btnExit.addActionListener(new action3());
    }
    public static void main(String args[])
    {
        e13_2ba frm =new e13_2ba();
        frm.setVisible(true);
     }
     public class action1 implements ActionListener{
        public void actionPerformed(ActionEvent e)
        {
            i++;
            setTitle(String.valueOf(i));
        }
    }
     public class action2 implements ActionListener{
        public void actionPerformed(ActionEvent e)
        {
            i--;
            setTitle(String.valueOf(i));
        }
     }
     public class action3 implements ActionListener{
        public void actionPerformed(ActionEvent e)
        {
         System.exit(0);
        }
      }
}
```

2. 以下程式則以匿名內嵌類別接受事件委派。


```
import java.awt.*;
import java.awt.event.*;
public class e13_2bb extends Frame// implements ActionListener
{
   static int i=0;

   Button btnAdd = new Button();
   Button btnSub = new Button();
   Button btnExit=new Button("Exit");

   e13_2bb()
   {
      setLocation(100,50); //位置
      setSize(250,150);     //大小
      setTitle("Frame Test"); //標題
      setLayout(null);//自行設定版面配置

      btnAdd.setLabel("Add 1");
      btnAdd.setBounds(30,50,60,40);
      btnAdd.setBackground(Color.yellow); //背景顏色

      btnSub.setLabel("Sub 1");
      btnSub.setBounds(120,50,60,40);
      btnSub.setBackground(Color.green); //背景顏色

      btnExit.setBounds(30,100,150,40);

      this.add(btnAdd);  //加入btnAdd物件
      this.add(btnSub);
      this.add(btnExit);
      //註冊事件
      btnAdd.addActionListener(new ActionListener(){
         public void actionPerformed(ActionEvent e)
         {
```

```
            i++;
            setTitle(String.valueOf(i));
          }
         });
      btnSub.addActionListener(new ActionListener(){
         public void actionPerformed(ActionEvent e)
         {
            i--;
            setTitle(String.valueOf(i));
         }
         });
      btnExit.addActionListener(new ActionListener(){
         public void actionPerformed(ActionEvent e)
            {
            System.exit(0);
            }
          });
   }
   public static void main(String args[])
   {
      e13_2bb frm =new e13_2bb();
      frm.setVisible(true);
    }
}
```

3. 以下程式再將匿名內嵌類別內的方法，再給予獨立抽離出來，這樣程式功能就更加明顯了。

```
 import java.awt.*;
import java.awt.event.*;
public class e13_2bc extends Frame// implements ActionListener
{
   static int i=0;

   Button btnAdd = new Button();
   Button btnSub = new Button();
```

```
Button btnExit=new Button("Exit");

e13 _ 2bc()
{
   setLocation(100,50); //位置
   setSize(250,150);     //大小
   setTitle("Frame Test"); //標題
   setLayout(null);//自行設定版面配置

   btnAdd.setLabel("Add 1");
   btnAdd.setBounds(30,50,60,40);
   btnAdd.setBackground(Color.yellow); //背景顏色

   btnSub.setLabel("Sub 1");
   btnSub.setBounds(120,50,60,40);
   btnSub.setBackground(Color.green); //背景顏色

   btnExit.setBounds(30,100,150,40);

   this.add(btnAdd);  //加入btnAdd物件
   this.add(btnSub);
   this.add(btnExit);
   //匿名內嵌類別
   btnAdd.addActionListener(new ActionListener(){
     public void actionPerformed(ActionEvent e)
     {
       btnAdd(e);
     }
     }); //註冊事件
   btnSub.addActionListener(new ActionListener(){
     public void actionPerformed(ActionEvent e)
     {
       btnSub(e);
     }
     });
   btnExit.addActionListener(new ActionListener(){
```

```
            public void actionPerformed(ActionEvent e)
              {
              btnExit(e);
              }
            });
    }
    public static void main(String args[])
    {
       e13 _ 2bc frm =new e13 _ 2bc();
        frm.setVisible(true);
    }
    public void btnAdd(ActionEvent e) {
         i++;
         this.setTitle(String.valueOf(i));
    }
    public void btnSub(ActionEvent e) {
         i--;
         this.setTitle(String.valueOf(i));
    }
    public void btnExit(ActionEvent e) {
         System.exit(0);
    }
}
```

4. 那到底有哪些元件能感受滑鼠動作事件呢？只要您於 API 右上角『SEARCH』輸入 addActionListener ，那就可查出哪些元件有此一功能。

下表是一些常用的事件委派者介面（位於 java.awt.event 套件），及各介面所提供的事件處理方法，其中 ActionListener 已於本單元介紹，其餘的將會在以下單元陸續介紹。

委派者 (使用介面)	委派者 (使用類別)	傾聽 哪些事件	說明
ActionListener	無	actionPerformed(ActionEvent e)	滑鼠按壓事件
WindowListener	WindowAdaper	windowActivated(WindowEvent e) windowClosed(WindowEvent e) windowClosing(WindowEvent e) windowDeactivated(WindowEvent e) windowDeiconified(WindowEvent e) windowIconified(WindowEvent e) windowOpened(WindowEvent e)	視窗狀態事件
MouseListener	MouseAdapter	mouseClicked(MouseEvent e) mouseEntered(MouseEvent e) mouseExited(MouseEvent e) mousePressed(MouseEvent e) mouseReleased(MouseEvent e)	滑鼠按、進入中…
MouseMotion_ Listener	MouseMotion_ Adapter	mouseDragged(MouseEvent e) mouseMoved(MouseEvent e)	滑鼠拖曳、移動
KeyListener	KeyAdapter	keyPressed(KeyEvent e) keyReleased(KeyEvent e) keyTyped(KeyEvent e)	鍵盤事件
TextListener	無	textValueChanged(TextEvent e)	文字輸入控制項才有
ItemListener	無	itemStateChanged(ItemEvent e)	選項輸入控制項才有

13-3 視窗事件

前面的視窗，任憑您按表單右上角關閉按鈕，都沒有反應，那是因為我們沒有**委派**（或稱為**委任**）這些視窗事件，以下則要介紹這些被委派的介面或類別。

WindowListener

視窗右上角的『☒』被按，是定義在 java.awt.event.WindowListener 介面，此介面共定義以下七個介面，如下圖：

Method	Description
windowActivated(WindowEvent e)	Invoked when the Window is set to be the active Window.
windowClosed(WindowEvent e)	Invoked when a window has been closed as the result of calling dispose on the window.
windowClosing(WindowEvent e)	Invoked when the user attempts to close the window from the window's system menu.
windowDeactivated (WindowEvent e)	Invoked when a Window is no longer the active Window.
windowDeiconified (WindowEvent e)	Invoked when a window is changed from a minimized to a normal state.
windowIconified(WindowEvent e)	Invoked when a window is changed from a normal to a minimized state.
windowOpened(WindowEvent e)	Invoked the first time a window is made visible.

只要是 Window 的子類別，例如 Frame、JFrame 都可以加入此事件，而感應並執行此事件的方法。例如，只要我們的程式實作此介面（委派此介面），即可感應到這些事件方法。例如，以下的表單就可以感受與處理其右上角 ☒ 被按了。

```
public class e13 _ 3a extends Frame implements WindowListener
this.addWindowListener(this);
```

➔ 範例 13-3a

示範捕捉視窗右上角關閉按鈕被按事件，且能關閉表單視窗。

執行結果

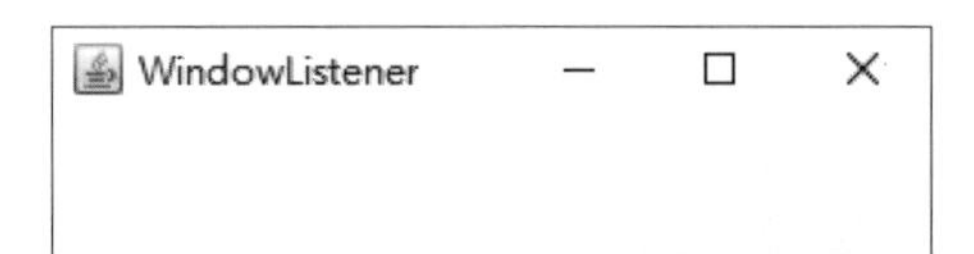

程式列印

```
import java.awt.*;
import java.awt.event.*;
public class e13 _ 3a extends Frame implements WindowListener
{
    e13 _ 3a()
```

```
    {
        super("WindowListener");
        this.setSize(300,150);
        //加入感應視窗的事件
        this.addWindowListener(this);
    }
    public static void main(String args[])
    {
        e13_3a frm=new e13_3a();
        frm.setVisible(true);
    }

    //7種事件必須全部實作
    public void windowActivated(WindowEvent e)
    {
    }
    public void windowClosed(WindowEvent e)
    {
    }
    public void windowClosing(WindowEvent e)
    {
        System.exit(0);
    }
    public void windowDeactivated(WindowEvent e)
    {
    }
    public void windowDeiconified(WindowEvent e)
    {
    }
    public void windowIconified(WindowEvent e)
    {
    }
    public void windowOpened(WindowEvent e)
    {
    }
}
```

程式說明

本例因為實作 WindowListener，所以其七個方法都要實作，請讀者練習去掉任一個方法，那編譯時就會出現錯誤訊息。

WindowAdaper 類別

因為程式實作 WindowListener 介面，所以此界面的七個方法都要實作，所幸 Java 另外提供 java.awt.event.WindowAdaper 類別，只要實作所要的方法即可，請看以下範例說明。

➔ 範例 13-3b

示範使用 WindowAdaper 類別，捕捉視窗事件。

執行結果

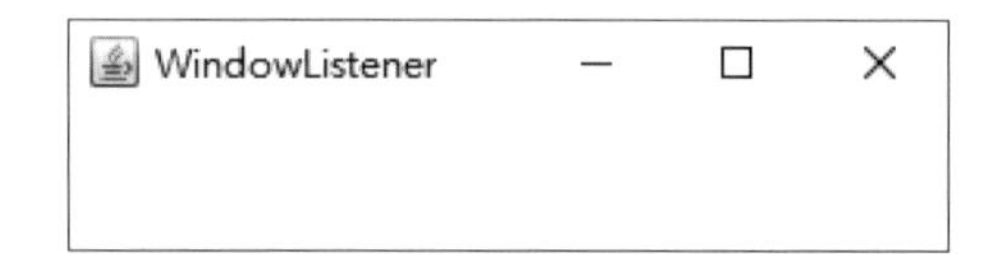

程式列印

```
import java.awt.*;
import java.awt.event.*;
public class e13 _ 3b extends Frame//implements WindowListener
{
   e13 _ 3b()
   {
      super("內部類別"); //執行父代類別的建構子
      this.setSize(300,150);
      //向內部類別註冊關於視窗的事件
      this.addWindowListener(new wap());
   }
   public static void main(String args[])
   {
```

```
        e13 _ 3b frm=new e13 _ 3b();
        frm.setVisible(true);
    }
    class wap extends WindowAdapter{
        public void windowClosing(WindowEvent e)
         {
            System.exit(0);
         }
    }
}
```

補充說明 1. 以上的內部類別名稱不重要，亦可使用匿名內嵌類別代替，程式如下：

```
import java.awt.*;
import java.awt.event.*;
public class e13 _ 3c extends Frame
{
    e13 _ 3c()
    {
        super("匿名內嵌類別"); //執行父代類別的建構子
        this.setSize(300,150);
        //使用匿名內嵌類別委任關於視窗的事件
        this.addWindowListener(new WindowAdapter()
        {
            public void windowClosing(WindowEvent e)
            {
                System.exit(0);
            }
        });

    }
    public static void main(String args[])
    {
        e13 _ 3c frm=new e13 _ 3c();
         frm.setVisible(true);
    }
}
```

自我練習

1. 請使用以上表單 Frame、Label、TextField、Button 等類別，完成一個視窗程式，可以輸入公斤數，當使用者按一下 Button 時，可轉為台斤數。
2. 請使用以上表單 Frame、Label、TextField、Button 等類別，完成一個視窗程式，可以輸入兩個數，並有四個 Button，可分別計算兩個數的加減乘除的結果。

13-4 滑鼠事件

前面 13-2 節，我們僅捕捉滑鼠動作事件，但是若要精確分辨滑鼠按一下時是、進入元件、離開元件、或某一元件被滑鼠壓著、或某一元件被放開，此時就要使用 addMouseListener 方法，此方法隸屬 java.awt.Component 類別，所以其子孫類別都可使用此方法，此一方法語法如下：

```
public void addMouseListener(MouseListener l)
```

由以上語法可知，使用前應先實作 MouseListener 介面如下：

```
public class e13 _ 4a extends Frame  implements MouseListener
```

且此介面所含的五個方法如下：

```
public void mouseClicked(MouseEvent e)
public void mouseEntered(MouseEvent e)
public void mouseExited(MouseEvent e)
public void mousePressed(MouseEvent e)
public void mouseReleased(MouseEvent e)
```

同樣的道理，此介面共含 5 個方法，所以只要實作 MouseListener 介面均應實作以上 5 個方法。以上介面傳遞第一個參數 MouseEvent 類別，所以介紹此類別如下：

MouseEvent 類別

MouseEvent 類別的常用方法如下：

int getButton()

傳回滑鼠何按鍵被按下。左鍵是 1，中鍵是 2，右鍵是 3。

Point getPoint()

傳回滑鼠按鍵被按時的座標。

int getX()

傳回滑鼠按鍵被按時的 x 座標。

int getY()

傳回滑鼠按鍵被按時的 y 座標。

➔ 範例 13-4a

請寫一程式，於使用者按用滑鼠按一下的地方標示一個黑點。

執行結果

1. 下圖左是程式執行的初始畫面。
2. 下圖右是筆者按滑鼠鍵若干次的畫面。

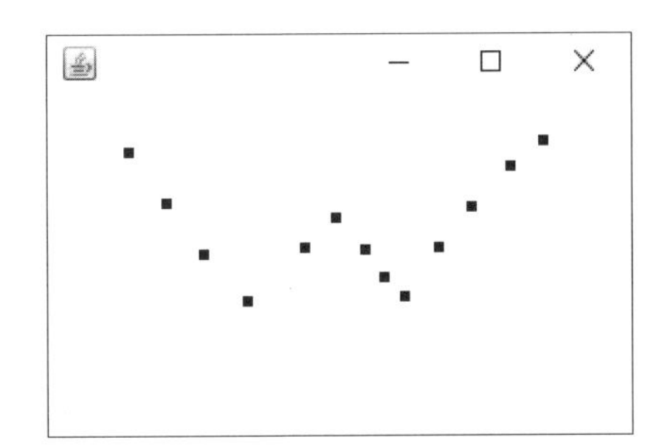

程式列印

```
import java.awt.*;
import java.awt.event.*;
public class e13_4a extends Frame  implements MouseListener
{
    e13_4a()
    {
        this.setLayout(null);
        this.setLocation(100,50); //位置
        this.setSize(300,200);    //大小
        //使用匿名內嵌類別委任關於視窗的事件
        this.addWindowListener(new WindowAdapter()
        {
            public void windowClosing(WindowEvent e)
            {
                System.exit(0);
            }
        });
        this.addMouseListener(this);
    }
    public static void main(String args[])
    {
        e13_4a frm =new e13_4a();
        frm.setVisible(true);
    }
    public void actionPerformed(ActionEvent e)
    {
        System.exit(0);
    }

    public void mouseClicked(MouseEvent e)
    {
        int x,y;
        Graphics g;
        g=getGraphics();    //取得繪圖物件
        x=e.getX();
```

```
            y=e.getY();
            g.fillRect(x-5,y-5,5,5); //填滿矩形
            System.out.println(e.getButton());
        }
        public void mouseEntered(MouseEvent e)
        {
        }
        public void mouseExited(MouseEvent e)
        {
        }
        public void mousePressed(MouseEvent e)
        {
        }
        public void mouseReleased(MouseEvent e)
        {
        }
    }
```

MouseAdapter 類別

前面的 WindowListener 介面共含有三個方法，所以有 WindowAdapter() 抽象類別來簡化問題，這個單元的 MouseListener 一共含有 5 個方法，是否含有對等的抽象類別？答案是肯定的，那就是現在要介紹的 MouseAdapter 類別，它亦是一個抽象類別。使用此抽象類別時，只要實作所需方法即可。

➔ 範例 13-4b

請以 MouseAdapter 類別重作範例 13-4a 。

```
import java.awt.*;
import java.awt.event.*;
public class e13_4b extends Frame  //implements MouseListener
{
    e13_4b()
    {
        this.setLayout(null);
```

```
        this.setLocation(100,50); //位置
        this.setSize(300,200);     //大小

        //使用匿名內嵌類別委任關於視窗的事件
        this.addWindowListener(new WindowAdapter()
        {
           public void windowClosing(WindowEvent e)
           {
              System.exit(0);
           }
        });
        //this.addMouseListener(this);
        //使用匿名內嵌類別委任關於滑鼠的事件
        this.addMouseListener(new MouseAdapter()
        {
           public void mouseClicked(MouseEvent e)
           {
              int x,y;
              Graphics g;
              g=getGraphics();    //取得繪圖物件
              x=e.getX();
              y=e.getY();
              g.fillRect(x-5,y-5,5,5); //填滿矩形
              System.out.println(e.getButton());
           }
         });
     }
     public static void main(String args[])
     {
        e13_4b frm =new e13_4b();
        frm.setVisible(true);
     }
     public void actionPerformed(ActionEvent e)
     {
        System.exit(0);
     }
  }
```

13-5 滑鼠滾輪事件

上一節僅偵測滑鼠按下去或彈上來事件，若要深入探討滑鼠滾輪移動事件，則要加入 addMouseMotionListener ，此方法隸屬 java.awt.Component 類別，所以其子孫類別都可使用此方法，其語法如下：

```
void addMouseMotionListener( MouseMotionListener l)
```

使用此方法前應先實作 MouseMotionListener 介面如下：

```
implemnents MouseMitionListener
```

MouseMotionListener 介面所含方法如下：

```
mouseDragged(moseEvent e)     //滑鼠按鍵被按且移動稱為被拖曳
mouseMove (MoseEvent e)       //滑鼠被移動
```

只要實作 MouseMotionListener 介面，均應同時實作以上兩個方法。

➔ 範例 13-5a

請寫一個程式，完成以下兩個功能：

1. 滑鼠移動時，於表單的標題顯示滑鼠指標的座標。
2. 滑鼠拖曳時，持續於滑鼠指標繪點。

執行結果

1. 下圖左是移動滑鼠時，所顯示的座標。
2. 下圖右是拖曳滑鼠時，所出現的連續繪圖點。

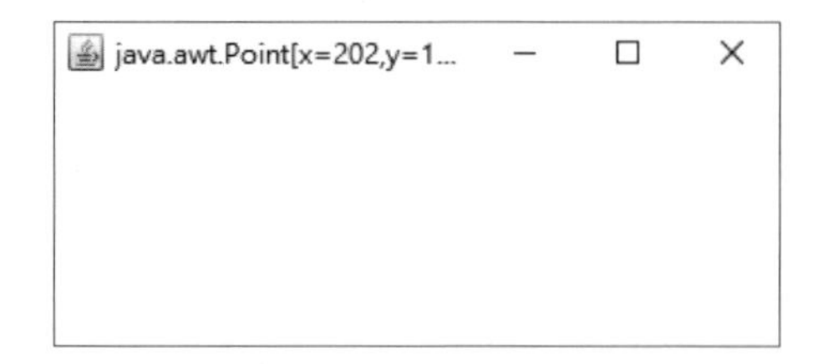

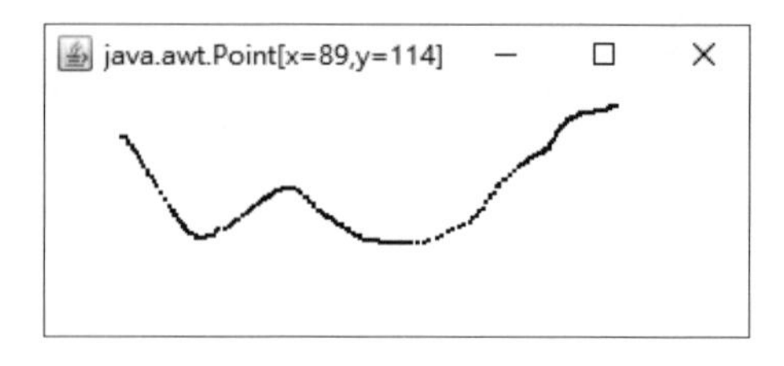

MouseMotionAdapter 類別

MouseMotionAdapter 類別與 MouseAdapter 類別相似，它亦是一個抽象類別。使用此抽象類別時，只要實作所需方法即可，請看以下範例。

➔ 範例 13-5b

以 MouseMotionAdapter 類別重作範例 13-5a。

程式列印

```
import java.awt.*;
import java.awt.event.*;
public class e13_5b extends Frame
//implements MouseMotionListener
{
   e13_5b()
   {
      this.setSize(400,150);     //大小
      //this.addMouseMotionListener(this);
   }

   public static void main(String args[])
   {
     e13_5b frm =new  e13_5b();

      frm.addWindowListener(new WindowAdapter()
      {
         public void windowClosing(WindowEvent e)
         {
```

```
                System.exit(0);
            }
        });       //匿名內嵌類別
        frm.addMouseMotionListener(new MouseMotionAdapter()
        {
          public void mouseDragged(MouseEvent e)
          {
              int x,y;
              Graphics g;
              //g=getGraphics();    //取得繪圖物件,但本題位置不行
              //g.fillRect(x-1,y-1,2,2); //填滿矩形
              x=e.getX();
              y=e.getY();
              frm.setTitle("x="+x+"y="+y);//印出座標
          }
          public void mouseMoved(MouseEvent e)
          {
              Point p;
              p=e.getPoint();
              frm.setTitle(p.toString());//印出座標
          }
        });      //匿名內嵌類別
        frm.setVisible(true);
    }
}
```

13-6 鍵盤事件

若要讓元件偵測鍵盤事件，就要讓元件加入 addKeyListener 方法，此方法隸屬 java.awt.Component 類別，所以其子孫類別都可使用此方法，此一方法語法如下：

```
public void addKeyListener(KeyListener l)
```

由以上語法可知，使用前應先實作 MouseListener 介面如下：

```
public class e13 _ 4a extends Frame  implements KeyListener
```

且此介面所含的 3 個方法如下：

```
public void keyPressed(KeyEvent e)
public void keyReleased(KeyEvent e)
public void keyTyped(KeyEvent e)
```

此介面共含 3 個方法，同樣的道理，只要實作 MouseListener 介面均應實作以上 3 個方此介面要傳遞一個參數 KeyEvent 類別，所以闡述 KeyEvent 類別如下：

KeyEvent 類別

KeyEvent 類別的常用方法如下：

int getKeyCode()

傳回按鍵的 Unicode 值。

char getKeyChar()

傳回按鍵的字元符號，但控制鍵無字元符號。

boolean isAltDown()

傳回按鍵的同時，是否也按下 Alt 鍵。

boolean isShiftDown()

傳回按鍵的同時，是否也按下 Shift 鍵。

boolean isControlDown()

傳回按鍵的同時，是否也按下 Ctrl 鍵。

boolean isMetaDown()

傳回按鍵的同時，是否也按下滑鼠右鍵。更多的方法，請自行查閱 API，以下則是每個按鍵的常數表。

static int	VK_7	Constant for the "7" key.
static int	VK_8	Constant for the "8" key.
static int	VK_9	Constant for the "9" key.
static int	VK_A	Constant for the "A" key.
static int	VK_ACCEPT	Constant for the Accept or Commit function key.
static int	VK_ADD	Constant for the number pad add key.
static int	VK_AGAIN	
static int	VK_ALL_CANDIDATES	Constant for the All Candidates function key.
static int	VK_ALPHANUMERIC	Constant for the Alphanumeric function key.
static int	VK_ALT	Constant for the ALT virtual key.
static int	VK_ALT_GRAPH	Constant for the AltGraph function key.

➔ 範例 13-6a

請寫一個程式，使用鍵盤的上、下、左、右移動元件，使用 Pgup 鍵與 Pgdn 鍵放大與縮小元件。

執行結果

1. 下圖左是按一下『向下』鍵三次，Button 向下移動的結果。

2. 下圖右是按一下『Pgup』鍵二次，Button 已有放大的結果。

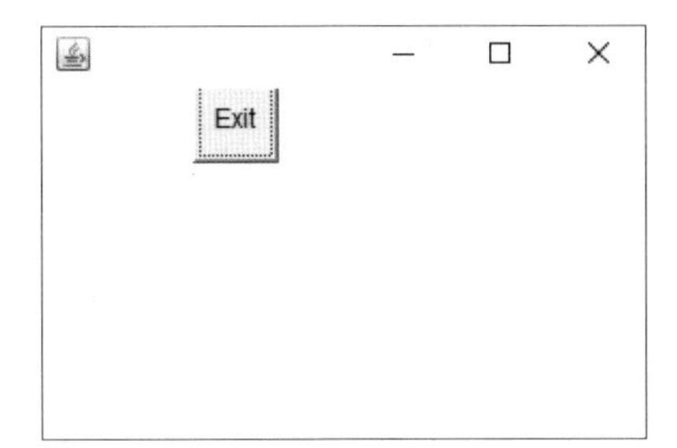

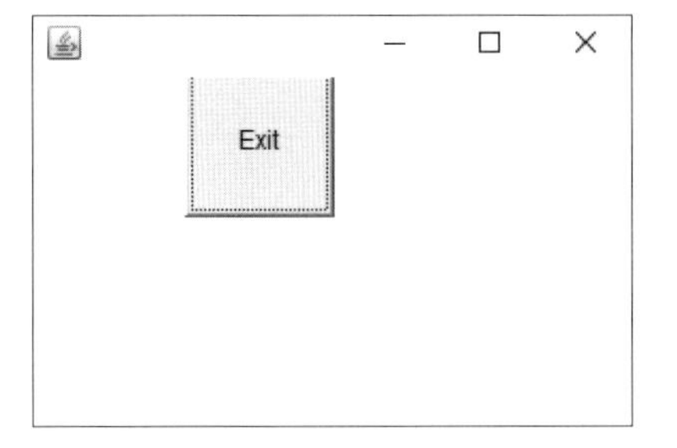

程式列印

```
import java.awt.*;
import java.awt.event.*;
public class e13_6a extends Frame  implements
ActionListener,KeyListener

{
   Button btnExit=new Button("Exit");
   e13_6a()
   {
      this.setLayout(null);
      this.setLocation(100,50); //位置
      this.setSize(300,200);    //大小

      btnExit.setLocation(50,25);
      btnExit.setSize(40,40);

      this.add(btnExit);

      btnExit.addActionListener(this);
      btnExit.addKeyListener(this);
   }
   public static void main(String args[])
   {
      e13_6a frm =new e13_6a();
      frm.setVisible(true);
   }
   public void actionPerformed(ActionEvent e)
   {
      System.exit(0);
   }

   public void keyPressed(KeyEvent e)
   {
       System.out.println("KeyCode:"+e.getKeyCode());
       System.out.println("KeyChar:"+e.getKeyChar());
```

```
    System.out.println("isAltDown:"+e.isAltDown());
    System.out.println("isShiftDown:"+e.isShiftDown());
    System.out.println("isControlDown:"+e.isControlDown());
    System.out.println("isMetaDown:"+e.isMetaDown());

    int x,y,w,h;
    x=btnExit.getX();
    y=btnExit.getY();
    w=btnExit.getWidth();
    h=btnExit.getHeight();
    switch (e.getKeyCode() ){
        case  KeyEvent.VK_RIGHT:
            x+=10;
            break;
        case   KeyEvent.VK_LEFT :
            x-=10;
            break;
        case   KeyEvent.VK_UP:
            y-=10;
            break;
        case    KeyEvent.VK_DOWN:
            y+=10;
            break;
        case  KeyEvent.VK_PAGE_UP:
            w+=10;
            h+=10;
            break;
        case  KeyEvent.VK_PAGE_DOWN:
            w-=10;
            h-=10;
            break;
    }
    btnExit.setBounds(x,y,w,h);
}
public void keyReleased(KeyEvent e)
{
}
```

```
        public void keyTyped(KeyEvent e)
        {
        }
    }
```

KeyAdapter

KeyAdapte 類別與 MouseMotionAdapter、MouseAdapter 類別相似，它亦是一個抽象類別。使用此抽象類別時，只要實作所需方法即可，請翻閱與複習 13-2 節的委派事件表，並參考以下範例。

➔ 範例 13-6b

同上範例，但改為使用 KeyAdapter()，且用匿名內嵌類別。

程式列印

```
import java.awt.*;
import java.awt.event.*;
public class e13 _ 6b extends Frame  implements ActionListener
//,KeyListener
{
    Button btnExit=new Button("Exit");
    e13 _ 6b()
    {
        this.setLayout(null);
        this.setLocation(100,50);  //位置
        this.setSize(300,200);     //大小

        btnExit.setLocation(50,25);
        btnExit.setSize(40,40);

        this.add(btnExit);

        btnExit.addActionListener(this);
        btnExit.addKeyListener(new KeyAdapter() {
         public void keyPressed(KeyEvent e)
```

```
        {
            System.out.println(e.getKeyCode());
            int x,y,w,h;
            x=btnExit.getX();
            y=btnExit.getY();
            w=btnExit.getWidth();
            h=btnExit.getHeight();
            switch (e.getKeyCode() ){
                case  KeyEvent.VK_RIGHT:
                    x+=10;
                    break;
                case   KeyEvent.VK_LEFT :
                    x-=10;
                    break;
                case   KeyEvent.VK_UP:
                    y-=10;
                    break;
                case    KeyEvent.VK_DOWN:
                    y+=10;
                    break;
                case  KeyEvent.VK_PAGE_UP:
                    w+=10;
                    h+=10;
                    break;
                case  KeyEvent.VK_PAGE_DOWN:
                    w-=10;
                    h-=10;
                    break;
            }
            btnExit.setBounds(x,y,w,h);
        }
    });
}
public static void main(String args[])
{
    e13_6b frm =new e13_6b();
    frm.setVisible(true);
```

```
    }
    public void actionPerformed(ActionEvent e)
    {
        System.exit(0);
    }
}
```

14

CHAPTER

版面配置

JAVA

Java 是因應跨平台所發展的語言，既然是跨平台，那麼輸出的視窗就不只是電腦螢幕，亦有可能是手機或平板等不同長寬比的螢幕，作業系統也有可能是 Windows、Unix 或 Android。為了適應這種跨平台的特性，所以各元件的配置若採用 setLacation 或 setBounds 等絕對座標的方式，則一但輸出的螢幕大小改變時，將會造成部分元件無法顯示或畫面不協調。例如，前面的範例 13_2b 因未使用任何的版面配置，所以當輸出畫面變小時，部份控制項將無法顯示，如下圖左；其次，若輸出畫面變大時，畫面又顯得不協調，如下圖右。本節的版面配置，即可解決以上問題。

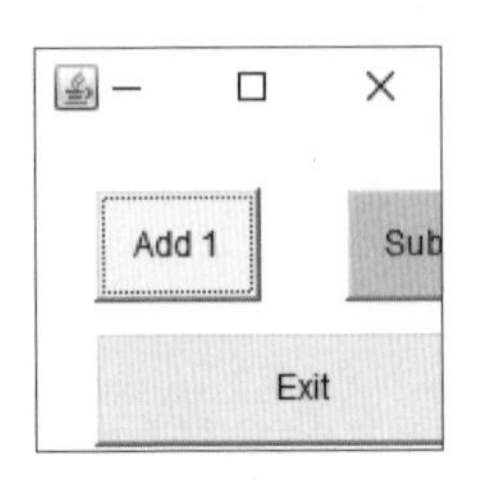

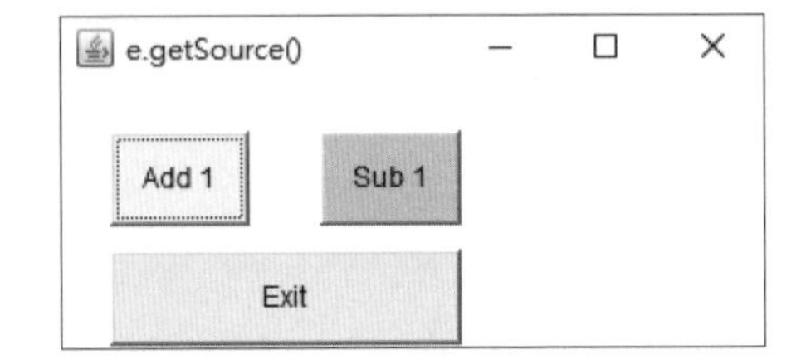

14-1 FlowLayout 類別

FlowLayout 可將元件由左而右，由上而下依序排列，就像 word 的文字排列，當第一列滿了，即將元件排列至第二列。且當畫面比例或大小重新調整時，裡面的元件也會跟者重新調整。其次 FlowLayout 是預設的版面配置，也就是若不指定版面配置，那就是採用 FlowLayout。

建構子

FlowLayout 的建構子如下圖。

Constructor	Description
FlowLayout()	Constructs a new FlowLayout with a centered alignment and a default 5-unit horizontal and vertical gap.
FlowLayout(int align)	Constructs a new FlowLayout with the specified alignment and a default 5-unit horizontal and vertical gap.
FlowLayout(int align, int hgap, int vgap)	Creates a new flow layout manager with the indicated alignment and the indicated horizontal and vertical gaps.

FlowLayout()

建構 FlowLayout，並預設物件為置中對齊，各物件垂直與水平間距皆為 5 單位。

FlowLayout(int align)

建構 FlowLayout，預設各物件之間水平與垂直間距皆為 5 單位；對齊方式（align） 可 為 FlowLayout.LETT、FlowLayout.CENTER 或 FlowLayout.RIGHT。以上的 LEFT、CENTER 及 RIGHT 為 FlowLayout 的類別資料成員，請看下面的資料成員。

FlowLayout(int align, int hgap, int vgap)

建構 FlowLayout，並可設定各物件的對齊方式 (align) 及水平（hgap）與垂直（vgap）間距。

資料成員

FlowLayout 的資料成員，皆為類別 (static) 成員。（類別成員可不用建構，而直接以 "類別 . 成員" 執行此成員，例如 FlowLayout.CENTER 或 FlowLayout.LEFT，若忘了，請複習第九章）

LEFT

設定物件向左對齊。例如，右圖是物件靠左實例。

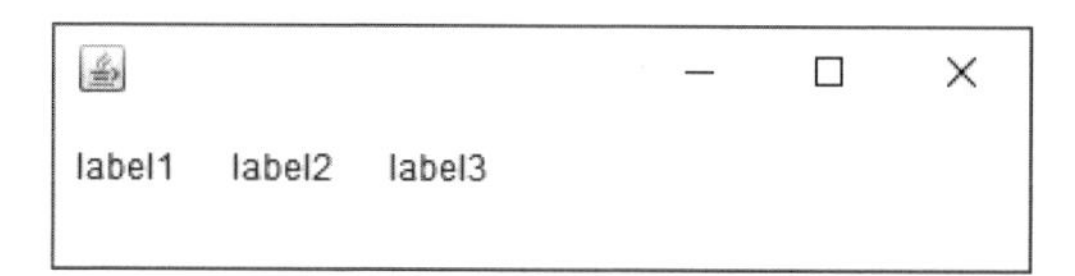

CENTER

設定物件向中對齊。例如，右圖是物件置中實例。

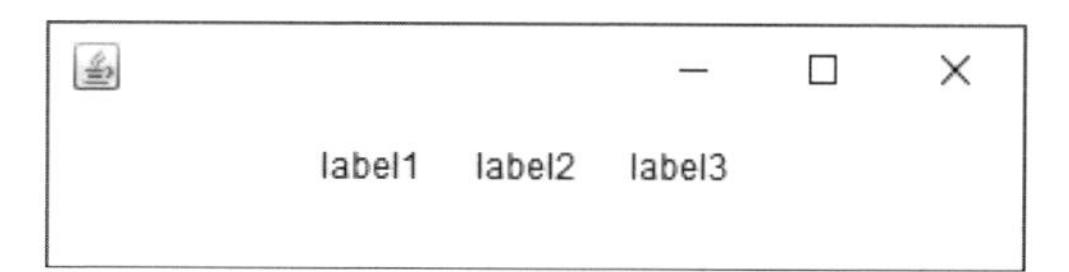

➔ 範例 14-1a

示範 FlowLayout 的版面配置。

執行結果

1. 下圖左是程式執行的初始畫面，所有的元件均放在第一列，且置中對齊

2. 將表單縮小後，所有的元件亦重新排列，如下圖右。

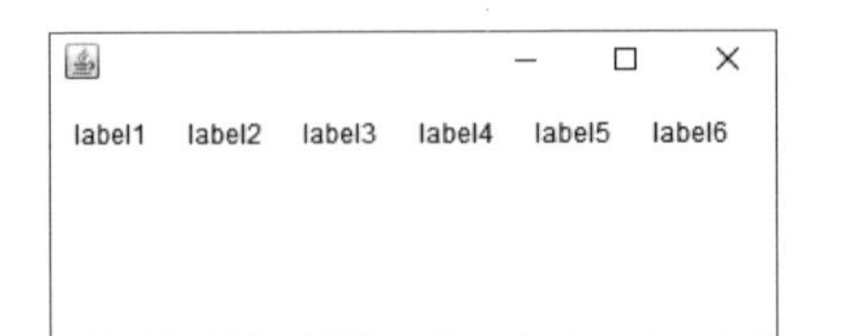

程式列印

```
import java.awt.*;
import java.awt.event.*;
class e14_1a extends Frame
{
    Label label1=new Label("label1");
    Label label2=new Label("label2");
    Label label3=new Label("label3");
    Label label4=new Label("label4");
    Label label5=new Label("label5");
    Label label6=new Label("label6");
    e14_1a()
    {
        this.setSize(350,150);
        FlowLayout layout=new FlowLayout();
        this.setLayout(layout);
        //設定對齊方式
        //layout.setAlignment(FlowLayout.LEFT);//靠左
        this.add(label1);
        this.add(label2);
        this.add(label3);
```

```
        this.add(label4);
        this.add(label5);
        this.add(label6);
    }
    public static void main(String args[])
    {
        e14_1a frm=new e14_1a();
        frm.addWindowListener(new WindowAdapter()
        {
            public void windowClosing(WindowEvent e)
            {
                System.exit(0);
            }
        });    //匿名內嵌類別
        frm.setVisible(true);
    }
}
```

14-2 GridLayout

GridLayout 的功能是可以規定表單（或其它容器元件）的行列個數，請看以下說明。

建構子

GridLayout 的建構子，如下圖。

Constructor	Description
GridLayout()	Creates a grid layout with a default of one column per component, in a single row.
GridLayout(int rows, int cols)	Creates a grid layout with the specified number of rows and columns.
GridLayout(int rows, int cols, int hgap, int vgap)	Creates a grid layout with the specified number of rows and columns.

GridLayout()

將所有元件配置在同一列。例如，以下敘述，可將所有元件配置在同一列，且不管容器元件的大小如何改變，所有元件還是在同一列，如下圖左與右。

```
GridLayout layout=newGridLayout( );
this.setLayout(layout);
```

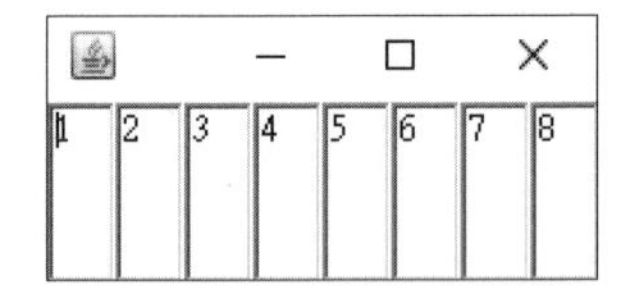

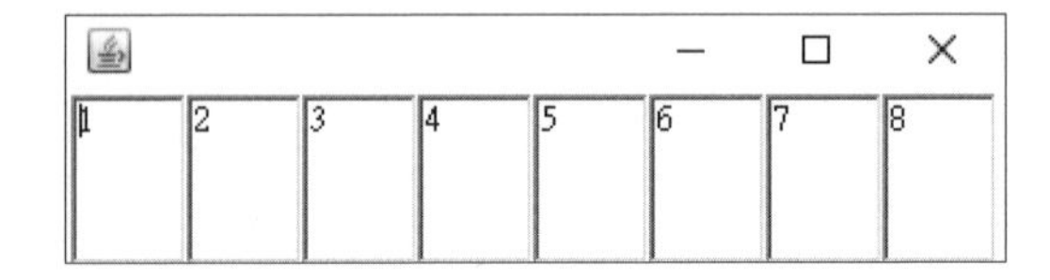

GridLayout(int rows, int cols)

將元件配置在指定的列數 (rows) 與行數 (cols)。例如，以下敘述可指定元件的排列為 3 列 2 行。

```
GridLayout layout=new GridLayout(3,2);
this.setLayout(layout);
```

GridLayout(int rows, int cols, int hgap, int vgap)

將元件配置在指定的列數與行數，並指定元件的水平（hgap）與垂直（vgap）間距。例如，以下敘述可指定 2 列 4 行，水平間距為 12 單位，垂直間距為 3 單位。

```
GridLayout layout=new GridLayout(2,4,12,3);
this.setLayout(layout);
```

➔ 範例 14-2a

示範 GridLayout。

執行結果

請讀者練習調整表單的大小，並觀察元件位置與大小的變化。

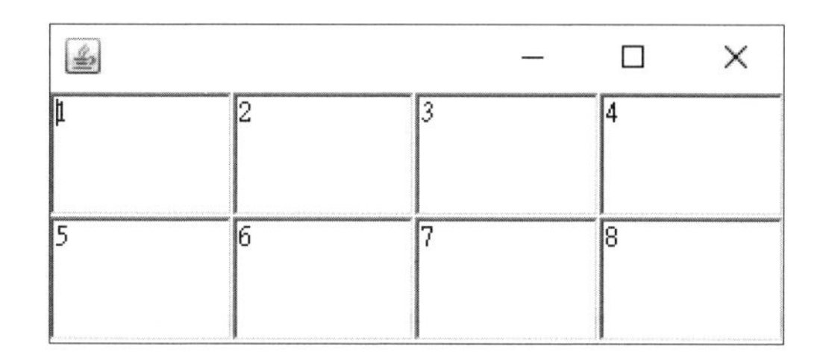

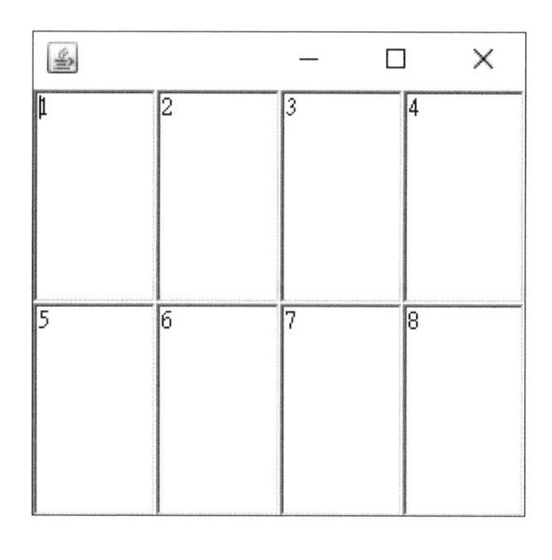

程式列印

```
import java.awt.*;
import java.awt.event.*;
class e14_2a extends Frame
{
    e14_2a()
    {
        this.setSize(350,150);
        //GridLayout  layout=new GridLayout();
        //GridLayout  layout=new GridLayout(3,2);
        GridLayout  layout=new GridLayout(2,4);//控制項間沒有間距
        //GridLayout  layout=new GridLayout(2,4,12,3);
        this.setLayout(layout);
        //動態加入元件
        for(int i=1;i<=8;i++)
            this.add(new TextField(Integer.toString(i)));
    }
    public static void main(String args[])
    {
        e14_2a frm=new e14_2a();

        frm.addWindowListener(new WindowAdapter()
```

```
        {
            public void windowClosing(WindowEvent e)
            {
                System.exit(0);
            }
        });      //匿名內嵌類別
        frm.setVisible(true);
    }
}
```

程式說明

1. 本例於執行階段，使用動態的方式加入元件，此特別適合執行階段依照不同的需求，加入所需的元件個數。本例共加入 8 個 TextField，其敘述如下：

```
for(int i=1;i<=8;i++)
    this.add(new TextField(Integer.toString(i)));
```

於實例探討亦有相近範例，因為很多情況，要程式執行後，才能確認要配置多少個元件。

14-3 BorderLayout

BorderLayout 是將容器分為五區，分別是中間與上、下、左及右，請看以下說明。

建構子

BorderLayout 的建構子與 GridLayout 相近並不特殊，如下圖。

Constructor	Description
BorderLayout()	Constructs a new border layout with no gaps between components.
BorderLayout(int hgap, int vgap)	Constructs a border layout with the specified gaps between components.

資料成員

BorderLayout 的資料成員如下，這些都是類別成員，主要是用來指定加入元件的位置。

static String CENTER

將元件放入容器的中間。

static String NORTH

將元件放入容器的上面。

static String SOUTH

將元件放入容器的下面。

static String WEST

將元件加入容器的左邊。

static String EAST

將元件加入容器的右邊。

➔ 範例 14-3a

示範 BorderLayout。

執行結果

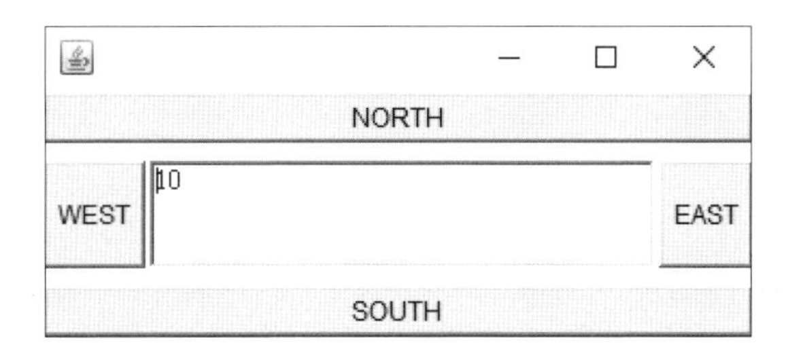

程式列印

```
import java.awt.*;
import java.awt.event.*;
class e14_3a extends Frame
{
   TextField txf1=new TextField("10");
   Button but1=new Button("NORTH");
   Button but2=new Button("SOUTH");
   Button but3=new Button("WEST");
   Button but4=new Button("EAST");
   e14_3a()
   {
      this.setSize(300,150);

      BorderLayout layout=new BorderLayout(2,8);
      this.setLayout(layout);
      this.add(txf1,BorderLayout.CENTER);
      this.add(but1,BorderLayout.NORTH);
      this.add(but2,BorderLayout.SOUTH);
      this.add(but3,BorderLayout.WEST);
      this.add(but4,BorderLayout.EAST);
   }
   public static void main(String args[])
   {
      e14_3a frm=new e14_3a();

      frm.addWindowListener(new WindowAdapter()
      {
         public void windowClosing(WindowEvent e)
         {
            System.exit(0);
         }
      });      //匿名內嵌類別
      frm.setVisible(true);
   }
}
```

➔ 範例 14-3b

同上範例，但加上事件處理，四個按鍵的功能分別是兩倍、除以 2、加一、減一。

執行結果

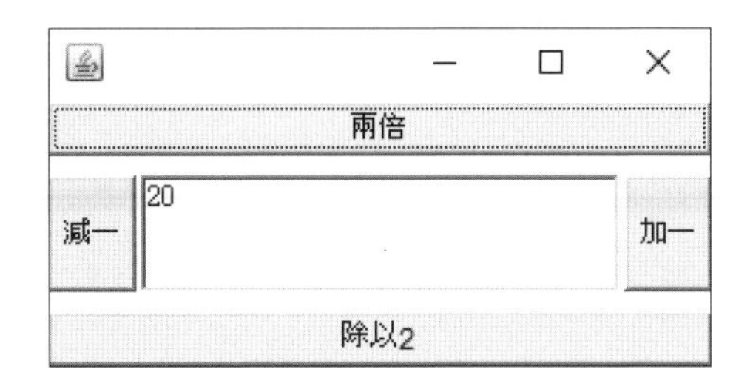

程式列印

```
import java.awt.*;
import java.awt.event.*;
class e14_3b extends Frame implements ActionListener
{
   TextField txf1=new TextField("10");
   Button but1=new Button("兩倍");
   Button but2=new Button("除以2");
   Button but3=new Button("減一");
   Button but4=new Button("加一");
   e14_3b()
   {
      this.setSize(300,150);
      BorderLayout layout=new BorderLayout(2,8);
      this.setLayout(layout);
      this.add(txf1,BorderLayout.CENTER);
      this.add(but1,BorderLayout.NORTH);
      this.add(but2,BorderLayout.SOUTH);
      this.add(but3,BorderLayout.WEST);
      this.add(but4,BorderLayout.EAST);
      but1.addActionListener(this);
```

```
        but2.addActionListener(this);
        but3.addActionListener(this);
        but4.addActionListener(this);
    }
    public static void main(String args[])
    {
        e14_3b frm=new e14_3b();

        frm.addWindowListener(new WindowAdapter()
        {
            public void windowClosing(WindowEvent e)
            {
                System.exit(0);
            }
        });    //匿名內嵌類別
        frm.setVisible(true);
    }
    public void actionPerformed(ActionEvent e)
    {
        System.out.println(e.getSource());
        String s=txf1.getText();//取字串
        int t=Integer.parseInt(s);//轉數值
        if (e.getSource()== but1)
            t=t*2;
         else if (e.getSource()== but2)
              t=t/2;
         else if (e.getSource()== but3)
           t--;
         else
           //剩下but4
            t++;
        txf1.setText(Integer.toString(t));//轉字串
    }
}
```

14-4 CardLayout

CardLayout 版面配置可以讓您在同一個位置，配置很多個元件，就像卡片一樣，當您按一下的時候，它可以往前、往後或顯示指定的元件。

➔ 範例 14-4a

示範 CardLayout。

輸出結果

下圖同一個位置 (『請輸入姓名』的位置) 陸續出現三個指示，其實有三個按鈕，所以可以對應不同的事件。

程式列印

1. 本例先使用 GridLayout 作為版面配置，將 Frame 先分成上下兩列，並各放一個 Panel (Panel 也是容器元件)，分別是 p1 與 p2 。
2. p1 僅放一個 TextField。
3. p2 再使用 CardLayout 作為版面配置，並連續放入 3 個 Button，這 3 個 Button 並命名為 first、second 與 third，這樣等會除了可上下移動指定元件外，也可用名稱指定顯示哪一個 Button。
4. 以下程式還示範 Button 的移動方式，這些方法請自行查閱 API。

```
import java.awt.*;
import java.awt.event.*;
class e14 _ 4a extends Frame implements ActionListener
{
   Panel p1=new Panel();
   Panel p2=new Panel();
   TextField txf1=new TextField("TextField");
   Button b1=new Button("請輸入姓名");
   Button b2=new Button("請輸入代碼");
   Button b3=new Button("請輸入密碼");
   CardLayout c=new CardLayout();
   e14 _ 4a()
   {
      this.setSize(200,150);
      GridLayout layout=new GridLayout(2,1);//控制項間沒有間距
      this.setLayout(layout);
      //動態加入元件
      this.add(p1);
      this.add(p2);
      p1.add(txf1, "first");
      p2.setLayout(c);
      p2.add(b1, "first");
      p2.add(b2, "second");
      p2.add(b3, "third");
      //介紹移動的方式。
      c.first(p2);//移到第一張
      c.next(p2);//下一張
      c.previous(p2);//上一張
      c.show(p2, "second");//指定卡片名稱
      c.next(p2);
      c.next(p2);
      b1.addActionListener(this);
      b2.addActionListener(this);
      b3.addActionListener(this);
   }
   public static void main(String args[])
```

```
    {
        e14 _ 4a frm=new e14 _ 4a();

        frm.addWindowListener(new WindowAdapter()
        {
            public void windowClosing(WindowEvent e)
            {
                System.exit(0);
            }
        });      //匿名內嵌類別
        frm.setVisible(true);
    }
    public void actionPerformed(ActionEvent e)
    {
        System.out.println(e.getSource());
        if (e.getSource()== b1)
           c.show(p2,"second");
           //c.next(p2);
         else if (e.getSource()== b2)
              c.next(p2);
              else //剩下b3
              c.next(p2);;
    }
}
```

14-5 實例探討

Panel 類別

Panel 類別可建構一個透明容器元件。當表單版面配置較複雜時，通常可巢狀版面配置，也就是先整體版面配置，每一個位置先放 Panel 元件。然後每一個 Panel 可再版面配置，再放置元件，請看以下範例說明。

➔ 範例 14-5a

請寫一個視窗程式，可以讓使用者輸入兩個數，並由使用者點選加、減、乘及除法按鈕，最後再輸出結果。

設計步驟

1. 先規劃表單。
2. 先版面配置，每一位置先放置 Panel 元件。
3. 每一個 Panel 元件再版面配置，再放入元件。

執行結果

使用者螢幕比例或大小改變時，所有元件都可等比例調整，如下左右兩個圖。

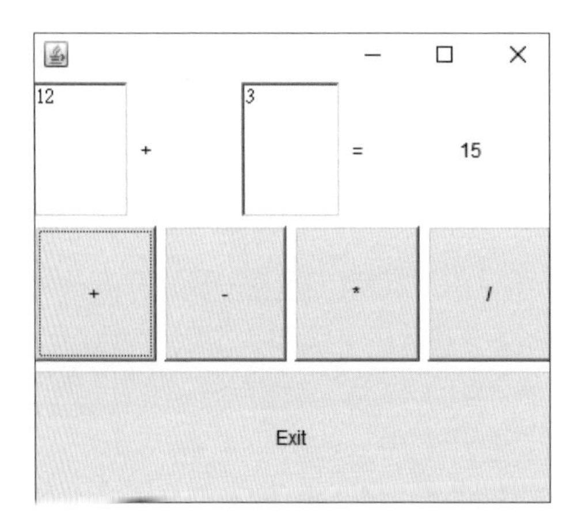

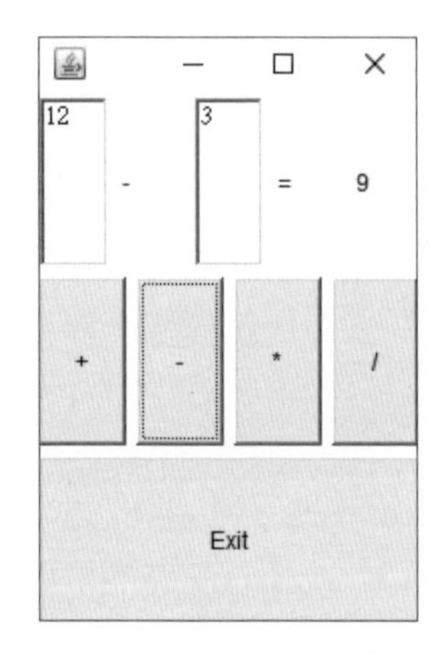

程式列印

```
import java.awt.*;
import java.awt.event.*;
class e14_5a extends Frame implements ActionListener
{
   Panel p1=new Panel();
   Panel p2=new Panel();
```

```
    Panel p3=new Panel();

    TextField txf1=new TextField("12");
    TextField txf2=new TextField("3");
    Label lblop=new Label(" ");
    Label lblequ=new Label("=");
    Label lblout=new Label("  ");
    Button butadd=new Button("+");
    Button butsub=new Button("-");
    Button butmul=new Button("*");
    Button butdiv=new Button("/");
    Button butExit=new Button("Exit");
    e14_5a()
    {
        this.setSize(400,300);
        GridLayout lay1=new GridLayout(3,1,5,5);//控制項間沒有間距
        this.setLayout(lay1);
        this.add(p1);
        this.add(p2);
        this.add(p3);

        GridLayout lay2=new GridLayout(1,5,5,5);
        p1.setLayout(lay2);
        p1.add(txf1);
        p1.add(lblop);
        p1.add(txf2);
        p1.add(lblequ);
        p1.add(lblout);

        GridLayout lay3=new GridLayout(1,4,5,5);
        p2.setLayout(lay3);
        p2.add(butadd);
        p2.add(butsub);
        p2.add(butmul);
        p2.add(butdiv);
```

```
    GridLayout lay4=new GridLayout(1,1,5,5);
    p3.setLayout(lay4);
    p3.add(butExit);

    butadd.addActionListener(this);
    butsub.addActionListener(this);
    butmul.addActionListener(this);
    butdiv.addActionListener(this);
    butExit.addActionListener(this);
  }
  public static void main(String args[])
  {
   e14_5a frm=new e14_5a();
    frm.addWindowListener(new WindowAdapter()
    {
      public void windowClosing(WindowEvent e)
      {
        System.exit(0);
      }
    });    //匿名內嵌類別
    frm.setVisible(true);
  }
  public void actionPerformed(ActionEvent e)
  {
    System.out.println(e.getSource());
    String s1=txf1.getText();//取字串
    int t1=Integer.parseInt(s1);//轉數值
    String s2=txf2.getText();//取字串
    int t2=Integer.parseInt(s2);//轉數值
    int t=0;
    if  (e.getSource()== butExit)
      System.exit(0);
    if (e.getSource()== butadd) {
      t=t1+t2;
      lblop.setText("+");
    }
```

```
        else if (e.getSource()== butsub) {
            t=t1-t2;
            lblop.setText("-");
        }
        else if (e.getSource()== butmul) {
          t=t1*t2;
          lblop.setText("*");
        }
        else if (e.getSource()== butdiv) {
          t=t1/t2;
          lblop.setText("/");
        }
       lblout.setText(Integer.toString(t));//轉字串
    }
  }
```

➔ 範例 14-5b

請將範例 7_2b 的矩陣相乘，寫成一個視窗程式。

執行結果

本例也是巢狀版面配置。

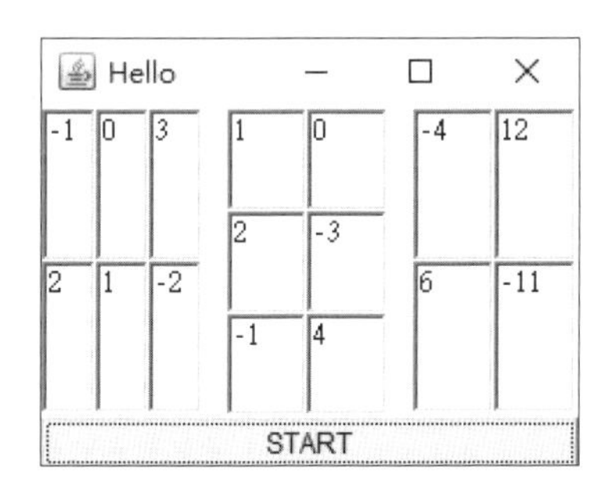

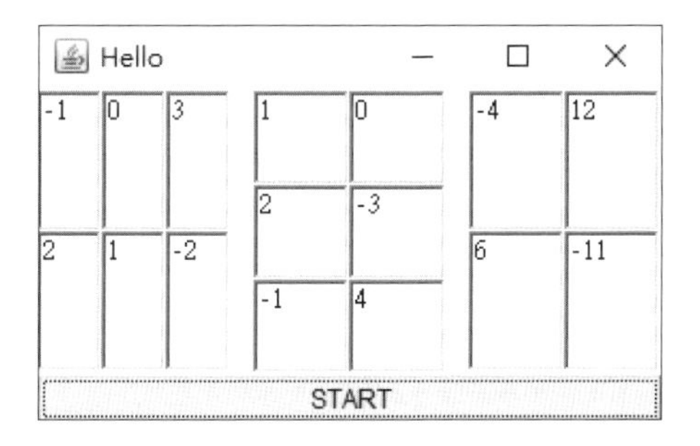

程式列印

```
import java.awt.*;
import java.awt.event.*;
public class e14 _ 5b extends Frame implements ActionListener
{
   Panel pnl0=new Panel();
   Panel pnl1=new Panel();
   Panel pnl2=new Panel();
   Panel pnl3=new Panel();
   Button btnStart=new Button("START");
   TextField txf1[][]=new TextField[2][3];
   TextField txf2[][]=new TextField[3][2];
   TextField txf3[][]=new TextField[2][2];
   //資料初值
   int[][]a={ {-1,0,3},{2,1,-2}};
   int[][]b={{1,0},{2,-3},{-1,4}};
   e14 _ 5b()
   {
      super("Hello"); //執行父代類別的建構子
      this.setSize(250,150);
      this.addWindowListener(new WindowAdapter()
      {
         public void windowClosing(WindowEvent e)
         {
            System.exit(0);
         }
      });        //向自己註冊關於視窗的事件

      BorderLayout layout1=new BorderLayout();
      this.setLayout(layout1);
      this.add(pnl0,BorderLayout.CENTER);
      this.add(btnStart,BorderLayout.SOUTH);

      btnStart.addActionListener(this);
      GridLayout layout2=new GridLayout(1,3,10,10);
```

```
pnl0.setLayout(layout2);
pnl0.add(pnl1);
pnl0.add(pnl2);
pnl0.add(pnl3);

GridLayout layout3=new GridLayout(2,3);
pnl1.setLayout(layout3);
for(int i=0 ;i<2;i++)
{
 for(int j=0;j<3;j++)
 {
   txf1[i][j]=new TextField();
   txf1[i][j].setText(String.valueOf(a[i][j]));
      pnl1.add(txf1[i][j]);
   }
}

GridLayout layout4=new GridLayout(3,2);
pnl2.setLayout(layout4);
for(int i=0 ;i<3;i++)
{
 for(int j=0;j<2;j++)
 {
   txf2[i][j]=new TextField();
      txf2[i][j].setText(String.valueOf(b[i][j]));
      pnl2.add(txf2[i][j]);
   }
}

GridLayout layout5=new GridLayout(2,2);
pnl3.setLayout(layout5);
for(int i=0 ;i<2;i++)
{
 for(int j=0;j<2;j++)
 {
   txf3[i][j]=new TextField();
```

```
            pnl3.add(txf3[i][j]);
        }
    }
}

public void actionPerformed(ActionEvent e)
{
    int i,j,k;
    int t1[][]=new int[2][3];
    int t2[][]=new int[3][2];
    int t3[][]=new int[2][2];

    //取資料 t1
    for(i=0 ;i<2;i++)
  {
      for(j=0 ;j<3;j++)
      t1[i][j]=Integer.parseInt(txf1[i][j].getText());
  }

  //取資料 t2
  for(i=0 ;i<3;i++)
  {
      for(j=0 ;j<2;j++)
      t2[i][j]=Integer.parseInt(txf2[i][j].getText());
  }

  //矩陣相乘
  for(i=0 ;i<2;i++)
  {
      for(j=0 ;j<2;j++)
      {
          t3[i][j]=0;
          for(k=0 ;k<3;k++)
              t3[i][j]=t3[i][j]+t1[i][k]*t2[k][j];
      }
   }
```

```
        //輸出
        for(i=0 ;i<2;i++)
          for(j=0 ;j<2;j++)
              txf3[i][j].setText(String.valueOf(t3[i][j]));
    }

    public static void main(String args[])
    {
        e14 _ 5b frm=new e14 _ 5b();
        frm.setVisible(true);
    }
}
```

自我練習

1. 請將範例 4-1a 加上圖形化使用者輸出入介面。
2. 請將範例 4-1a 的自我練習，加上圖形化使用者輸出入介面。
3. 請將範例 7-3f 加上圖形化使用者輸出入介面。

MEMO

15 CHAPTER

Swing 元件

JAVA

Java 最早是採用 AWT 當圖形化使用者介面（GUI），其缺點是這些 AWT 元件並非純 Java 寫成，結果造成系統資源的浪費或使用的彈性不足，例如無法改變外觀或加上圖案。因此之後則推出 Swing 元件，下圖是常用 Swing 元件的架構圖，以大寫字母 J 開頭者。

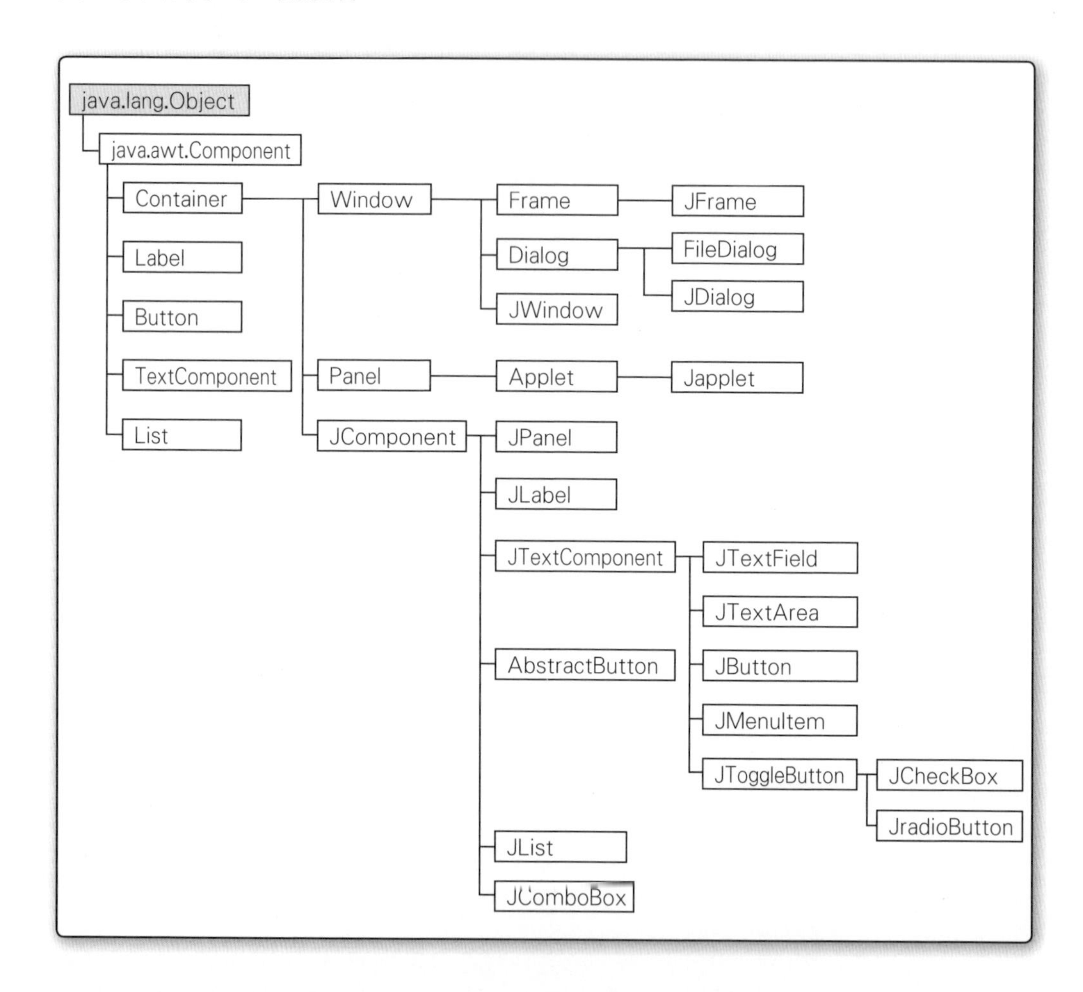

Swing 元件並不是用來取代原有的 AWT 元件，當您使用 Swing 元件時，常常還是要使用原有的 AWT 功能。例如，事件的處理（Event Handle）與版面配置（Layout Manager）。因此，您可以把 Swing 與 AWT 看成是相輔相成的兩樣工具。其次，由於絕大部份 Swing 元件均由純 Java 寫成（只有 JFrame、JDialog、JWindow 及 JApplet 例外），所以可以改善 AWT 所造成的系統資源浪費與缺乏彈性。（例如，Swing 元件可任意加入圖案或動態的改變元件外觀。）

15-1 JFrame

JFrame 類別為 Swing 元件中，用來建構表單（Frame）的元件，此元件為 Swing 的容器元件，所以若要使用 Swing 元件，均應繼承此類別，如以下敘述：

```
public class 類別名稱 extends JFrame
```

此類別的套件全名是 javax.swing，所以應匯入

```
import javax.swing.*;
```

但是 Swing 元件均是衍生自 java.awt.Container 類別，所以亦應同 AWT 元件的使用，匯入以下兩個套件，才能擁有 AWT 的版面配置與事件處理。

```
import java.awt.*;
import java.awt.event.*;
```

事件

JFrame 因衍生自 Frame 類別，所以其父代類別，舉凡 Frame、Window、Container 及 Component 的方法與事件均可使用，且其用法均同 AWT，請看以下範例說明。

➔ 範例 15-1a

請寫一程式，於程式執行出現表單，並可按一下表單的視窗關閉鈕而結束程式。

執行結果

1. 程式執行的初始畫面如下圖。

2. 可按一下視窗左上角的『**關閉**』鈕，結束程式的執行。

程式列印

```
import java.awt.*;
import java.awt.event.*;
import javax.swing.*;
public class e15_1a extends JFrame
{
   public e15_1a()    //建構子
   {
      this.setLocation(100,100);
      this.setSize(300,100);
      this.setTitle("JFrame");
   }
   public static void main(String[] args)
   {
      e15_1a frm=new e15_1a();
      frm.addWindowListener(new WindowAdapter()
      {
         public void windowClosing(WindowEvent e)
         {
            System.exit(0);
         }
      });      //匿名內嵌類別
      frm.setVisible(true);
   }
}
```

setDefaultCloseOperation 方法

JFrame 新增此一方法關閉視窗，其參數值有四種，如下表所示：

參數	說明
DO_NOTHING_ON_CLOSE	不作任何處理
HIDE_ON_CLOSE	隱藏此視窗
DISPOSE_ON_CLOSE	隱藏並釋放此視窗的資源
EXIT_ON_CLOSE	結束視窗程式，同System.exit(0)

➔ 範例 15-1b

同上範例，但用 setDefaultCloseOperation 方法取代 WindowListener。

程式列印

```
//import java.awt.*;
//import java.awt.event.*;
import javax.swing.*;
public class e15_1b extends JFrame
{
    public e15_1b()    //建構子
    {
        this.setLocation(100,100);
        this.setSize(300,100);
        this.setTitle("使用setDefaultCloseOperation結束程式");
    }
    public static void main(String[] args)
    {
        e15_1b frm=new e15_1b();
         frm.setDefaultCloseOperation(EXIT_ON_CLOSE);
         frm.setVisible(true);
    }
}
```

Container

於 Frame 類別是使用以下敘述於表單加入元件。

```
frame.sdd(元件)    //frame代表Frame物件
```

但是，JFrame 則希望是有類似 Word 或 AutoCAD 等多層次的效果，所以並不是直接將元件加入表單，而是先取得一個容器物件，此物件稱為 Container。Container 物件可以放置許多層板（Pane），其中最上面的是 GlassPane，GlassPane 下面則有非常多的 LayeredPane，LayeredPane 中有一個名為 ContentPane 則是提供一般視窗設計的一層，此層可設定是否加入 MenuBar（功能表）。以上關於 Container 元件的層板敘述，如下圖所示。

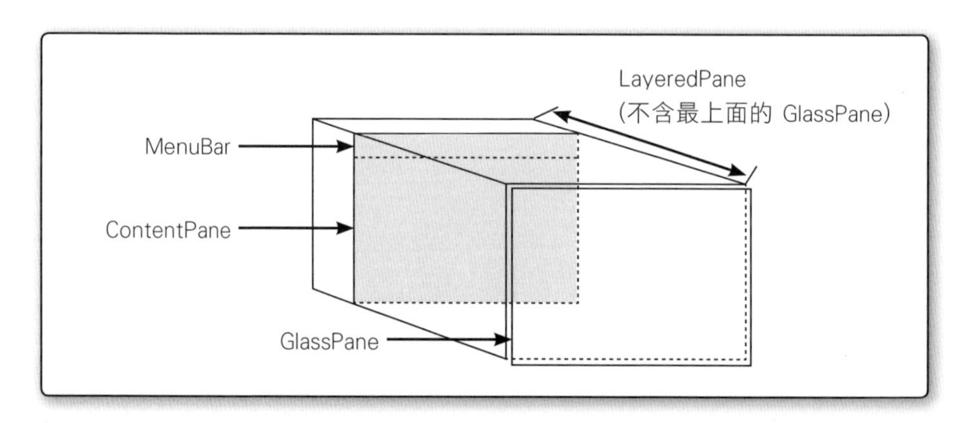

以上 GlassPane 與 LayeredPane 則又統稱為一個虛擬的 RootPane，其各層板的關係架構如下：

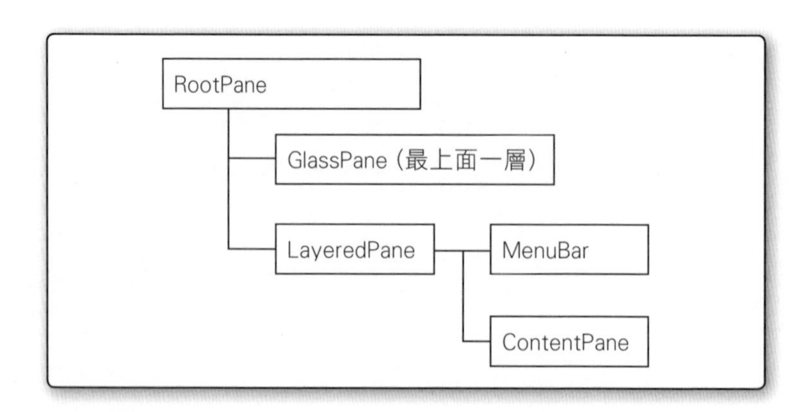

ContentPane

ContentPane 是提供一個單層透明的層板，取得此層板的敘述如下：

```
Container c=getContentPane( );
```

此時，c 就代表一個層板，往後所有的容器或元件，均應放在此層板。版面配置的方式亦同 AWT 的用法。

版面配置

Swing 雖然增加若干版面配置，但本書先不予介紹，使用者均可沿用前面所介紹的版面配置，如 FlowLayout、GridLayout 或 BorderLayout 等配置。其次，Swing 元件的版面配置亦同前面 AWT 的配置方式。

15-2 JLabel

JLabel 的功能與 Label 相近，都是用來輸出某些文字，但 JLabel 其使用的彈性更大，還可輸出影像檔。

JLabel（Icon image）

使用指定的影像，建構一個 JLabel 的物件實體。例如，以下敘述可建立一個 label 物件，並於此物件顯示 "p1.jpg" ，如範例輸出結果。

```
Icon icon=new ImageIcon("p1.jpg");
JLabel label=new JLabel(icon);
```

ICon

ICon 是一個介面，所以應使用其實作的類別建立物件實體，本例程式選用 ImageIcon 類別。

方法

JLabel 常用方法如下表：

方法	說明
void setText(String text)	設定欲顯示的標題
String getText()	取得標題
void setIcon(Icon icon)	設定欲顯示的圖片檔
Icon getIcon()	取得圖片檔

➔ 範例 15-2a

示範於 JLabel 顯示圖片檔。

執行結果

程式列印

```
import java.awt.*;
import java.awt.event.*;
import javax.swing.*;
public class e15_2a extends JFrame
```

```
{
    public e15_2a()
    {
        super("JFrame");   //執行父代類別的建構子
        this.setSize(400,300);
        Container c=getContentPane();    //取得ContentPane物件
        c.setLayout(new FlowLayout());    //版面配置
        Icon icon=new ImageIcon("p8.jpg");
        //Icon icon=new ImageIcon("d:\\jb\\ch15\\p8.jpg");
        JLabel label=new JLabel(icon);
        c.add(label);     //新增元件至ContentPane
    }
    public static void main(String[] args)
    {
        e15_2a frm=new e15_2a();
        frm.setDefaultCloseOperation(EXIT_ON_CLOSE);
        frm.setVisible(true);
    }
}
```

自我練習

1. 請改善以上程式，讓 JLabel 元件有邊線。（提示：請參考 Border 介面與 BorderFactory 類別）

➔ 範例 15-2b

示範使用 JLabel 顯示系統時間。

執行結果

程式列印

```
import java.awt.*;
import java.awt.event.*;
import javax.swing.*;
import java.util.Calendar;
public class e15_2b extends JFrame
{
    JLabel label;
    public e15_2b()
    {
        super("JFrame");  //執行父代類別的建構子
        this.setSize(300,100);
        Container c=getContentPane();  //取得ContentPane物件
        c.setLayout(new FlowLayout()); //版面配置
        label=new JLabel();
        c.add(label);     //新增元件至ContentPane
    }
    public static void main(String[] args)
    {
        e15_2b frm=new e15_2b();
        frm.setDefaultCloseOperation(EXIT_ON_CLOSE);
        frm.setVisible(true);
        Calendar c1=Calendar.getInstance();
        frm.label.setText(c1.getTime().toString());
    }
}
```

15-3 JTextfield

JTextField 是一個單列的文字輸入元件。

建構子

JTextField 建構子請自行查詢，以下介紹常用建構子。

JTextField()

建構一個空白的物件實體，程式如下。

```
JtextField txt=new JtextField();
```

JTextField(int columns)

以指定的寬度建構一個空白的物件。例如，以下敘述建構一個長度為 8 的物件。

```
JtextField txt=new JtextField(8);
```

JTextField(String text)

以指定的字串建構一個物件。例如，以下敘述所建構的物件，已填入字串 "高雄"。

```
JtextField txt=new Jtextfield("高雄");
```

方法

JTextfield 的常用方法如下表：

方法	說明
void setText(String text)	設定文字
String getText()	取得文字

➔ 範例 15-3a

請於 JFrame 配置一個 JLabel 與一個 JTextField。

執行結果

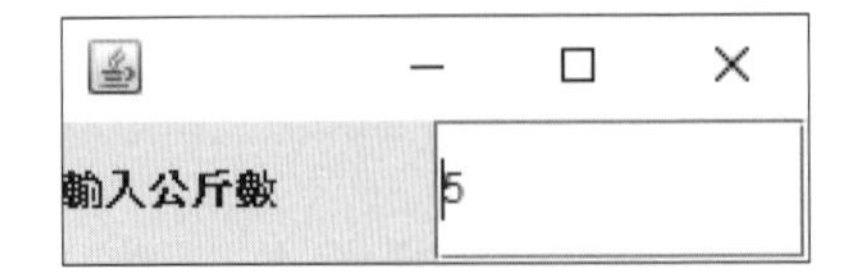

程式列印

```
import java.awt.*;
//import java.awt.event.*;
import javax.swing.*;
public class e15_3a extends JFrame
{
    private JLabel lbl;
    private JTextField txf;
    public e15_3a()
    {
        Container c=getContentPane();   //取得ContentPane物件
        c.setLayout(new GridLayout(1,1)); //版面配置 一列一行
        lbl=new JLabel("輸入公斤數");
        txf=new JTextField("5");
        c.add(lbl);      //新增元件至ContentPane
        c.add(txf);
    }
    public static void main(String[] args)
    {
        e15_3a frm=new e15_3a();
        frm.setDefaultCloseOperation(EXIT_ON_CLOSE);
        frm.setSize(150,80);
        frm.setVisible(true);
    }
}
```

15-4 JButton

JButton 是一個按鈕。

建構子

JButton 的建構子如下圖。

Constructor	Description
JButton()	Creates a button with no set text or icon.
JButton(String text)	Creates a button with text.
JButton(String text, Icon icon)	Creates a button with initial text and an icon.
JButton(Action a)	Creates a button where properties are taken from the Action supplied.
JButton(Icon icon)	Creates a button with an icon.

addActionListener

此方法是讓元件加入傾聽滑鼠動作的能力，此方法繼承自 AbstractButton，其語法如下：

```
public void addActionListener(ActionListener l)
```

此方法需傳入一個參數 l，其型別是 ActionListener，而 ActionListener 是一個介面，所以應先實作此介面如下：

```
implement ActionListener
```

此介面所含之方法如下：

```
void actionPerformed(ActionEvent e)
```

以上均與 Button 的用法相同。

➔ 範例 15-4a

同上範例，請將所輸入的台斤數，轉為公斤。

執行結果

1. 下圖左是程式執行的初始畫面。

2. 下圖右是按一下 "Start" 的結果。

3. 按一下 "Exit"，即可結束程式的執行。

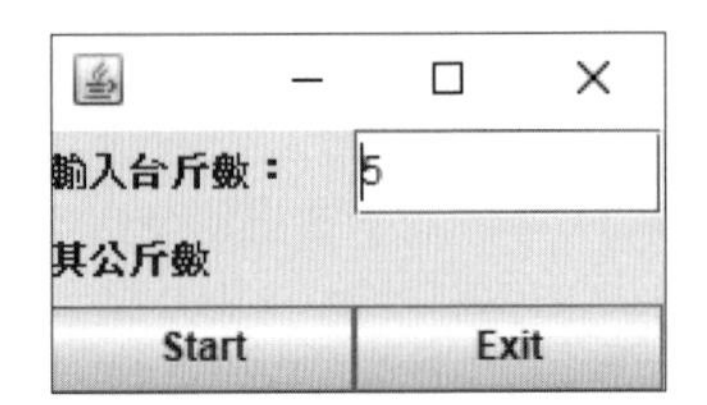

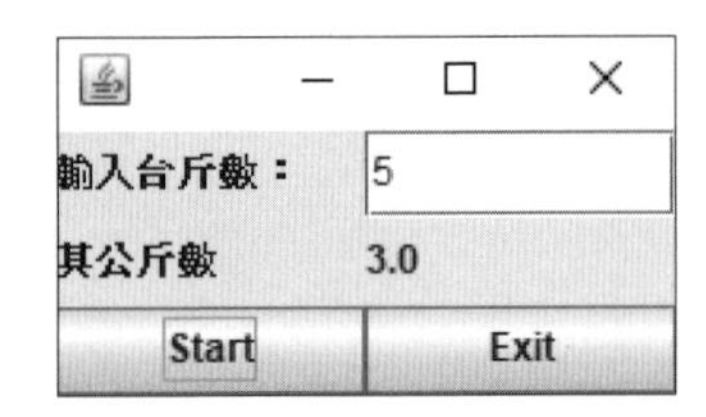

程式列印

```
import java.awt.*;
import java.awt.event.*;
import javax.swing.*;
public class e15_4a extends JFrame
                    implements ActionListener
{
   private JLabel lbl1;
   private JTextField txf;
   private JLabel lbl2;
   private JLabel lblOut;
   private JButton btnStart;
   private JButton btnExit;
   public e15_4a()
   {
      Container c=getContentPane();     //取得ContentPane物件
      c.setLayout(new GridLayout(3,1)); //版面配置三列一行
```

```
        lbl1=new JLabel("輸入台斤數:");
        txf=new JTextField("5");
        lbl2=new JLabel("其公斤數");
        lblOut=new JLabel();
        btnStart=new JButton("Start");
        btnExit=new JButton("Exit");

        btnStart.addActionListener(this);   //註冊事件
        btnExit.addActionListener(this);

        c.add(lbl1);      //新增元件至ContentPane
        c.add(txf);
        c.add(lbl2);
        c.add(lblOut);
        c.add(btnStart);
        c.add(btnExit);
    }
    public static void main(String[] args)
    {
        e15_4a frm=new e15_4a();
        frm.setDefaultCloseOperation(EXIT_ON_CLOSE);
        frm.setSize(150,120);
        frm.setVisible(true);
   }
   public void actionPerformed(ActionEvent e)
   {
        int a;
        double b;
        String c;
        if(e.getSource()==btnStart)
        {
            a=Integer.parseInt(txf.getText());
            b=0.6*a;
            c=String.valueOf(b);
            lblOut.setText(c);
        }
```

```
        else
            System.exit(0);
    }
}
```

➔ 範例 15-4b

同上範例，但改變註冊事件的方式，讓每一個事件均有獨立的事件處理方法。

程式列印

```
import java.awt.*;
import java.awt.event.*;
import javax.swing.*;
public class e15_4b extends JFrame
                    //implements ActionListener
{
    private JLabel lbl1;
    private JTextField txf;
    private JLabel lbl2;
    private JLabel lblOut;
    private JButton btnStart;
    private JButton btnExit;
    public e15_4b()
    {
        Container c=getContentPane();     //取得ContentPane物件
        c.setLayout(new GridLayout(3,1)); //版面配置 一列一行

        lbl1=new JLabel("輸入台斤數:");
        txf=new JTextField("5");
        lbl2=new JLabel("其公斤數");
        lblOut=new JLabel();
        btnStart=new JButton("Start");
        btnExit=new JButton("Exit");

      // btnStart.addActionListener(this);   //註冊事件
```

```
    // btnExit.addActionListener(this);

     btnStart.addActionListener(new java.awt.event.
       ActionListener() {
         public void actionPerformed(ActionEvent e) {
            btnStart _ actionPerformed(e);
         }
     });

     btnExit.addActionListener(new java.awt.event.
       ActionListener() {
         public void actionPerformed(ActionEvent e) {
            btnExit _ actionPerformed(e);
         }
     });
     c.add(lbl1);     //新增元件至ContentPane
     c.add(txf);
     c.add(lbl2);
     c.add(lblOut);
     c.add(btnStart);
     c.add(btnExit);
  }
  public static void main(String[] args)
  {
     e15 _ 4b frm=new e15 _ 4b();
     frm.setDefaultCloseOperation(EXIT _ ON _ CLOSE);
     frm.setSize(150,120);
     frm.setVisible(true);
  }
 //Start
 public void btnStart _ actionPerformed(ActionEvent e)
 {
     int a;
     double b;
     String c;
     a=Integer.parseInt(txf.getText());
```

```
        b=0.6*a;
        c=String.valueOf(b);
        lblOut.setText(c);
    }
    //Exit
    public void btnExit _ actionPerformed(ActionEvent e)
    {
        System.exit(0);

    }
}
```

程式說明

1. 本例將每一事件，用匿名內嵌類別代替，則當事件發生時，即執行 btnStart_ actionPerformed 方法。

自我練習

1. 請改善以上程式，讓按鈕顯示圖片。（參考 JLabel）
2. 同上題，當滑鼠在按鈕上，或按下按鈕時均能顯示不同的圖片。（提示：請善用 setRollverEnable、setIcon、setRolloverIcon 及 setPressedIcon 等方法）
3. 請改善以上程式，讓每一按鈕有快速鍵。（提示：請善用 setMnemonic 方法。）
4. 請改善以上程式，但設定 "Start" 為預設按鈕，使用者直接按 Enter 即可執行程式。（提示：請善用 JRootPane 類別的 setDefaultButton，且 JRootPane 的取得同 ContentPane）
5. 請改善以上程式，讓每一按鈕於滑鼠指向時，出現指示文字。提示：請善用 setToolTipText 方法。

6. 請寫一個程式，安排四個按鈕，可以執行兩個運算元的加、減、乘及除法等運算。

15-5 JCheckBox

JCheckBox 通常用來讓使用者點選某項功能的有無。例如，以下範例可讓使用者點選文字是否表現粗體或斜體。

建構子

JCheckBox 的建構子如下圖。

Constructor	Description
JCheckBox()	Creates an initially unselected check box button with no text, no icon.
JCheckBox(String text)	Creates an initially unselected check box with text.
JCheckBox(String text, boolean selected)	Creates a check box with text and specifies whether or not it is initially selected.
JCheckBox(String text, Icon icon)	Creates an initially unselected check box with the specified text and icon.
JCheckBox(String text, Icon icon, boolean selected)	Creates a check box with text and icon, and specifies whether or not it is initially selected.
JCheckBox(Action a)	Creates a check box where properties are taken from the Action supplied.
JCheckBox(Icon icon)	Creates an initially unselected check box with an icon.
JCheckBox(Icon icon, boolean selected)	Creates a check box with an icon and specifies whether or not it is initially selected.

方法

JCheckBox 的方法，並不特殊。因為 Java 將一些與按鈕有關的方法均已定義在 AbstractionButton 這個抽象類別，請看以下說明。

AbstractionButton 類別

AbstractionButton 是一個抽象類別，其衍生類別如下圖所示。

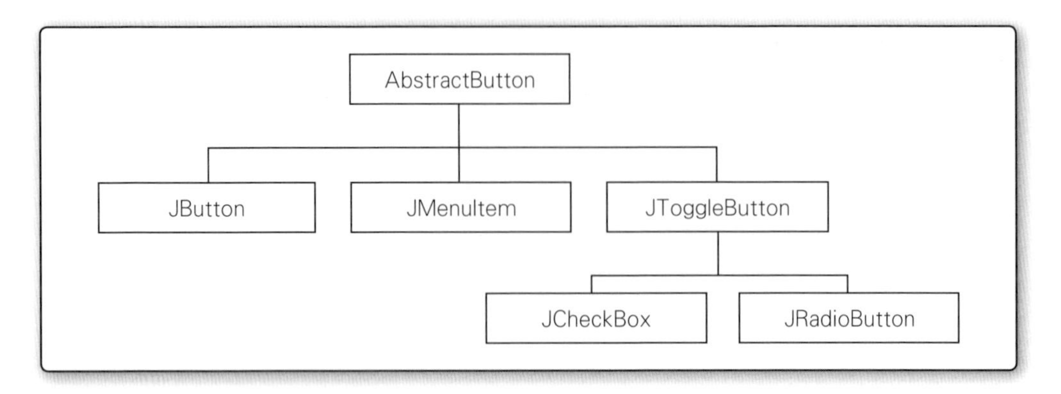

方法

AbstractionButton 的常用方法如下，這些方法都可應用於其衍生類別。

方法	說明
void addActionListener(ActionListener l)	向傾聽者註冊 ActionListener
void addChangeListener(ChangeListener l)	向傾聽者註冊 ChangeListener
void addItemListener(ChangeListener l)	向傾聽者註冊 ItemListener
String getText()	取得按鈕文字
boolean isRolloverEnabled()	傳回此按鈕是否於滑鼠指向或滑鼠按下時能顯示不同的圖片
boolean isselected()	傳回此按鈕是否被按
void Mnemonic (char mnemonic)	設定此按鈕的快速鍵
void setIcon(Icon icon)	設定此按鈕所要顯示的圖片
void setText(String text)	設定此按鈕所要顯示的文字
void setRolloverEnabled(boolean b)	設定此按鈕是否於滑鼠指向或滑鼠按下時能顯示不同的圖片
void setRolloverIcon(Icon icon)	設定滑鼠移至此按鈕所要顯示的圖片
void setPressedIcon(Icon icon)	設定此按鈕被按時，所要顯示的圖片

➔ 範例 15-5a

示範使用 JCheckBox 設定文字的 " 粗體 " 與 " 斜體 "。

執行結果

1. 下圖左是程式執行的初始畫面。

2. 下圖右是同時點選 " 粗體 " 與 " 斜體 " 的畫面。

程式列印

```
import java.awt.*;
import java.awt.event.*;
import javax.swing.*;
public class e15_5a extends JFrame
                    implements ActionListener,ItemListener
{
   JLabel lbl =new JLabel("歡迎光臨");
   JCheckBox chkBold = new JCheckBox("粗體",false);
   JCheckBox chkItalic=new JCheckBox("斜體",false);
   //JCheckBox chkItalic=new JCheckBox("斜體",new
      ImageIcon("p1.jpg"),false);
   JButton btnExit=new JButton("Exit");
   e15_5a()
   {
      Container c=getContentPane();     //取得ContentPane物件
      c.setLayout(new GridLayout(4,1));  //版面配置四列一行

      c.setLocation(100,50); //位置
```

```
        c.add(lbl);
        c.add(chkBold);
        c.add(chkItalic);
        c.add(btnExit);

        btnExit.addActionListener(this);
        chkBold.addItemListener(this);
        chkItalic.addItemListener(this);
    }
    public static void main(String args[])
    {
        e15 _ 5a frm =new e15 _ 5a();
        frm.setSize(220,150);
        frm.setVisible(true);
     }
     public void actionPerformed(ActionEvent e)
     {
        System.exit(0);
     }
     public void itemStateChanged(ItemEvent e)
     {
        int a=0,b=0;
        if (chkBold.isSelected()==true)
        {
           this.setTitle("粗體");
           a=1;
        }
        else
            a=0;
        if (chkItalic.isSelected()==true)
        {
           this.setTitle("斜體");
           b=2;
        }
        else
```

```
            b=0;
        lbl.setFont(new Font("Dialog",a+b,16));
                                //字型名稱,樣式,大小
    }
}
```

15-6 JRadioButton

JRadioButton 與上一節的 JChcekBox 的功能相同，均可複選，唯一的不同是顯示方式不同。上一單元 JCheckBox 是以方框內打勾的方式表現該選項是否中選；而本單元的 JRadioButton 則是以實心的圓心表示中選，空心的圓圈表示未中選。其次，若要讓 JRadioButton 僅能單選，則要配合下一節的 ButtonGroup。

建構子

JRadioButton 的建構子如下圖，均與 JCheckBox 相近。

Constructor	Description
JRadioButton()	Creates an initially unselected radio button with no set text.
JRadioButton(String text)	Creates an unselected radio button with the specified text.
JRadioButton(String text, boolean selected)	Creates a radio button with the specified text and selection state.
JRadioButton(String text, Icon icon)	Creates a radio button that has the specified text and image, and that is initially unselected.
JRadioButton(String text, Icon icon, boolean selected)	Creates a radio button that has the specified text, image, and selection state.
JRadioButton(Action a)	Creates a radiobutton where properties are taken from the Action supplied.
JRadioButton(Icon icon)	Creates an initially unselected radio button with the specified image but no text.
JRadioButton(Icon icon, boolean selected)	Creates a radio button with the specified image and selection state, but no text.

➔ 範例 15-6a

請寫一程式可設定 JLabel 的字型大小。

執行結果

1. 下圖左是程式執行的初始畫面。
2. 下圖右是按一下 "20"，已設定字型大小為 20，但 "12" 並不自動消失。(要讓 12 的圈圈消失，請看下一節)

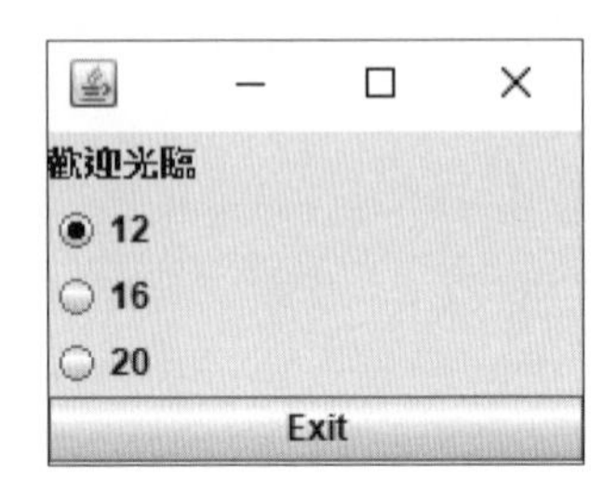

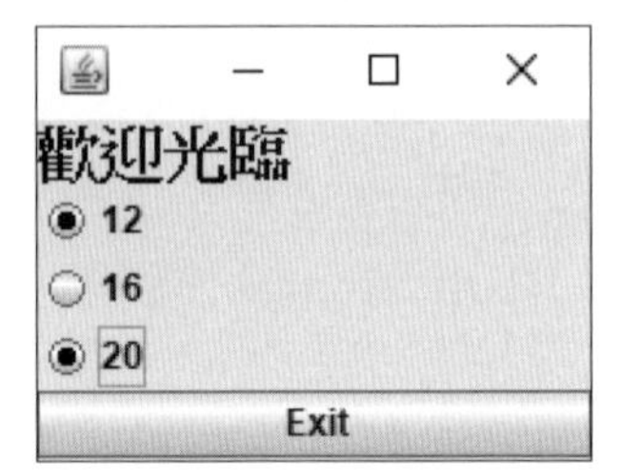

15-7 ButtonGroup

ButtonGroup 的功能為將 JRadioButton 與 JCheckBox 分組，使得同一組的 JRadioButton 或 JCheckBox 僅能有一個選項中選。

建構子

ButtonGroup 的建構子如下：

```
ButtonGroup( )
```

方法

ButtonGroup 的常用方法如下表：

方法	說明
void add(AbstractButton b)	加入某一按鈕元件（指AbstractButton的衍生類別）於指定的群組

➔ 範例 15-7a

修改範例 15-6b，使得謹能有一選項中選。

執行結果

1. 下圖左是程式執行的初始畫面。

2. 下圖右是點選 "20" 的結果，"12" 已自動消失。

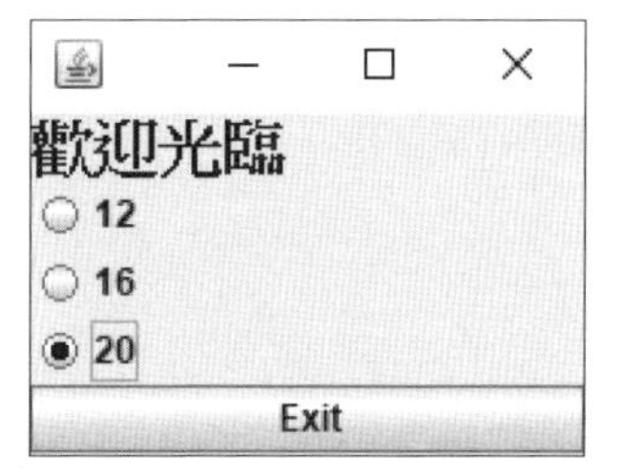

程式列印

```
import java.awt.*;
import java.awt.event.*;
import javax.swing.*;
public class e15_7a extends JFrame
                    implements ActionListener,ItemListener

{
   JLabel lbl =new JLabel("歡迎光臨");
   JRadioButton rab12=new JRadioButton("12",true);
   JRadioButton rab16=new JRadioButton("16");
   JRadioButton rab20=new JRadioButton("20");
   ButtonGroup buttonGroup1=new ButtonGroup();
   JButton btnExit=new JButton("Exit");
```

```
    e15 _ 7a()
    {
      Container c=getContentPane();     //取得ContentPane物件
      c.setLayout(new GridLayout(5,1)); //版面配置五列一行

      c.setLocation(100,50); //位置

      //設定群組
      buttonGroup1.add(rab12);
      buttonGroup1.add(rab16);
      buttonGroup1.add(rab20);

      c.add(lbl);
      c.add(rab12);
      c.add(rab16);
      c.add(rab20);
      c.add(btnExit);

      btnExit.addActionListener(this);
      rab12.addItemListener(this);
      rab16.addItemListener(this);
      rab20.addItemListener(this);

      lbl.setFont(new Font("Dialog",1,12));
    }
    public static void main(String args[])
    {
      e15 _ 7a frm =new e15 _ 7a();
      frm.setSize(200,150);
      frm.setVisible(true);
     }
     public void actionPerformed(ActionEvent e)
     {
      System.exit(0);
     }
     public void itemStateChanged(ItemEvent e)
```

```
        {
          int a=0;   //字型大小
          if (rab12.isSelected()==true)
             a=12;
          if (rab16.isSelected()==true)
             a=16;
          if (rab20.isSelected()==true)
             a=20;
          lbl.setFont(new Font("Dialog",1,a));
                              //字型名稱,樣式,大小
        }
    }
```

15-8 JPanel

JPanel 是一個透明的容器元件。當一個表單所要配置的元件較多且複雜時，通常很難找到恰當的版面配置，此時即可巢狀版面配置。也就是先配置適當的 JPanel，再將元件放在各個 JPanel 上面。

➔ 範例 15-8a

試將元配置如下圖。

執行結果

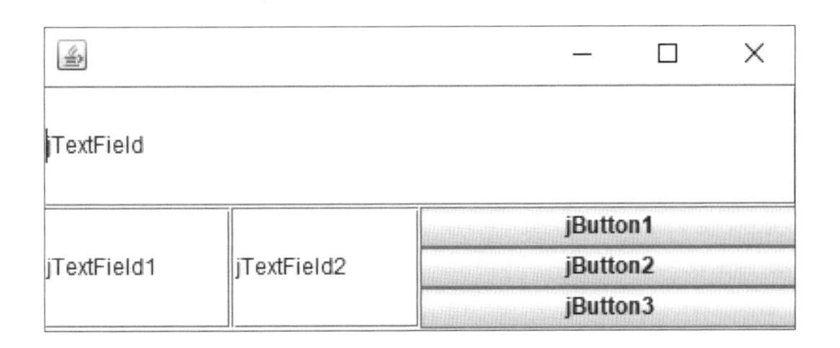

程式列印

```
import java.awt.*;
import java.awt.event.*;
import javax.swing.*;
public class e15_8a extends JFrame
{
   e15_8a()
   {
      Container c=getContentPane();     //取得 ContentPane 物件
      c.setLayout(new GridLayout(2,1)); //版面配置二列一行
      JPanel panel1=new JPanel();
      JPanel panel2=new JPanel();
      c.add(panel1);
      c.add(panel2);

      panel1.setLayout(new GridLayout(1,1));
      JTextField txf=new JTextField("jTextField");
      panel1.add(txf);

      panel2.setLayout(new GridLayout(1,2));
      JPanel panel3=new JPanel();
      JPanel panel4=new JPanel();
      panel2.add(panel3);
      panel2.add(panel4);

      panel3.setLayout(new GridLayout(1,2));
      JTextField txf1=new JTextField("jTextField1");
      JTextField txf2=new JTextField("jTextField2");
      panel3.add(txf1);
      panel3.add(txf2);

      panel4.setLayout(new GridLayout(3,1));
      JButton btn1=new JButton("jButton1");
      JButton btn2=new JButton("jButton2");
      JButton btn3=new JButton("jButton3");
```

```
        panel4.add(btn1);
        panel4.add(btn2);
        panel4.add(btn3);
    }
    public static void main(String args[])
    {
        e15_8a frm =new e15_8a();
        frm.setSize(300,200);
        frm.setDefaultCloseOperation(DISPOSE_ON_CLOSE);
        frm.setVisible(true);
    }
}
```

補充說明 1. 本例先於表單配置二個 JPanel，如下圖：

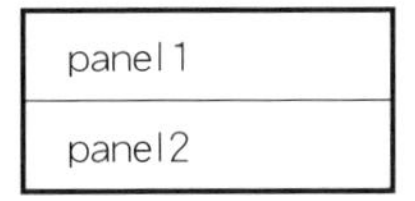

2. panel 1 再配置一個 JTextField。

3. panel 2 再配置二個 panel 3 與 panel 4，如下圖所示：

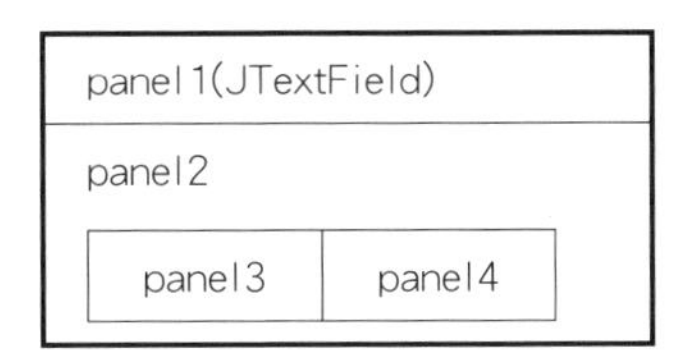

4. panel 3 再配置二個 JTextField，如上面執行結果。

5. panel 4 再配置三個 JButton，如上面執行結果。

➔ 範例 15-8b

請寫一個樂透開獎與對獎程式。

執行結果

1. 下圖左是程式執行的初始畫面，已輸出 7 個彩球號碼，最後一個是特別號。

2. 下圖右是中頭獎的輸出畫面，得獎的號碼均標示紅色。

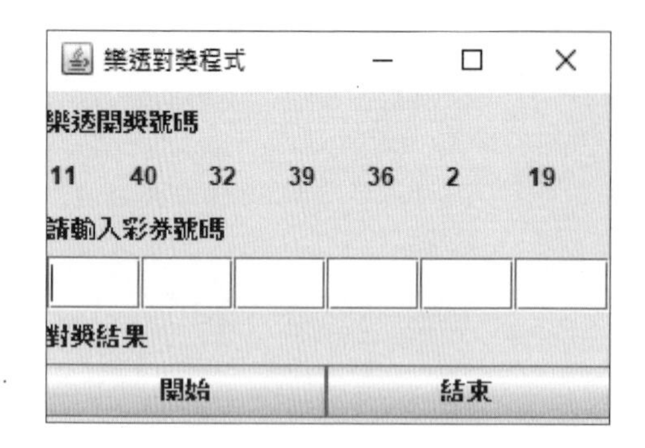

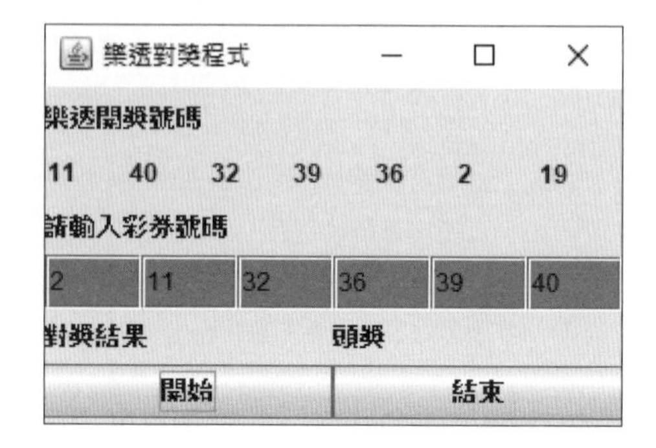

3. 下圖左是中 " 二獎 " 的輸出畫面，特別號以綠色標示。

4. 下圖右是中 " 三獎 " 的輸出畫面，得獎的號碼以紅色標示。

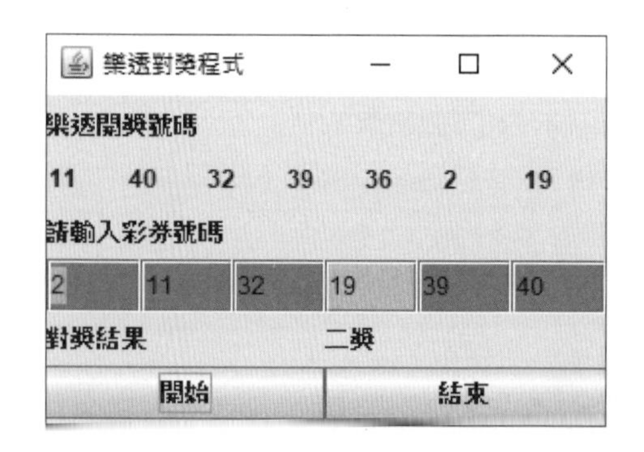

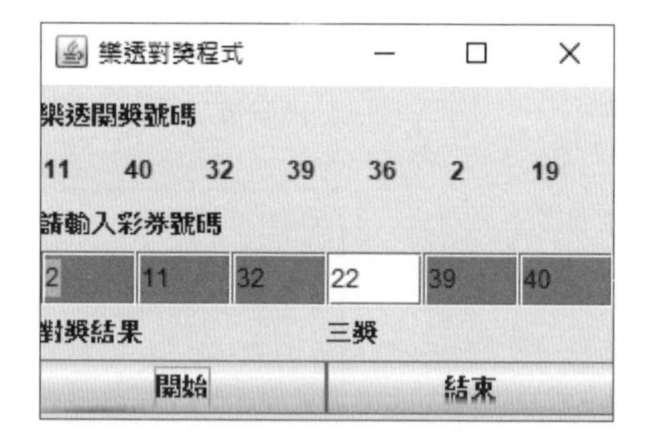

程式列印

```
import java.awt.*;
import java.awt.event.*;
import javax.swing.*;
public class e15_8b extends JFrame
{
   JPanel pnl1=new JPanel();
```

```
    JPanel pnl2=new JPanel();
    JPanel pnl3=new JPanel();
    JPanel pnl4=new JPanel();
    JPanel pnl5=new JPanel();
    JPanel pnl6=new JPanel();

    JLabel lbl1 = new JLabel("樂透開獎號碼");
    JLabel lbl2 = new JLabel("請輸入彩券號碼");
    JLabel lbl3 = new JLabel("對獎結果");
    JLabel lbl4 = new JLabel();

    JLabel lbl[]=new JLabel[7];
    JTextField txf[]=new JTextField[6];
    JButton btnStart=new JButton("開始");
    JButton btnEnd=new JButton("結束");
    int[] a=new int[7];
    int[] b=new int[6];
    e15_8b()
    {
       super("樂透對獎程式"); //執行父代類別的建構子
       int i,r,t;
       int[] d=new int[42];
       this.setSize(300,200);
       Container c=getContentPane();  //取得ContentPane物件
       GridLayout layout0=new GridLayout(6,1);
       c.setLayout(layout0);
       c.add(pnl1);
       c.add(pnl2);
       c.add(pnl3);
       c.add(pnl4);
       c.add(pnl5);
       c.add(pnl6);
       GridLayout layout1=new GridLayout(1,1);
       pnl1.setLayout(layout1);
       pnl1.add(lbl1);
       //放入彩球
```

```
for(i=0;i<=41;i++)
   d[i]=i+1;
//滾動彩球,逐一將每一球與所產生的亂數交換
for (i=0 ;i<=41;i++)
{
   r=(int)(Math.floor(Math.random()*42));
   t=d[i];d[i]=d[r];d[r]=t;
}
//滾出彩球
for(i=0;i<=6;i++)
   a[i]=d[i];
//輸出彩球號碼
GridLayout layout2=new GridLayout(1,7);
pnl2.setLayout(layout2);
for( i=0;i<=6;i++)
{
   lbl[i]=new JLabel();
   lbl[i].setText(String.valueOf(a[i]));
   pnl2.add(lbl[i]);
}
GridLayout layout3=new GridLayout(1,1);
pnl3.setLayout(layout3);
pnl3.add(lbl2);
//供使用者輸入彩券號碼
GridLayout layout4=new GridLayout(1,7);
pnl4.setLayout(layout4);
for( i=0;i<=5;i++)
{
   txf[i]=new JTextField();
   pnl4.add(txf[i]);
}
GridLayout layout5=new GridLayout(1,2);
pnl5.setLayout(layout5);
pnl5.add(lbl3);
pnl5.add(lbl4);
```

```
        GridLayout layout6=new GridLayout(1,2);
        pnl6.setLayout(layout6);
        pnl6.add(btnStart);
        pnl6.add(btnEnd);
        btnStart.addActionListener(new java.awt.event.
         ActionListener() {
            public void actionPerformed(ActionEvent e) {
                btnStart _ actionPerformed(e);
            }
        });
        btnEnd.addActionListener(new java.awt.event.ActionListener() {
            public void actionPerformed(ActionEvent e) {
                btnEnd _ actionPerformed(e);
            }
        });
    }
    //開始
    void btnStart _ actionPerformed(ActionEvent e)
    {
        int i,j;
        String s="";
        boolean special=false;
        int f;
        int[] g=new int[6];
        int h=0;
        //初始化工作
        for (i=0;i<=5;i++)
        {
            b[i]=Integer.parseInt(txf[i].getText());
                            //取得使用者所輸入的號碼
            g[i]=0;
            txf[i].setBackground(Color.WHITE);
        }
        //統計中獎個數
        f=0;
        for(i=0;i<=5;i++)
```

```
    for(j=0;j<=5;j++)
        if(a[i]==b[j])
        {
            f++;
            g[j]=1;       //記錄中獎的編號
        }
//特別號
if (f==5)
    for(i=0;i<=5;i++)
        if(b[i]==a[6])
        {
            special=true;
            h=i;
        }
switch(f)
{
    case 6:
        s="頭獎";
        break;
    case 5:
        if(special)
        {
            s="二獎";
            txf[h].setBackground(Color.GREEN);
                    //標記特別號的顏色為綠色
        }
        else
            s="三獎";
        break;
    case 4:
        s="四獎";
        break;
    case 3:
        s="五獎";
        break;
    case 2:
```

```
            case 1:
            case 0:
                s="槓龜 ";
                break;
        }
        lbl4.setText(s);
                //輸出中獎情形

        //標記中獎號碼為紅色
        for(i=0;i<=5;i++)
            if(g[i]==1)
                txf[i].setBackground(Color.RED);
    }
    //結束
    void btnEnd _ actionPerformed(ActionEvent e) {
        System.exit(0) ;
    }
    public static void main(String args[])
    {
        e15 _ 8b frm=new e15 _ 8b();
        frm.setDefaultCloseOperation(EXIT _ ON _ CLOSE);
                //關閉視窗
        frm.setVisible(true);
    }
}
```

15-9 JScrolPane

Java 的所有元件，當欲顯示的影像與文字超出文件大小時，並不會自動出現捲軸的效果。例如，當文字的內容超過 JTextArea 時，多餘的文字並不顯示，也沒有捲軸的效果。但是，JScrollPane 即是提供捲軸的效果。唯有在元件的下方放置 JScrollPane 時，才能有捲軸的效果，以下將示範在 JLabel 下面放置 JScrollPane 的效果。

JScrollPane(Component view)

JScrollPane 是一個透明的容器元件，且當放入的元件大小超過 JScrollPane 物件時，JScrollPane 將自動出現捲軸。例如，以下敘述可將 label 物件放入 scrollPane 物件，且當 label 物件的大小超過 scrollPane 大小時，自動出現捲軸，如下圖所示。

```
ImageIcon img=new ImageIcon("p8.jpg");
JLabe; ;abe;=newJLabel(img);
JscrollPane scrollPane=new JscrollPane(label);
```

➔ 範例 15-9a

示範 JScrollPane。

執行結果

程式列印

```
import java.awt.*;
import java.awt.event.*;
import javax.swing.*;
public class e15 _ 9a extends JFrame
{
   e15 _ 9a()
   {
      Container c=getContentPane();   //取得ContentPane物件
      c.setLayout(new GridLayout(1,1));
      ImageIcon img=new ImageIcon("p8.jpg");
      JLabel label=new JLabel(img);
      JScrollPane scrollPane=new JScrollPane(label);
      c.add(scrollPane);
   }
   public static void main(String args[])
   {
      e15 _ 9a frm =new e15 _ 9a();
      frm.setSize(300,200);
      frm.setDefaultCloseOperation(DISPOSE _ ON _ CLOSE);
      frm.setVisible(true);
   }
}
```

15-10 JSplitPane

相信大家都有操作檔案總管的經驗，其中資料夾與檔案明細的分隔線，是可以移動的。JSplitPane 的功能也是相同的，請看以下說明。下表是 JSplitPane 的常用類別成員。

類別成員	說明
static int HORIZONTAL_SPLIT	水平分割
static int VERTICAL_SPLIT	垂直分割

JSplitPane 常用建構子如下：

```
JSplitPane(int newOrientation, boolean
    newContinuousLayout,component newLeftComponent, component
    newRightComponent)
```

以上參數說明如右表：

參數	說明
int newOrientation	水平或垂直分割
boolean newContinuousLayout	拖曳分割線時，是否願意讓所含元件動態的隨著改變大小。若設為false，則內含元件並不動態隨著變更大小，而是待使用者放開滑鼠時，再一併改變大小
Component newLeftComponent	所要放入左邊（水平分割）或上面（垂直分割）的元件
Component newrightComponent	所要放入的右邊（水平分割）或下面（垂直分割）的元件

➔ 範例 15-10a

示範 JSplitPane。本範例可建構一個 JSplitPane 物件，並設定為水平分割，左邊放入 label1 物件，右邊放入 label2 物件，執行結果如下圖，已出現可拖曳的分割線。

執行結果

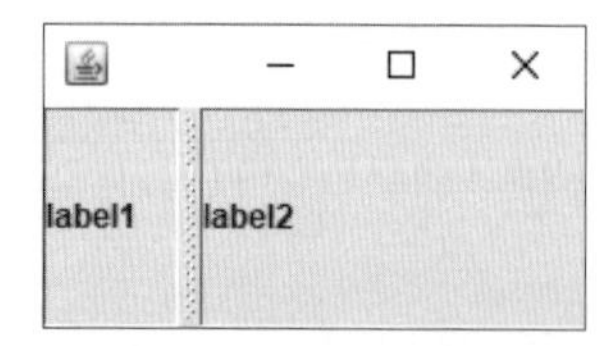

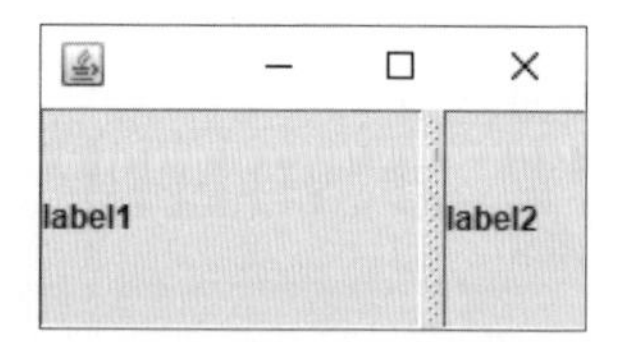

程式列印

```
import java.awt.*;
import java.awt.event.*;
import javax.swing.*;
public class e15_10a extends JFrame
{
   e15_10a()
```

```
    {
        Container c=getContentPane();  //取得 ContentPane 物件
        c.setLayout(new GridLayout(1,1));

        JLabel label1=new JLabel("label1");
        JLabel label2=new JLabel("label2");

        JSplitPane splitPane=new JSplitPane(JSplitPane.
         HORIZONTAL _ SPLIT,true,label1,label2);
        splitPane.setDividerLocation(100);      //分割位置,單位是 pixel
        c.add(splitPane);
    }
    public static void main(String args[])
    {
        e15 _ 10a frm =new e15 _ 10a();
        frm.setSize(300,200);
        frm.setDefaultCloseOperation(DISPOSE _ ON _ CLOSE);
        frm.setVisible(true);
    }
}
```

15-11 JList

JList 的主要功能是將使用者需要輸入的文字或數字，預先放在 JList，方便使用者點選，以減少使用者鍵入文字或數字的困擾。

JList(Object[] listData)

以一個物件陣列建構 JList。例如，以下敘述以 list1 建構 JList，list1 已具有 " 川芎 "、" 生薑 "、" 木耳 " 及 " 木瓜 " 等選項，如範例執行結果。

```
String[ ] s={"川芎","生薑","木耳","木瓜"};
Jlist list1=new Jlist(s);
```

int getSelectedIndex()

傳回使用者所點選的項目索引。(索引值從 0 開始)

Object getSelectedValue()

傳回使用者所點選的項目名稱。

void addListSelectionListener(ListSectionListener listener)

向傾聽者註冊 valueChanged 事件，此方法需先實作 ListSelectionListener 介面如下：

```
implements LisSelectionListener
```

但是 ListSelectionListener 介面所在套件是 javax.swing.event，所以應先匯入此套件如下：

```
import javax.swing.event.*;
```

ListSelectionListener 所含的方法如下：

```
valueChanged(ListSelectionEvent e)
```

也就是使用者所點選的選項有變動時，發生此事件。

➔ 範例 15-11a

示範 JList 的使用。

執行結果

1. 程式執行的初始畫面如下圖左。

2. 下圖右是點選 " 木耳 " 的結果，表單上面的 label1 出現其項目編號為 "2"，表單下面出現其項目名稱為 " 木耳 "。

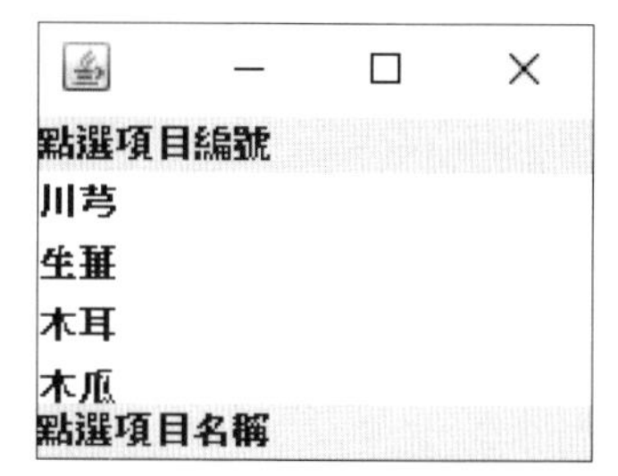

程式列印

```
import java.awt.*;
import java.awt.event.*;
import javax.swing.*;
import javax.swing.event.*;   //  ListSelectionListener
public class e15_11a extends JFrame
                  implements ListSelectionListener
{
   String[] s={"川芎","生薑","木耳","木瓜"};
   JList list1=new JList(s);
   JLabel label1=new JLabel("點選項目編號");
   JLabel label2=new JLabel("點選項目名稱");
   e15_11a()
   {
      Container c=getContentPane();  //取得 ContentPane 物件
      c.setLayout(new BorderLayout());
      c.add(list1,BorderLayout.CENTER);
      c.add(label1,BorderLayout.NORTH);
      c.add(label2,BorderLayout.SOUTH);
      list1.addListSelectionListener(this);
   }
   public static void main(String args[])
   {
      e15_11a frm =new e15_11a();
      frm.setSize(200,150);
      frm.setDefaultCloseOperation(EXIT_ON_CLOSE);
      frm.setVisible(true);
   }
```

```
    public void valueChanged(ListSelectionEvent e)
    {
      int a;
      a=list1.getSelectedIndex();
      label1.setText(String.valueOf(a));
      Object b;
      b= list1.getSelectedValue();
      label2.setText(String.valueOf(b));
    }
}
```

補充說明 **JList 的待選項目若超出 JList 的大小，並不會自動出現捲軸，若要有捲軸的效果，則應在 JList 下面放置 JScrollPane 元件。**

➔ 範例 15-11b

以醫師開處方為例，本例則將處方於程式設計階段預先放入 List，待醫師操作時，只要點選藥品名稱與重量即可，完全不用輸入藥品名稱或記憶代碼等工作，於實務的應用中，應將全部藥品分門別類，放於不同的 List，以減少使用者目視搜尋藥品的時間。

執行結果

1. 下圖已經點選兩樣藥品。

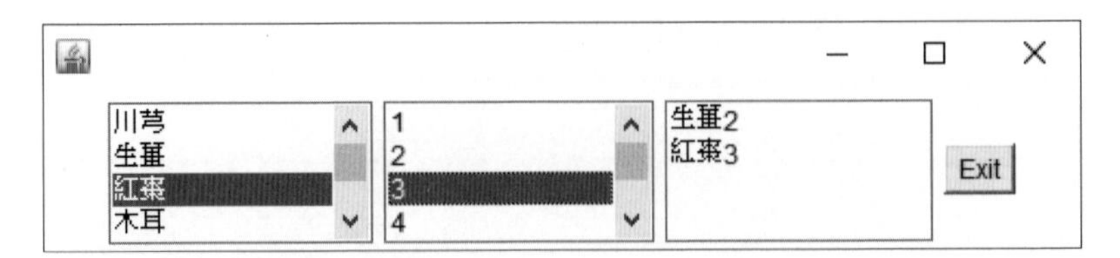

2. 最右邊還可按一下而刪除。

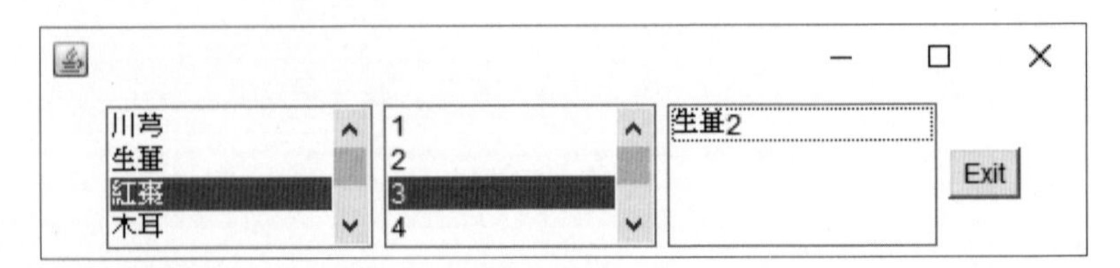

程式列印


```
import java.awt.*;
import java.awt.event.*;
public class e15_11b extends Frame
                    implements ActionListener,ItemListener
{
   List lstDrug=new List();
   List lstWeight=new List();
   List lstOut=new List();
   Button btnExit=new Button("Exit");
   static String a="";
   e15_11b()
   {
      FlowLayout flow=new FlowLayout();
      this.setLayout(flow);
      this.setLocation(100,50); //位置
      this.setSize(500,120);     //大小
      lstDrug.add("川芎");
      lstDrug.add("生薑");
      lstDrug.add("紅棗");
      lstDrug.add("木耳");
      lstDrug.add("木瓜");
      lstDrug.add("粉光");
      lstDrug.add("當歸");
      lstWeight.add("1");
      lstWeight.add("2");
      lstWeight.add("3");
      lstWeight.add("4");
      lstWeight.add("5");
      lstWeight.add("6");
      this.add(lstDrug);
      this.add(lstWeight);
      this.add(lstOut);
      this.add(btnExit);
      btnExit.addActionListener(this);
```

```
        lstDrug.addItemListener(this);
        lstWeight.addItemListener(this);
        lstOut.addItemListener(this);
    }
    public static void main(String args[])
    {
        e15 _ 11b frm =new e15 _ 11b();
        frm.setVisible(true);
    }
     public void actionPerformed(ActionEvent e)
     {
        System.exit(0);
     }
     public void itemStateChanged(ItemEvent e)
     {
        String b,c;
        if( e.getSource()== lstDrug)
            a=lstDrug.getSelectedItem();
        if(e.getSource()==lstWeight)
        {
            b=lstWeight.getSelectedItem();
            c=a.concat(b);// c=a+b 字串相加
            lstOut.add(c);
        }
        if (e.getSource()== lstOut)
        {
         //刪除指走的選項
         int d;
            d=lstOut.getSelectedIndex();
            lstOut.remove(d);
        }
     }
}
```

補充說明 以上程式使用 AWT 元件完成，其實 Swing 是用來輔助 AWT，各有長處，並不是用來取代 AWT 元件。

15-12 JComboBox

JComboBox 是一種結合 JList 與 JTextField 的輸入元件，使用者可事先將待選項目放入 JComboBox，待使用者點選。如此，即可節省使用者鍵入資料的時間。但是 JList 可多選，JComboBox 較適合單選，請看以下說明。

建構子

JComboBox 的建構子如下圖，此與 JList 類似。

Constructor	Description
JComboBox()	Creates a JComboBox with a default data model.
JComboBox(E[] items)	Creates a JComboBox that contains the elements in the specified array.
JComboBox(Vector<E> items)	Creates a JComboBox that contains the elements in the specified Vector.
JComboBox (ComboBoxModel<E> aModel)	Creates a JComboBox that takes its items from an existing ComboBoxModel.

例如，以下敘述可建構一個 comboBox1 物件，已內含 "川芎"、"生薑"、"木耳" 及 "木瓜" 等 4 個選項。

```
String[] s={"川芎","生薑","木耳","木瓜"}
JcomboBox comboBox1=newJcomboBox(s);
```

方法

JComboBox 的常用方法說明如下：

void addItem(Object anObject)

將指定的項目加入 JComboBox 中。例如，以下敘述可將 "人參" 加入 comboBox1 物件。

```
comboBox1.addItem("人蔘") :
```

void removeItem(Object anObject)

將指定的項目刪除。例如，以下敘述可將 comboBox1 中的 "人參" 刪除。

```
comboBox1.removeItem("人蔘")
```

void removeItemAt(int anIndex)

將指定的索引刪除。例如，以下敘述可將索引為 2 的項目刪除。

```
comboBox1.removeItem(2);
```

int getItemCount()

傳回選項的個數。例如，以下敘述可輸出 comboBox1 物件的選項個數。

```
System.out.println(comboBox1.gtItemCount( ));
```

Object getItemAt(int index)

傳回指定索引的項目名稱。

int getSelectedIndex()

傳回使用者所選項目的索引。

Object getSelectedItem()

傳回使用者所點選項目的名稱。

void addItemListener(ItemListener aListener)

向事件傾聽者註冊 itemStateChanged 事件，使用此方法應先實作 ItemListener 介面如下：

```
implemements ItemListener
```

ItemLister 介面僅有一個方法如下：

```
itemStateChanged(ItemEvent e)
```

也就是當所選項目有更動時，執行此事件。

void addActionListener(ActionListener l)

向事件傾聽者註冊 actionPerformed 事件，使用此方法應先實作 ActionListener 介面如下：

```
implements ActionListener
```

此介面僅有一個方法如下：

```
public void actionPerformed(ActionEvent e)
```

當此元件有被執行某項動作，如被滑鼠按或被 Enter 鍵按一下均會執行此事件。也就是你可使用前面的 itemStateChanged 偵測使用者是否點選已提供的選項、或 actionPerformed 方法已經偵測到使用者自行輸入文字。其次，若要允許使用者可自行輸入，則應設定此元件為可編輯，如以下敘述：

```
comboBox1.setEditable(true);
```

➔ 範例 15-12a

示範 JComboBox。

執行結果

1. 下圖左是程式執行的初始畫面。
2. 下圖中是點選 " 生薑 " 的畫面。
3. 下圖右是筆者自行輸入 " 紅棗 " 的畫面。

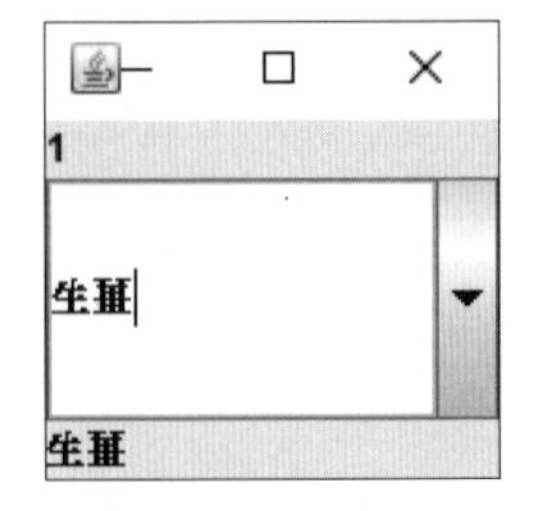

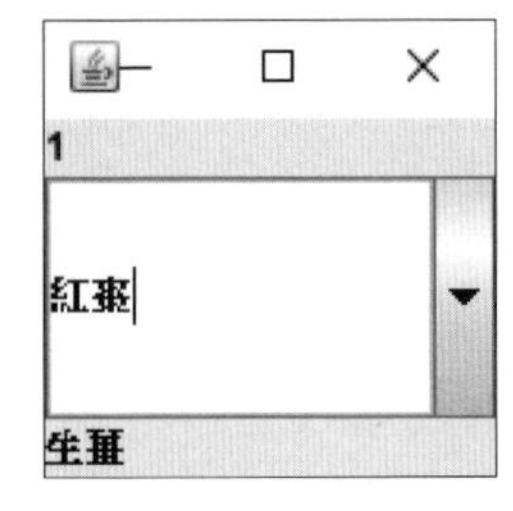

程式列印

```
import java.awt.*;
import java.awt.event.*;
import javax.swing.*;
public class e15_12a extends JFrame
                  implements ItemListener,ActionListener
{
   String[] s={"川芎","生薑","木耳","木瓜"};
   JComboBox comboBox1=new JComboBox(s);
   JLabel label1=new JLabel("點選項目編號");
   JLabel label2=new JLabel("點選項目名稱");
   e15_12a()
   {
      Container c=getContentPane();  //取得 ContentPane 物件
      c.setLayout(new BorderLayout());
      c.add(comboBox1,BorderLayout.CENTER);
      c.add(label1,BorderLayout.NORTH);
      c.add(label2,BorderLayout.SOUTH);
      comboBox1.setEditable(true);   //設定可編輯
      comboBox1.addItemListener(this);
      comboBox1.addActionListener(this);
   }
   public static void main(String args[])
   {
      e15_12a frm =new e15_12a();
      frm.setSize(200,150);
      frm.setDefaultCloseOperation(EXIT_ON_CLOSE);
      frm.setVisible(true);
```

```
        }
        public void itemStateChanged(ItemEvent e)
        {
          int a;
          a=comboBox1.getSelectedIndex();
          label1.setText(String.valueOf(a));
          Object b;
          b= comboBox1.getSelectedItem();
          label2.setText(String.valueOf(b));
        }
        public void actionPerformed(ActionEvent e)
        {
          label2.setText((String)comboBox1.getSelectedItem());
        }
    }
```

15-13 JTable

JTable 類別可建構表格物件，而將資料以表格的方式陳列。此類別的簡易建構子如下。

```
JTable(Object[][] rowData, Object[] columnNames)
```

以 rowData 與 columnNames 建構表格物件，rowData 是表格的內容，columnNames 是標題。例如，若有表格如下：

姓名	國文	英文
aa	80	60
bb	90	80
cc	70	80

則以下敘述即可建構一個表格物件並顯示這些資料。

```
String[][]a={{“aa”,”80”,”60”},
{“bb”,”90”,”80’}},
{“cc”,”70”,”80”}};
String[] s={“姓名”,”國文”,”英文”};
JTable table1=new JTable(a,s);
```

其次，若要顯示標題，則應將表格物件放在 JScrollPane 上面，如以下敘述：

```
JscrollPane  scrollpane=new JscrollPane(table1);
```

➔ 範例 15-13a

示範 JTable 類別。

執行結果

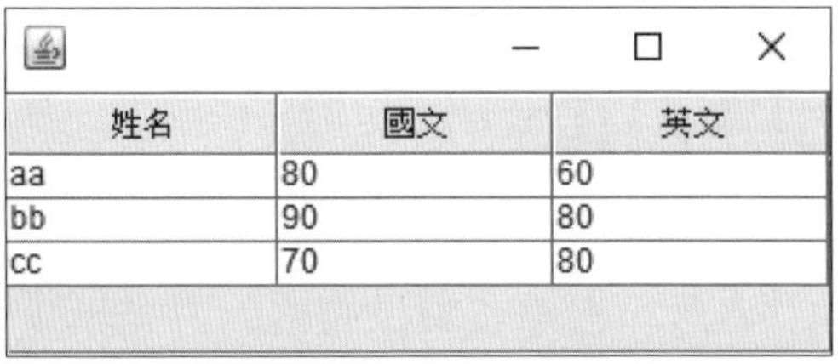

姓名	國文	英文
aa	80	60
bb	90	80
cc	70	80

程式列印

```
import java.awt.*;
import javax.swing.*;
public class e15_13a extends JFrame
{
   String[][]a={{"aa","80","60"},
                {"bb","90","80"},
                {"cc","70","80"}};
   String[] s={"姓名","國文","英文"};
   JTable table1=new JTable(a,s);
   JScrollPane scrollPane1=new JScrollPane(table1);
   e15_13a()
   {
```

```
        Container c=getContentPane();   //取得ContentPane物件
        c.setLayout(new BorderLayout());
        c.add(scrollPane1);
    }
    public static void main(String args[])
    {
        e15 _ 13a frm =new e15 _ 13a();
        frm.setSize(200,150);
        frm.setDefaultCloseOperation(EXIT _ ON _ CLOSE);
        frm.setVisible(true);
    }
}
```

15-14 Timer

javax.swing.Timer 可依指定時間，例如 100ms 或 2s，固定產生一個事件。其建構子如下：

Constructor	Description
Timer(int delay, **ActionListener** listener)	Creates a Timer and initializes both the initial delay and between-event delay to delay milliseconds.

例如，以下敘述即可建構一個 timer 物件，且每隔 0.1 秒自動執行一次 actionPerformed(ActionEvent e) 方法，請看範例。

```
Timer timer=new Timer(100,this);
```

➔ 範例 15-14a

請寫一個程式，可以每 0.1 秒於 JLabel 物件更新顯示系統時間。（請先複習範例 15-2b）

執行結果

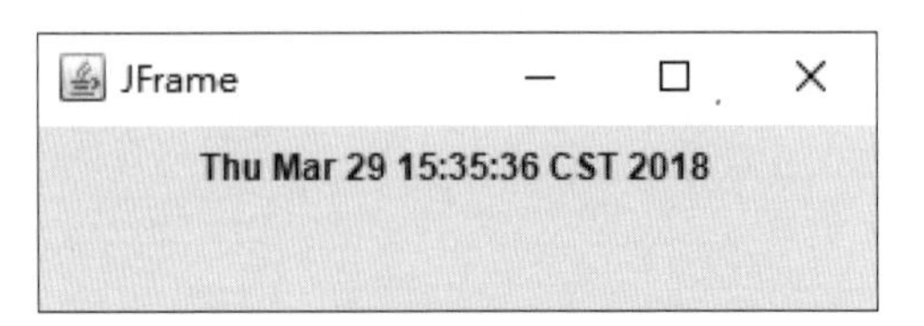

程式列印

```
import java.awt.*;
import java.awt.event.*;
import javax.swing.*;
import java.util.Calendar;
public class e15_14b extends JFrame implements ActionListener
{
   JLabel label;
   Calendar c1;
   Timer timer;
   public e15_14b()
   {
      super("JFrame");  //執行父代類別的建構子
      this.setSize(300,100);
      Container c=getContentPane();  //取得ContentPane物件
      c.setLayout(new FlowLayout()); //版面配置
      label=new JLabel();
      c.add(label);     //新增元件至ContentPane
      timer=new Timer(100,this);
   }
   public static void main(String[] args)
   {
      e15_2c frm=new e15_2c();
      frm.setDefaultCloseOperation(EXIT_ON_CLOSE);
      frm.setVisible(true);
      frm.timer.start();
   }
```

```
    public void actionPerformed(ActionEvent e) {
        c1=Calendar.getInstance();
        label.setText(c1.getTime().toString());
    }
}
```

自我練習

1. 請寫一個程式，使用陣列預設四張圖片，然後每秒由 JLabel 自動顯示一張。

2. 同上題，請複習範例 12-1c，可以指定資料夾，然後每秒顯示該資料夾的所有圖片。

3. 假設某一路口紅綠燈時序如下，請設計一個雙向紅綠燈程式。(1 代表亮，0 代表滅)

時序	紅	黃	綠	紅	黃	綠
0	1	0	0	1	0	0
1	0	0	1	1	0	0
2	0	0	1	1	0	0
3	0	0	1	1	0	0
4	0	0	1	1	0	0
5	0	1	0	1	0	0
6	1	0	0	1	0	0
7	1	0	0	0	0	1
8	1	0	0	0	0	1
9	1	0	0	0	0	1
10	1	0	0	0	0	1
11	1	0	0	0	1	0

15-16 Applet/JApplet

甲骨文公司宣布 Java 9.0 以後不再支援 Applet/JApplet，相關技術將由 Java Web Start 或本書一直介紹的 Application 代替，所以本書亦將省略 Applet/JApplet 類別的介紹。

習題

本章補充習題請見本書下載檔案。

16

CHAPTER

繪圖

JAVA

幾乎所有的軟體都有繪圖功能，Java 也不例外，例如，繪製股價波動圖、或如同範例 13_5a 般讓使用者握住滑鼠徒手畫等。

16-1 繪圖的基本認識

Java 的繪圖方法是放在 Graphics 與 Graphics2D 兩個類別，這些類別的繼承關係如下圖所示。本單元先介紹 Graphics 類別，關於 Graphics 類別的常用方法請看 16-3 節。

```
java.lang.Object
    java.awt.Graphics
        java.awt.Graphics2D
```

座標系統

Java 的座標系統是預設座標原點在視窗的左上角，x 座標向右為正，y 座標向下為正，單位為 pixels，如下圖所示。

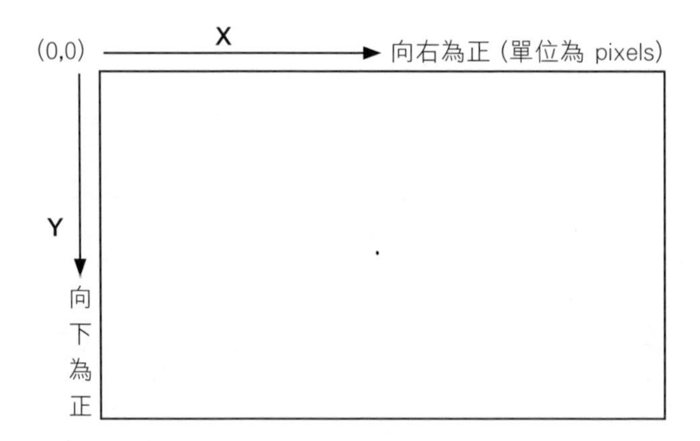

Graphics 類別

Graphics 的建構子如下：

```
protected Graphics( )
```

Graphics 是一個抽象類別，這是因為不同的平台都有不同的繪圖方式，例如，Windows 的繪圖方式當然和 UNIX 不同，Mac OS X 當然也和 UNIX 不同，既然 Java 要能跨平台，那就將繪圖類別先規定為抽象類別，待至不同平台執行時，再由其衍生類別實作。其次，既然是抽象類別，那當然您的應用程式不能直接使用此建構子建構一個物件，而是要從您所要繪圖的畫布（或元件）取得一個繪圖物件，如以下敘述：

```
Graphics g=getGraphics( );
```

以上敘述的 getGraphics 方法，來自 Component 類別，其語法如下：

```
public Graphics getGraphics( )
```

若您的元件不允許您在上面繪圖，則傳回 null，否則傳回一個繪圖物件。往後，您即可以使用此物件呼叫所有的繪圖方法。例如，以下敘述可取得繪圖物件，並畫一個矩形。

```
Graphics g=getGraphics( );
g.drawRect(50,60,100,40);
```

➔ 範例 16-1a

請寫一個程式，當使用者按一下 Button 元件時繪一個矩形。

執行結果

1. 下圖左是程式執行的初始畫面。

2. 下圖右是按一下 " 矩形 " 按鈕所出現的矩形。

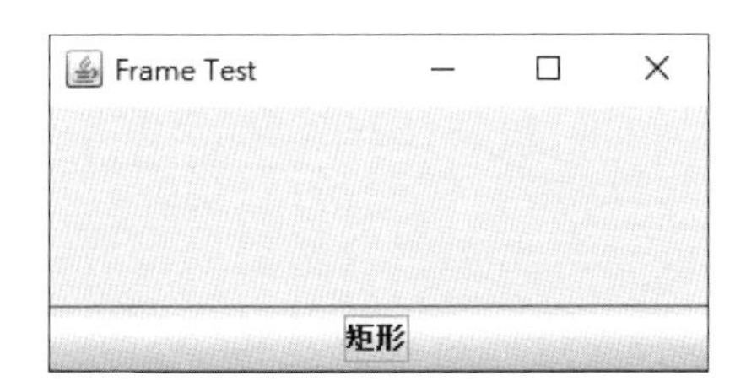

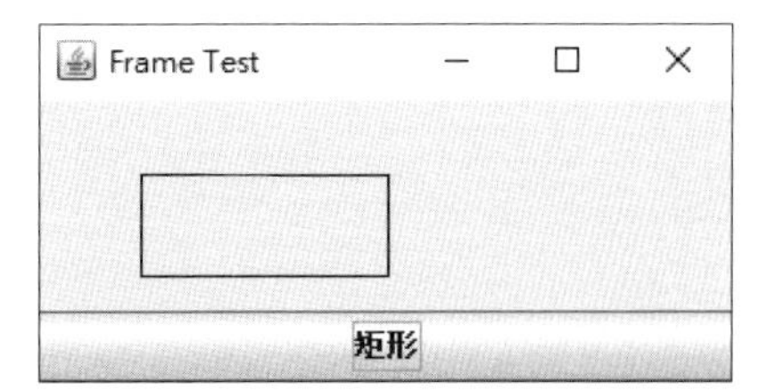

程式列印

```
import java.awt.*;
import java.awt.event.*;
import javax.swing.*;
public class e16_1a extends JFrame implements ActionListener
{
   JButton btn = new JButton();
   public e16_1a()
   {
      this.setLocation(100,50);          //位置
      this.setSize(300,150);             //大小
      this.setTitle("Frame Test");       //標題

      BorderLayout layout=new BorderLayout();
      this.setLayout(layout);
      btn.setText("矩形");
      this.add(btn,layout.SOUTH);        //加入 btn 物件
      btn.addActionListener(this);       //加入事件
   }
   public static void main(String args[])
   {
      e16_1a frm =new e16_1a();
      frm.setDefaultCloseOperation(EXIT_ON_CLOSE);
      frm.setVisible(true);
   }
   public void actionPerformed(ActionEvent e)
   {
      Graphics g=getGraphics();
      g.drawRect(50,60,100,40);
   }
}
```

paint

paint 方法的語法如下：

```
public void paint(Graphics g)
```

此方法來自 Component 類別，所以 Component 類別的衍生類別皆可改寫此方法而繪出想要的圖形。其次，此方法在以下狀況都會自動執行。

(1) 新建的視窗。

(2) 視窗從隱藏還原為可視。

(3) 視窗被改變大小。

(4) 視窗被別的視窗遮蓋再移開。

(5) 執行 repaint() 方法。

➔ 範例 16-1b

示範以上 paint 方法

執行結果

1. 下圖是程式執行的初始畫面。

2. 請讀者自行放大、縮小、隱藏或遮蓋視窗，並觀察矩形是否重繪。

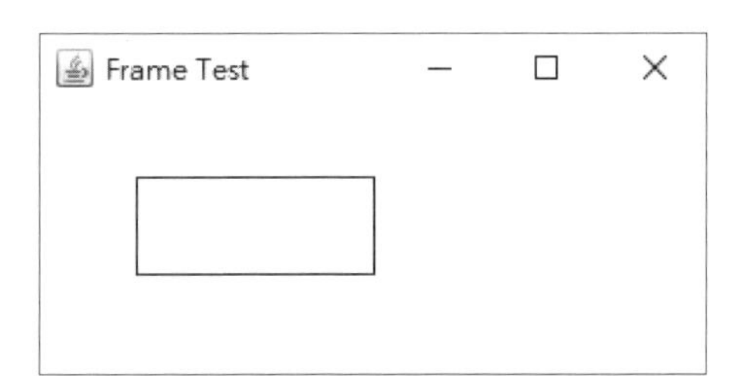

程式列印

```
import java.awt.*;
import java.awt.event.*;
public class e16_1b extends Frame
{
    public e16_1b()
    {
        this.setLocation(100,50);     //位置
        this.setSize(200,150);        //大小
        this.setTitle("Frame Test"); //標題
    }
    public static void main(String args[])
    {
        e16_1b frm =new e16_1b();
        frm.setVisible(true);
    }
    public void paint(Graphics g)
    {
        g.drawRect(50,60,100,40);
    }
}
```

16-2 繪圖方法

本單元將介紹一些 Graphics 類別的常用繪圖方法，例如輸出字串（drawString）、直線（drawLine）、矩形（drawRect）、橢圓（drawOval）、弧線（drawArc）、扇形（fillArc）、連續線段（drawPolyline）及繪製檔案圖片（drawImage）等方法，請看以下說明。

drawString

drawString 是輸出字串，其語法如下：

```
drawString(String str, int x, int y)
```

於座標（x,y）輸出字串。例如，

```
g.drawstring("歡迎光臨",80,60);
```

的結果如下圖：

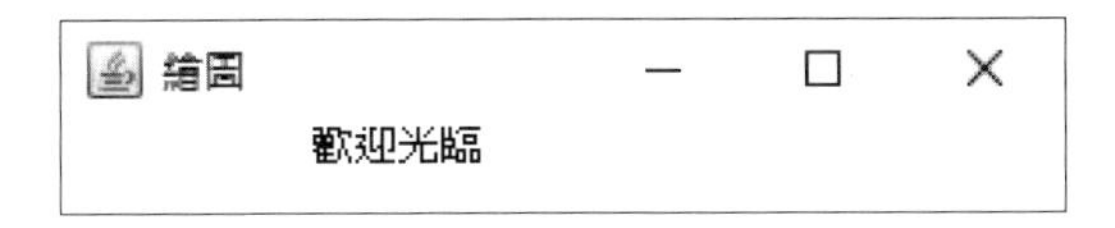

drawLine

drawLine 是畫直線，其語法如下：

```
drawLine(int x1,int y1,int x2,int y2)
```

於座標（x1,y1）與（x2,y2）之間畫一條直線，例如，

```
g.drawLine(30,20,100,100);
```

的結果如下圖：

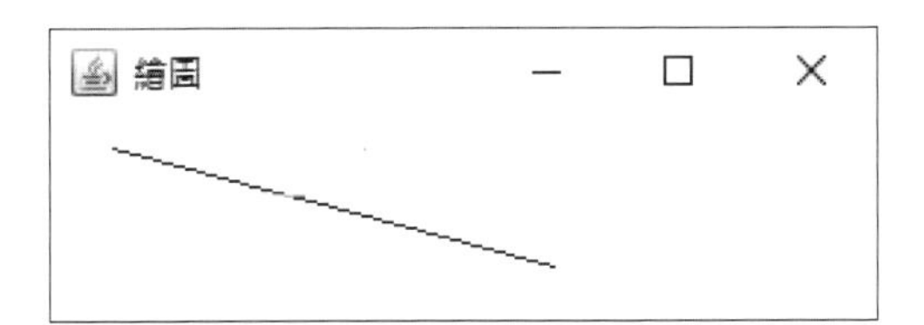

drawRect

drawRect 是畫矩形，其語法如下：

```
drawRect(int x,int y, int width,int height)
```

於座標（x,y）畫一個寬 width，高 height 的矩形，座標（x,y）是矩形左上角位置，如下圖：

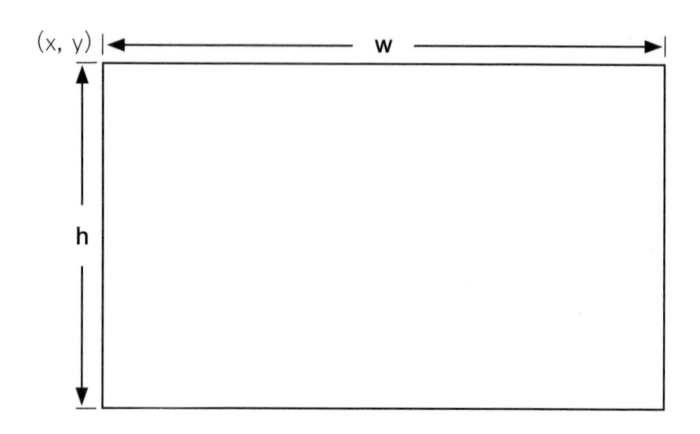

例如，

```
g.drawRect(30,40,100,40);
```

的結果如下圖：

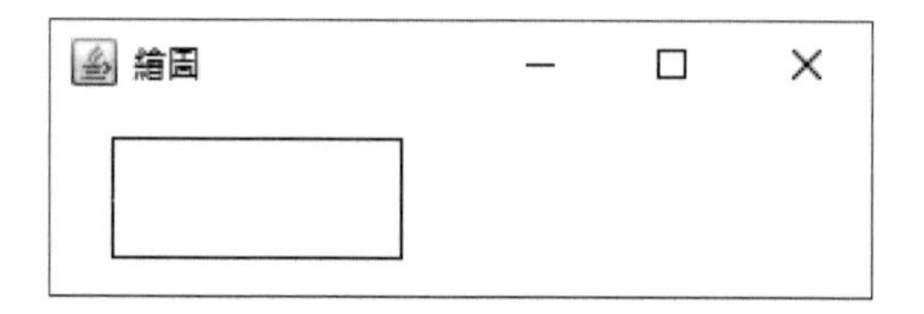

fillRect

fillRect 是繪製填滿顏色的矩形，其語法如下：

```
fillRect(int x,int y,int width,int height)
```

參數的定義同 drawRect。例如，

```
g.fillRect(30,40,100,40);
```

的結果如下圖：

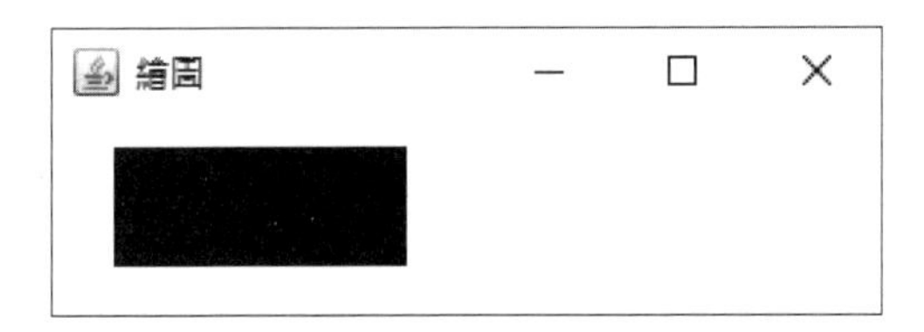

drawRoundRect

drawRoundRect 是繪製圓角矩形，其語法如下：

```
drawRoundRect(int x,int y,int width,int height,int arcWidth,
    int arcHeight)
```

參數 x、y、width 及 height 定義同上，arcWidth 與 arcHeight 為圓角的寬度與長度，例如，

```
g.drawRoundRect(30,40,100,40,30,20);
```

結果如下圖：

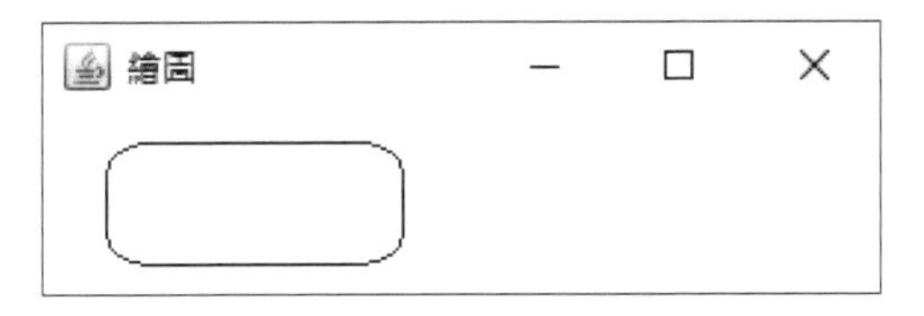

fillRoundRect

fillRoundRectc 是繪製一個填滿顏色的圓角矩形，語法如下：

```
fillRoundRect(int x,int y,int width,int height,int arcWidth,
    int arcHeight)
```

參數的定義同上，例如，

```
g.fillRoundRect(30,40,100,40,30,20);
```

的結果如下圖：

draw3Drect

draw3Drect 是繪製一個 3D 的矩形，語法如下：

```
draw3Drect(int x,int y,int width,int height,boolean raised)
```

raised 若為 true 則為上凸，否則為下凹。例如，

```
g.draw3DRect(30,40,100,40,false);
```

結果如下圖：

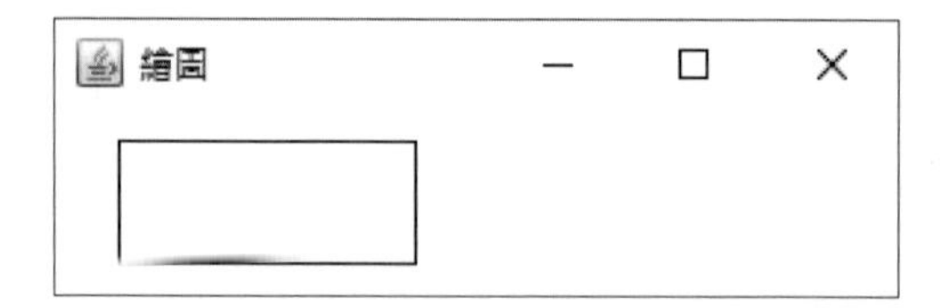

fill3DRect

fill3DRect 是繪製一個填滿顏色的 3D 矩形，語法與參數的定義同上。

clearRect

clearRect 是將指定的矩形區域以背景顏色填滿，通常用於清除畫面，語法如下：

```
clearRect(int x,int y,int height,int width)
```

x,y 是起始座標，參數定義同上面的矩形。例如，以下程式可將 (30,40) 起寬度 100，高度 40 的範圍以背景顏色填滿。

```
g.clearRect(30,40,100,40);
```

drawOval

drawOval 是繪製一個橢圓，語法如下：

```
drawOval(int x,int y,int width,int height)
```

參數的定義如下圖：

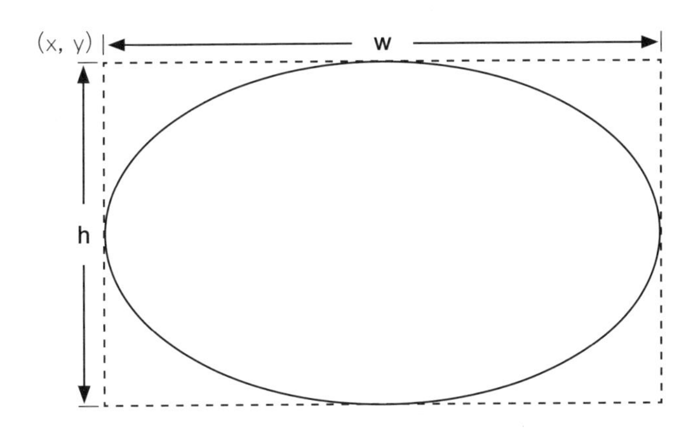

例如，

```
g.drawOval(30, 40, 100, 40);
```

結果如下圖：

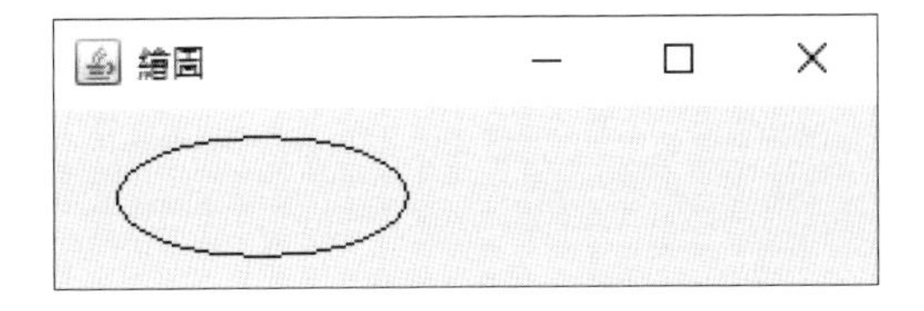

fillOval

fillOval 是繪製一個填滿顏色的橢圓，語法同上圖。

drawArc

drawArc 是繪製一段弧線，語法如下：

```
drawArc(int x,int y,int width,int height,int startAngle,
    int arcAngle)
```

startAngle 是起始角度，arcAngle 是擴展的角度。角度的單位是度度量，0 度是在 3 點鐘方向；擴展角度若為正代表逆時針方向，角度為負代表順時針方向擴展，如下圖：

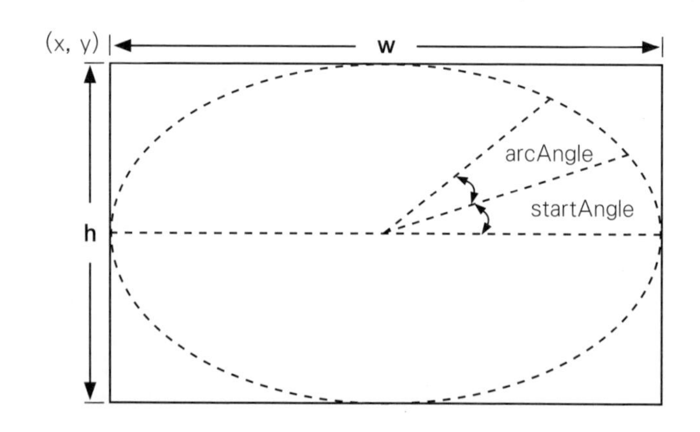

例如，

```
g.drawArc(40,40,140,140,0,90);
```

的結果如下圖：

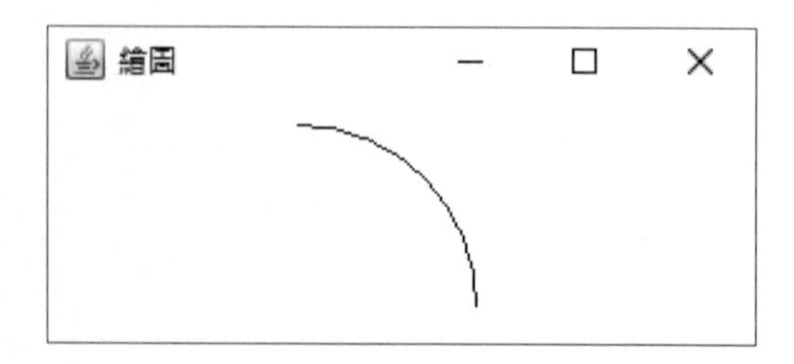

又例如，

```
g.drawArc(40,40,140,140,90,-90);
```

的結果也是同上圖。

fillArc

fillArc 是繪製一個填滿顏色的扇形，語法同上。例如，

```
g.fillArc(40,40,140,140,30,120);
```

結果如下圖：

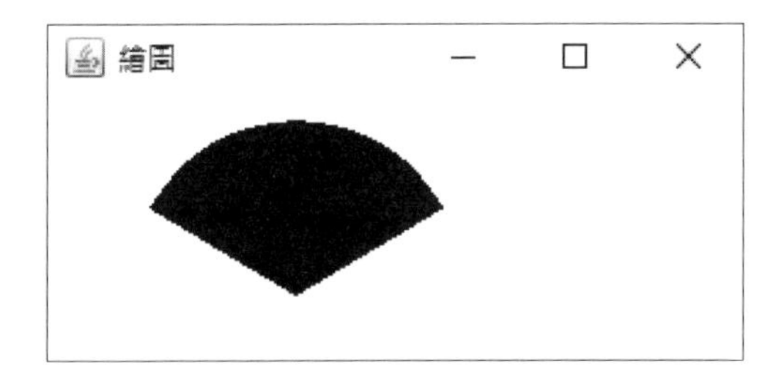

drawPolyline

drawPolyline 是以直線連結參數所提供的點，繪製一條連續線段。語法如下：

```
drawPolyline(int[] xPoint,int[] yPoint,int nPoint)
```

例如，

```
int x[ ]={80,180,180,130,80};
int y[ ]={40,40,120,90,120};
g.drawPolyline(x,y,x.length);
```

的結果如下圖：

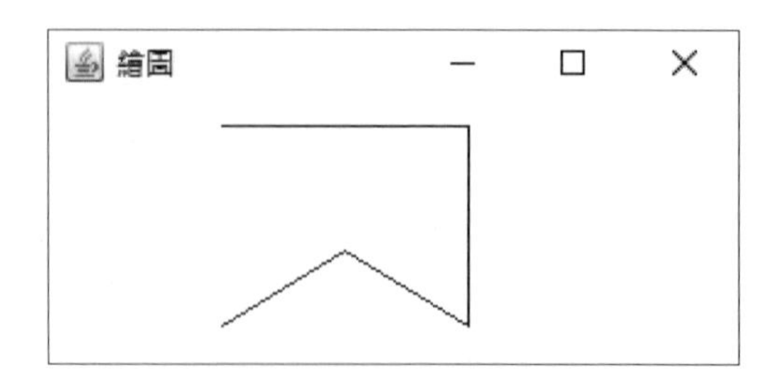

drawPolygon

drawPolygon 是將所提供的參數以直線連結成一個封閉的多邊形，語法如下：

```
drawPolygon(int[] xPoint,int[] yPoint,int nPoint)
```

例如，

```
int x[ ]={80,180,180,130,80};
int y[ ]={40,40,120,90,120};
g.drawPolygon(x,y,x.length);
```

的結果如下圖：

drawPolygon 的另一多載如下：

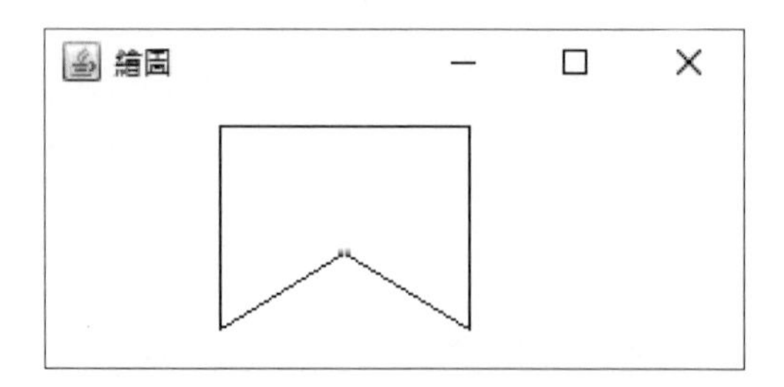


```
drawPolygon(Polygon P)
```

是依照 Polygon 物件所提供的點，連結一個封閉的多邊形，Polygon 類別的建構子如下：

```
Polygon(int[] xPoint,int[] yPoint,int nPiont)
```

例如，

```
Polygon p=new Plygon(x,y,x.length);
g.drawPolygon(p);
```

的結果同上圖。

drawImage

drawImage 可繪出指定圖檔，其常用語法如下：

```
drawImage(Image img, int x, int y, ImageObserver observer)
```

上面 img 圖檔需要藉助 Toolkit 類別的 getImage 方法，因為 getImage 語法如下：

```
abstract Image getImage(String filename)
```

可傳回一個 Image 類別物件，所以以下程式可繪出指定圖檔。

```
Toolkit toolkit=Toolkit.getDefaultToolkit();
Image img=toolkit.getImage("p5.jpg");
g.drawImage(img, 30, 50,this);
```

結果如下圖左。其次，drawImage 另一多載如下：

```
drawImage(Image img, int x, int y, int width, int height,
ImageObserver observer)
```

可以將指定圖檔填滿在指定的 width 與 height 內，若 width 與 height 較原圖小，則有縮小效果，反之有放大效果。例如，

```
g.drawImage(img, 400, 50,100,60,this);
```

結果如下圖右，因為 width 與 height 比原圖小，所以就等比例縮小了。

➔ 範例 16-2a

示範以上繪圖方法。請讀者自行開啟檔案 e16-2a，並觀察執行結果。

➔ 範例 16-2b

請寫一程式，完成以下棋盤。

輸出結果

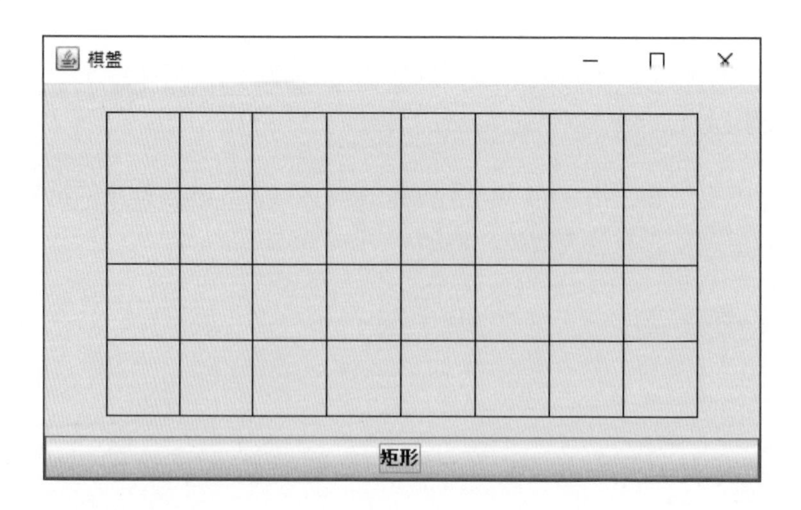

程式列印

```
import java.awt.*;
import java.awt.event.*;
import javax.swing.*;
public class e16_2b extends JFrame implements ActionListener
{
   JButton btn = new JButton();
   public e16_2b()
   {
      this.setLocation(100,50);   //位置
      this.setSize(500,300);      //大小
      this.setTitle("棋盤");      //標題

      BorderLayout layout=new BorderLayout();
      this.setLayout(layout);

      btn.setText("矩形");
      this.add(btn,layout.SOUTH);        //加入btn物件
      btn.addActionListener(this);      //加入事件
   }
   public static void main(String args[])
   {
      e16_2b frm =new e16_2b();
      frm.setDefaultCloseOperation(EXIT_ON_CLOSE);
      frm.setVisible(true);
    }
    public void actionPerformed(ActionEvent e)
    {
       Graphics g=getGraphics();
       int x0=50;
       int y0=50;
       //繪製垂直線
       for (int i=0;i<=8;i++)
         g.drawLine(x0+50*i, y0, x0+50*i, y0+200);
       //繪製水平線
       for (int i=0;i<=4;i++)
```

```
            g.drawLine(x0, y0+50*i, x0+400, y0+i*50);
        }
    }
```

自我練習

1. 請實際觀察羽球場、排球、棒球場或網球場，並寫程式，繪出其場地標線圖。

2. 請寫一程式，完成如下圖左。

3. 請寫一程式，完成如下圖右。

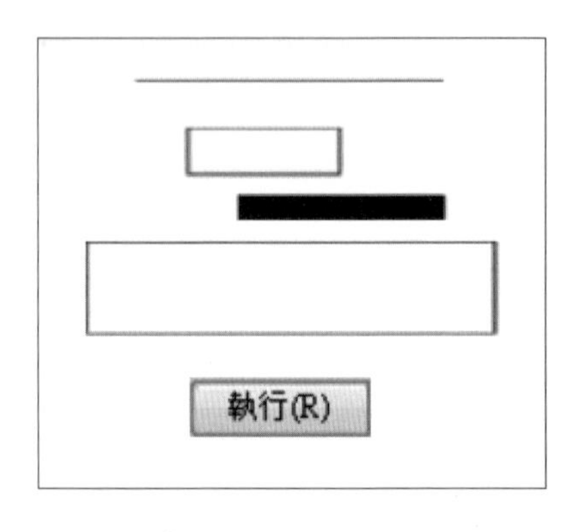

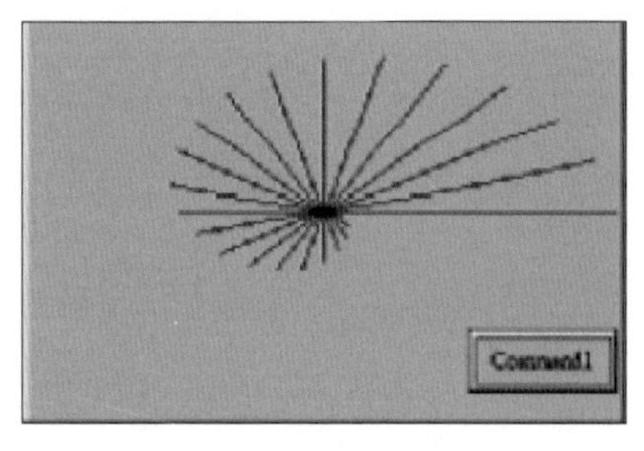

4. 請寫一程式，繪出如下圖左：

5. 請寫一程式，繪出如下圖右：

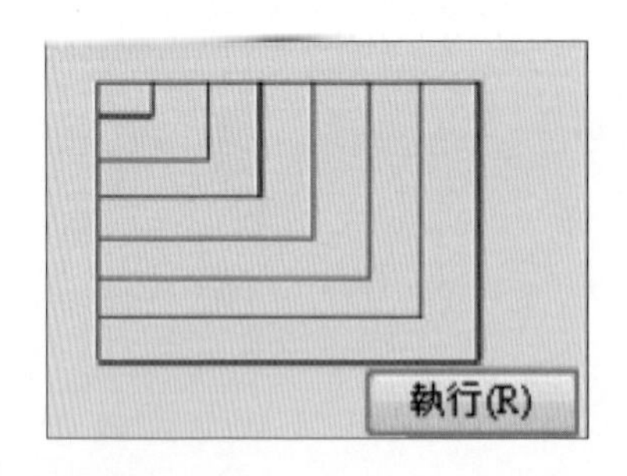

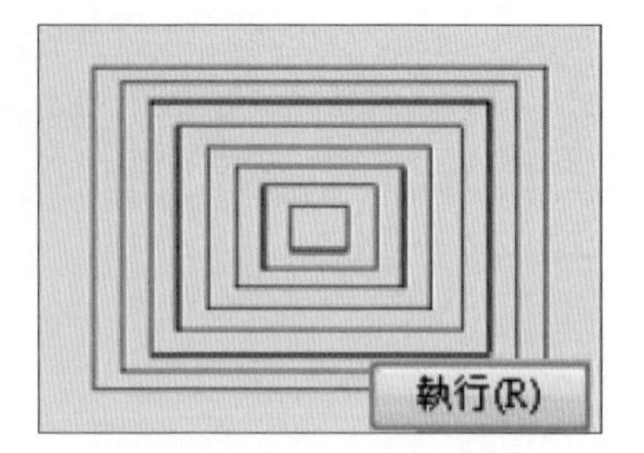

6. 請畫出下圖左的圖形。

7. 請畫出下圖右的圖形。

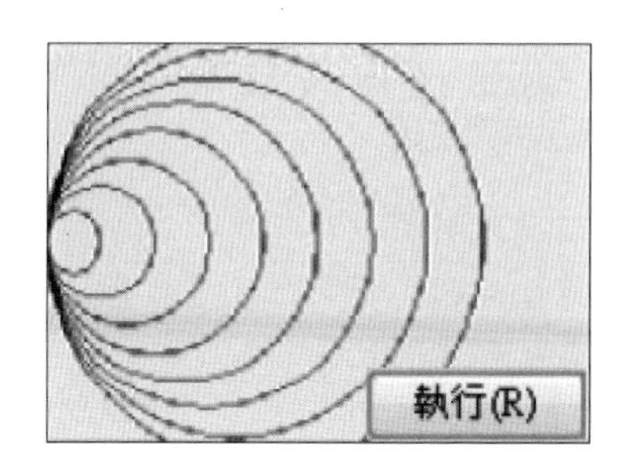

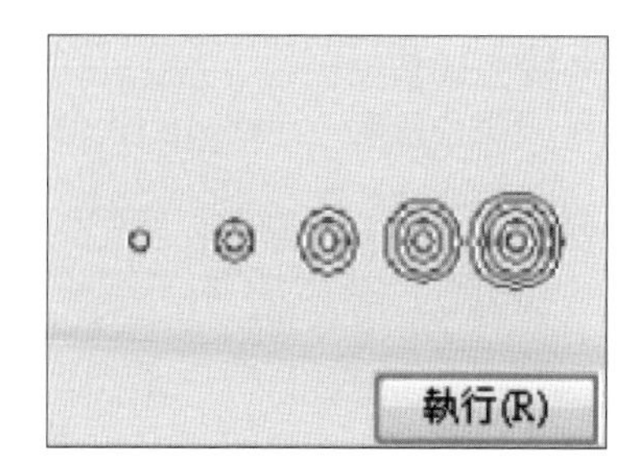

➔ 範例 16-2c

請寫一程式，可以繪出直線 y=x+3。

輸出結果

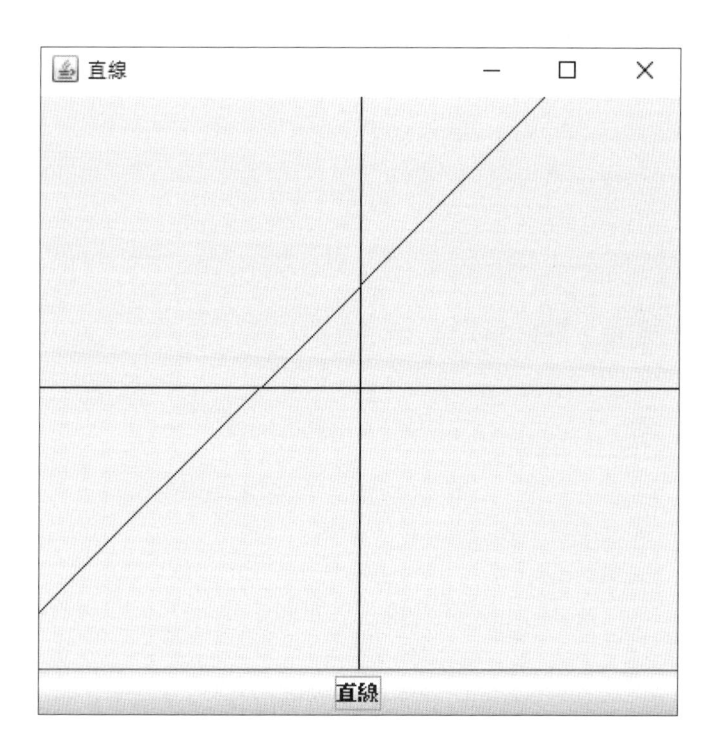

演算法則 1. 我們畫線是透過直尺，但電腦沒有直尺，若要繪製直線，就要先造出直線方程式，再一點一點繪出，這些點的集合就會是直線。

2. Java 預設座標原點於畫布左上角、x 座標向右為正、y 座標向下為正，單位是像素（像素很小，1 公分就將近 20 個像素）。但是，數學繪圖通常將原點放在畫布中心點，x 座標向右為正，y 座標向上為正，單位是基本的單位長度（通常 -10 到 10）。所以本例使用

```
int x0=w/2;
int y0=h/2;
g.translate(x0, y0);
```

重設座標原點於畫布中央。使用

```
int xs=20;
int ys=-20;//y座標方向相反,所以乘以負值
```

調整水平與垂直方向與大小,因為y座標方向相反，所以乘以負值，這樣就可以調整方向。

程式列印

```
import java.awt.*;
import java.awt.event.*;
import javax.swing.*;
public class e16_2c extends JFrame implements ActionListener
{
    JButton btn = new JButton();
    int w=400;
    int h=400;
    public e16_2c()
    {
        this.setLocation(100,50); //位置
        this.setSize(w,h);      //大小
        this.setTitle("直線"); //標題

        BorderLayout layout=new BorderLayout();
        this.setLayout(layout);
```

```
        btn.setText("直線");
        this.add(btn,layout.SOUTH);   //加入btn物件
        btn.addActionListener(this);   //加入事件
    }
    public static void main(String args[])
    {
        e16_2c frm =new e16_2c();
        frm.setDefaultCloseOperation(EXIT_ON_CLOSE);
        frm.setVisible(true);
     }
     public void actionPerformed(ActionEvent e)
     {
          Graphics g=getGraphics();
          int x0=w/2;
          int y0=h/2;
          int xs=20;//水平放大倍數
    int ys=-20; //y座標方向相反，所以乘以負值
          g.translate(x0, y0);//重設座標原點
          double x,y;
          int xx,yy;
          //x軸
          g.drawLine(-10*xs, 0, 10*xs, 0);
          //y軸
          g.drawLine(0,10*ys,0,-10*ys);
          for ( x=-10;x<=10;x=x+0.01) {
            y=x+3;
            //y=x*x;
            //y=3*x*x*x-6*x*x+5*x+3
            xx=(int)(x*xs);
            yy=(int)(y*ys);
            g.drawLine(xx, yy, xx, yy);
          }
     }
}
```

➔ 範例 16-2d

同上範例，但加上繪製座標刻度。

輸出結果

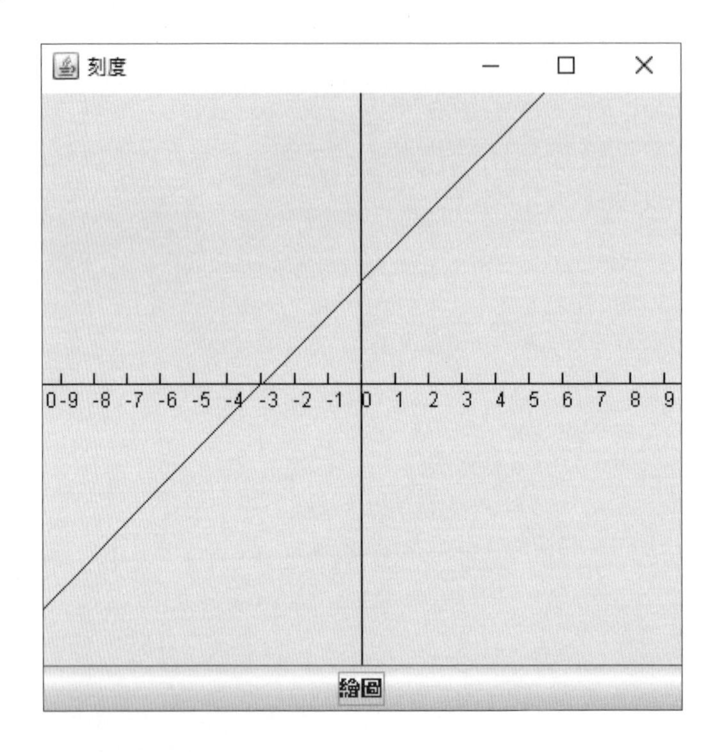

程式列印

```
public void actionPerformed(ActionEvent e)
{
        Graphics g=getGraphics();
        //x軸
        g.drawLine(-10*xs, 0, 10*xs, 0);
        for ( x=-10;x<=10;x++) {
          g.drawLine((int)(x*xs), 0, (int)(x*xs), (int)(0.3*ys));
          g.drawString(String.valueOf((int)x),(int)(x*xs),(int)(-0.7*ys));
        }
}
```

➔ 範例 16-2e

示範繪製 y=sinx 圖形。

執行結果

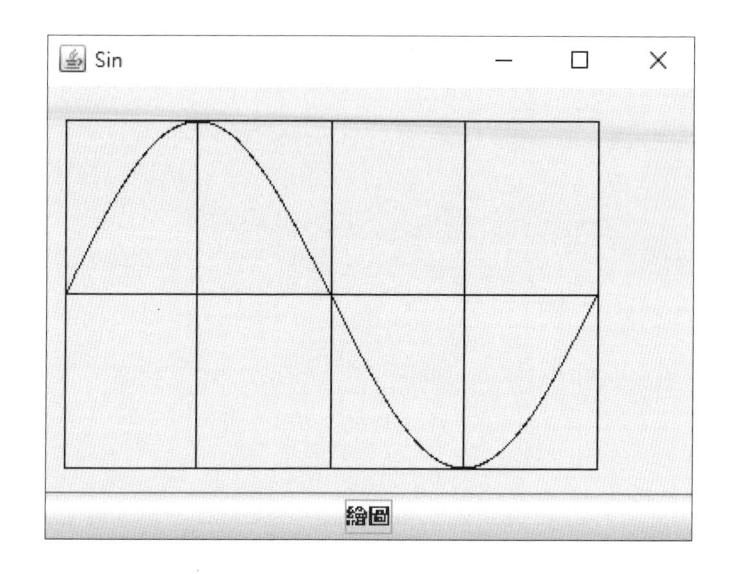

演算法則 1. sinx 函式原點通常在畫布左邊中間，x 定義域是 0～6.28（2*Math.PI），值域是 1 到 -1。

程式列印

```
import java.awt.*;
import java.awt.event.*;
import javax.swing.*;
public class e16_2e extends JFrame implements ActionListener
{
    public void actionPerformed(ActionEvent e)
    {
        Graphics g=getGraphics();
        double PI=Math.PI;
        int x0=20;
        int y0=h/2;
```

```
        int xs=50;
        int ys=-100;
        g.translate(x0, y0);
        double x,y;
        int xx,yy;
        //x軸
        g.drawLine(0, 0, (int) (2*PI*xs), 0);
        g.drawLine(0, 1*ys, (int) (2*PI*xs), 1*ys);
        g.drawLine(0, -1*ys, (int) (2*PI*xs), -1*ys);
        //y軸
        for (int i=0 ;i<=4;i++) {
          g.drawLine((int)(i*xs*PI/2),1*ys,(int)(i*xs*PI/2),-1*ys);
        }
        for ( x=0;x<=2*PI;x=x+0.01) {
          y=Math.sin(x);
          //y=x*x;
          xx=(int)(x*xs);
          yy=(int)(y*ys);
          g.drawLine(xx, yy, xx, yy);
        }
    }
}
```

自我練習

1. 請繪製指數函數圖形 $y=2^x$。

2. 請繪製對數函數圖形 $y=\log_2 x$。

3. 試寫一程式，圖示 $y = \log_2 x$ 與 $y = x$ 的圖形有幾個交點。

4. 請用雙迴圈繪出，找出『一切實數 x,y 所成的集合，滿足 $x^2+y^2=4$』的圖形。

➔ 範例 16-2f

示範參數式繪圖。

輸出結果

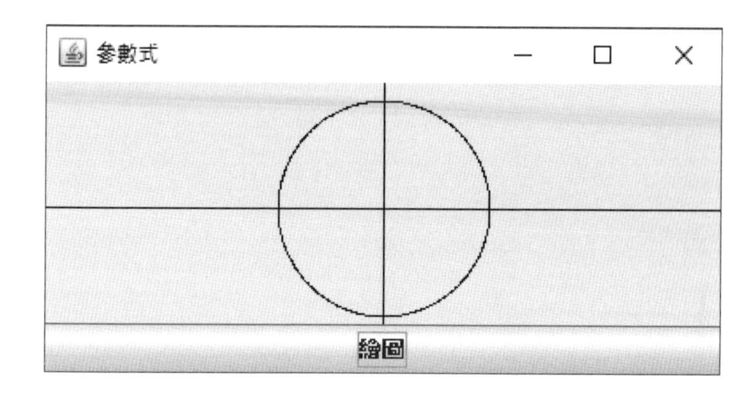

演算法則 電腦沒有圓規，那如何繪圓、橢圓、雙曲線呢？方法一是使用雙迴圈與不斷判斷，那當然耗時，如同上面自我練習的第4題；方法二就是使用以下參數式。所以要學好程式設計，要常常複習高、國中的數學。

程式列印

```
import java.awt.*;
import java.awt.event.*;
import javax.swing.*;
public class e16_2f extends JFrame implements ActionListener
{
    public void actionPerformed(ActionEvent e)
    {
        Graphics g=getGraphics();
        int x0=w/2;
        int y0=h/2;
        int xs=20;
        int ys=-20;
        g.translate(x0, y0);//重設座標原點
        double x,y;
```

```
        int xx,yy;
        //x軸
        g.drawLine(-10*xs, 0, 10*xs, 0);
        //y軸
        g.drawLine(0,10*ys,0,-10*ys);
        int r=3;
        for ( double s=0;s<=2*Math.PI ;s=s+0.01) {
          x=r*Math.sin(s);
          y=r*Math.cos(s);
          xx=(int)(x*xs);
          yy=(int)(y*ys);
          g.drawLine(xx, yy, xx, yy);
        }
      }
  }
```

16-3 繪圖相關類別

前面已介紹繪圖的常用方法，但因未指定顏色及字型，所以皆使用預設的顏色與字型。本單元則要介紹顏色與字型的設定，它們分別是 Color 與 Font 類別，其所在套件亦為 java.awt。其次，我們也會介紹如何取得 Graphics2D 物件繪圖。

Color 類別

資料成員

下圖是 Color 類別的部分類別成員。

Modifier and Type	Field	Description
static Color	black	The color black.
static Color	BLACK	The color black.
static Color	blue	The color blue.
static Color	BLUE	The color blue.

例如，以下敘述代表藍色。

```
Corlor e =Color.blue;
```

建構子

Color 的常用建構子如下：

- **Color(int r,int g,int b)**

r、g 及 b 分別代表 Red、Green 及 Blue 的成份，其值僅能由 0 至 255。例如，以下敘述代表紅色。

```
Color c=new Color(255,0,0)
```

以下敘述代表綠色。

```
Color c=new Corlor(0,255,0);
```

- **Color(int rgb)**

以 24 bits 代表顏色，16-23 bits 代表紅色的成份，8-15 bits 代表綠色的成份，0-7 bits 代表藍色的成份。例如，以下敘述代表建立一個紅色的物件 d。

```
Color d=new Color(0xFF0000);       //0x 代表十六進位
```

又例如，以下敘述代表建立一個綠色的物件 e。

```
Color e=new Color(0x00FF00);
```

以下敘述可由 Graphics 類別物件的 setColor 方法設定繪圖的顏色。

```
g.setColor(e);      //g是Graphics類別物件
```

以下敘述則可依所指定的顏色繪圖。

```
g.drawLine(30,40,180,80);
```

➔ 範例 16-3a

示範以上 Color 的用法。

程式列印

```
import java.awt.*;
import java.awt.event.*;
import javax.swing.*;
public class e16_1c extends JFrame
{
    public void paint(Graphics g)
    {
        Color c=Color.red;
        g.setColor(c);//red
        g.drawRect(50,60,100,40);
        c=new Color(255,0,0);//red
        g.setColor(c);
        g.drawRect(50,60,100,40);
        c=new Color(0xFF0000);//red
        g.setColor(c);
        g.drawRect(50,60,100,40);
        c=new Color(0x00FF00);//green
        g.setColor(c);
        g.drawRect(50,60,100,40);
    }
}
```

Font 類別

資料成員

Font 類別的常用資料成員如下表：

PLAIN	BOLD	ITALIC
原始的	粗體的	斜體的

例如，

```
Font.BOLD;
```

代表粗體。

建構子

Font 類別的常用建構子如下：

- **Font(String name,int style,int size)**

name 是字型名稱，style 是字型樣式，size 是字型大小。例如，以下敘述可建構一個 f 物件，其字型名稱是『新細明體』，樣式是『斜體』，字型大小是『14』。

```
Font f=new Font("新細明體",Font.ITALIC,14);
```

其次，字型樣式可以累加。例如，

```
Font.BOLD+Font.ITALIC
```

代表粗斜體。

➔ 範例 16-3b

示範 Font 類別。

輸出結果

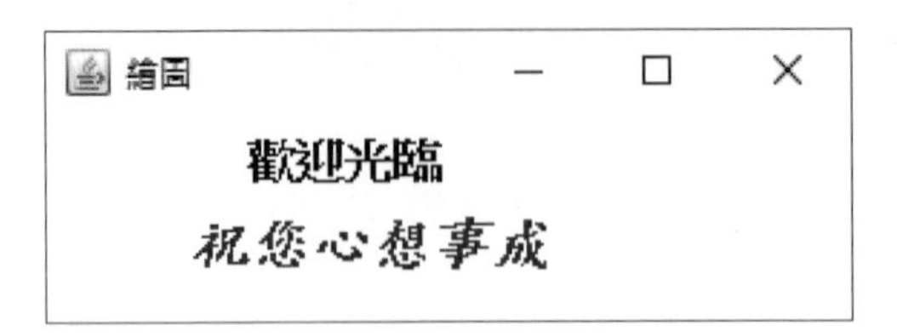

程式列印

```
import java.awt.*;
import java.awt.event.*;
import javax.swing.*;
public class e16_3b extends JFrame
{
   public void paint(Graphics g)
   {
         Font f1=new Font("新細明體",Font.BOLD,16);
         g.setFont(f1);
         g.drawString("歡迎光臨",80,50);

         Color d=new Color(0,0,255);  //Blue
         Font f2=new Font("標楷體",Font.BOLD+Font.ITALIC,20);
         g.setColor(d);
         g.setFont(f2);
         g.drawString("祝您心想事成",60,80);
   }
}
```

自我練習

1. 請用一個 JComboBox 預先填入 13 種常用顏色常數，供使用者設定繪圖顏色。

2. 請用三個 JScrollBar 分別調整 Color 物件的 r、g、b 三元素，並將此三元素的值設定繪圖顏色。

3. 請用三個 JSlider 分別調整 Color 物件的 r、g、b 三元素，並將此三元素的值設定繪圖顏色。

4. 請用 JColorChooser 類別挑選顏色，設定繪圖顏色。

Graphics2D 類別

Graphics2D 類別是繼承 Graphics 類別，若要使用 Graphics2D 類別的物件，則可使用轉型如下：

```
public void paint(Graphics g)
{
   Graphics2D gg=(Graphics2D) g;        //轉型
   gg.drawString("歡迎光臨",80,60);       //可使用原 Graphics 的方法
   gg.drawRect(30, 40, 100, 60);        //可使用原 Graphics 的方法
   gg.draw3DRect(30, 40, 100, 60, true);//可使用 Graphics2D 的方法
}
```

事件中的程式也是一樣，程式轉型如下：

```
public void actionPerformed(ActionEvent e)
    {
     Graphics g=getGraphics();          //1.宣告並取得繪圖物件
     Graphics2D gg=(Graphics2D) g;      //2.轉型
     gg.draw3DRect(50,60,100,40,true);  //3.繪圖
}
```

這樣您就可同時使用 Graphics 與 Graphics2D 的所有方法。

16-4 影像處理

前面已經使用繪圖方法完成繪圖，後續當然就是影像處理，例如，取得某一像素的顏色、調整亮度、對比、修改顏色、改為灰階、黑白等修圖或存檔的工作。Java 的影像處理類別有 java.awt.image.PixelGrabber 與 java.awt.image.MemoryImageSource 類別，分別說明如下：

PixelGrabber 類別

PixelGrabber 類別可將影像按照像素順序先由左而右、再由上而下轉為一維陣列。例如，若有一個 300 * 168 像素的圖檔，則以下程式可將其以 pixels 陣列儲存：

```
int pixels[]=new int[300*168];
PixelGrabber pg=new PixelGrabber(img1,0,0,300,168,pixels,0,300);
//將圖檔依序放到pixels陣列
try {
   pg.grabPixels();
}
   catch (InterruptedException ex){}
```

pg.grabPixels() 方法即可將所有像素放到 pixels 陣列。陣列中每一個元素都是 32bit 整數，31~24bit 是 alpha，23 ～ 16 是 red，15 ～ 8 是 green，7 ～ 0 是 blue。接著，就是影像處理了，例如，您可以使用以下程式取得其 r、g、b 值。

```
for (int i=0;i<300*168;i++) {
      int p=pixels[i];
      int r=0xff & (p>>16);
      int g=0xff & (p>>8);
      int b=0xff & p;
      }
```

MemoryImageSource 類別

PixelGrabber 類別是將影像分解成一維陣列，MemoryImageSource 類別則剛好相反，可將處理過的一維陣列再組合成圖檔。例如，以下範例可將每一像素的三原色各加 20，再組合其來，其效果是提高原照片的亮度。

➔ 範例 16-4a

示範將影像提高亮度。

執行結果（p5.jpg 是 300 * 168 像素）

程式列印

```
import java.awt.*;
import java.awt.event.*;
import javax.swing.*;
import java.awt.image.*;
public class e16_4a extends JFrame implements ActionListener
{
   private JButton btn = new JButton("執行");
   Toolkit toolkit;
   Image img1,img2;
   public e16_4a()
   {
```

```
    this.setLocation(100,50); //位置
    this.setSize(700,250);     //大小
    this.setTitle("提升圖檔亮度");
    BorderLayout layout=new BorderLayout();
    this.setLayout(layout);
    this.add(btn,layout.SOUTH);   //加入btn物件
    btn.addActionListener(this);   //加入事件
    toolkit=Toolkit.getDefaultToolkit();
    img1=toolkit.getImage("p5.jpg");//取圖檔
  }
  public static void main(String args[])
  {
    e16_4a frm =new e16_4a();
    frm.setDefaultCloseOperation(EXIT_ON_CLOSE);
    frm.setVisible(true);
   }
   public void actionPerformed(ActionEvent e)
   {
     Graphics gg=getGraphics();
     gg.drawImage(img1, 30,50,this);
     int pixels[]=new int[300*168];
     PixelGrabber pg=new PixelGrabber(img1,0,0,300,168,
        pixels,0,300);
     //將圖檔依序放到pixels陣列
     try {
      pg.grabPixels();
     }
     catch (InterruptedException ex){}
     //影像處理
     for (int i=0;i<300*168;i++) {
       int p=pixels[i];
       int r=(0xff & (p>>16))+20;
       int g=(0xff & (p>>8))+20;
       int b=(0xff & p)+20;
       if (r>255) r=255;
       if (g>255) g=255;
```

```
            if (b>255) b=255;
            pixels[i]=(0xff000000|r<<16|g<<8|b);
          }
          //將pixels陣列組合成img2
          img2=toolkit.createImage(new MemoryImageSource(300,168,
            pixels,0,300));
          //展示img2
          gg.drawImage(img2, 350,50,this);
      }
  }
```

➔ 範例 16-4b

同上範例，但轉為灰階。轉為灰階有兩個公式，分別是每一像素取平均 avg=(r+g+b)/3 或每一像素乘以一個比例 avg= r*0.299+g*0.587+b*0.144。

執行結果

程式列印

```
  import java.awt.*;
  import java.awt.event.*;
  import javax.swing.*;
  import java.awt.image.*;
  public class e16_4b extends JFrame implements ActionListener
```

```
{
    public void actionPerformed(ActionEvent e)
    {
        Graphics gg=getGraphics();
        gg.drawImage(img1, 30,50,this);
        int pixels[]=new int[300*168];
        PixelGrabber pg=new PixelGrabber(img1,0,0,300,168,
            pixels,0,300);
        //將圖檔依序放到pixels陣列
        try {
          pg.grabPixels();
        }
        catch (InterruptedException ex){}
        //影像處理
        for (int i=0;i<300*168;i++) {
          int p=pixels[i];
          int r=(0xff & (p>>16));
          int g=(0xff & (p>>8));
          int b=(0xff & p);
          int avg=(int)((r+g+b)/3);
          //int avg=(int)(r*0.299+g*0.587+b*0.144);
          pixels[i]=(0xff000000|avg<<16|avg<<8|avg);
        }
        //將pixels陣列組合成img2
        img2=toolkit.createImage(new MemoryImageSource(300,168,
            pixels,0,300));
        //展示img2
        gg.drawImage(img2, 350,50,this);
    }
}
```

存檔/取檔

要將完成的影像存檔，最簡單的方法就是把整個整數型別的 pixels 陣列儲存，取檔則是將整數型別的陣列取出，再用 MemoryImageSource 類別組合，請看以下範例。

➔ 範例 16-4c

示範已繪製影像的存檔與取檔。

執行結果

程式列印

```
import java.awt.*;
import java.awt.event.*;
import javax.swing.*;
import java.awt.image.*;
import java.io.*;
public class e16_4c extends JFrame implements ActionListener
{
    public void actionPerformed(ActionEvent e)
    {
        Graphics gg=getGraphics();
        gg.drawImage(img1, 30,50,this);
        int pixels[]=new int[300*168];
        PixelGrabber pg=new PixelGrabber(img1,0,0,300,168,
          pixels,0,300);
        //將圖檔依序放到pixels陣列
        try {
         pg.grabPixels();
        }
        catch (InterruptedException ex){}
```

```
        //影像處理
        for (int i=0;i<300*168;i++) {
         int p=pixels[i];
         int r=(0xff & (p>>16));
         int g=(0xff & (p>>8));
         int b=(0xff & p);
         int avg=(int)((r+g+b)/3);
         //int avg=(int)(r*0.299+g*0.587+b*0.144);
         pixels[i]=(0xff000000|avg<<16|avg<<8|avg);
        }
        //將pixels陣列儲存
        try {
         FileOutputStream f=new FileOutputStream("test1.txt");
         DataOutputStream d=new DataOutputStream(f);
         for (int i=0;i<300*168;i++) {
             d.writeInt(pixels[i]);
            }
        }
        catch (IOException ex){}
        //取檔
        int[]a=new int[300*168];
        try {
         FileInputStream f= new FileInputStream("test1.txt");
             DataInputStream d=new DataInputStream(f);
             for (int i=0;i<300*168;i++) {
            a[i]=d.readInt();
            }
        }
        catch (IOException ex){}
        //組合
        img2=toolkit.createImage(new MemoryImageSource
          (300,168,a,0,300));
        //展示img2
        gg.drawImage(img2, 350,50,this);
    }
}
```

BMP 圖檔格式

若要將影像儲存成標準 BMP 圖檔格式，那當然要研究其檔案排列格式，如下圖，也就是除了以上圖素陣列，還要儲存照片尺寸、檔案頭等資料。

ttps://zh.wikipedia.org/zh-tw/BMP

儲存演算法 [編輯]

BMP檔案通常是不壓縮的，所以它們通常比同一幅圖像的壓縮圖檔格式要大很多。例如，一個800×600的24位元幾乎占據1.4MB空間。因此它們通常不適合在網際網路或者其他低速或者有容量限制的媒介上進行傳輸。

根據顏色深度的不同，圖像上的一個像素可以用一個或者多個位元組表示，它由**n/8**所確定（n是位深度，1位元組包含8個資料位）。圖片瀏覽器等基於位元組的ASCII值計算像素的顏色，然後從調色盤中讀出相應的值。更為詳細的資訊請參閱下面關於點陣圖檔案的部份。

n位2^n種顏色的包含調色盤的點陣圖近似位元組數可以用下面的公式計算：

BMP檔案大小$\approx 54 + 4 \cdot 2^n + \frac{\mathrm{width} \cdot \mathrm{height} \cdot n}{8}$，其中高度（height）和寬度（width）都以像素為單位。

需要注意的是上面公式中的**54**是點陣圖檔案的檔案頭，$4 \cdot 2^n$是彩色調色盤的大小。 如果點陣圖檔案不包含調色盤，如24位元，32位元點陣圖，則點陣圖的近似位元組數可以用下面的公式計算：

BMP檔案大小$\approx 54 + \frac{\mathrm{width} \cdot \mathrm{height} \cdot n}{8}$，其中高度（height）和寬度（width）都以像素為單位。

另外需要注意的是這是一個近似值，對於n位的點陣圖圖像來說，儘管可能有最多2^n種顏色，一個特定的圖像可能並不會使用這些所有的顏色。由於彩色調色盤僅僅定義了圖像所用的顏色，所以實際的彩色調色盤將小於$4 \cdot 2^n$。

如果想知道這些值是如何得到的，請參考下面檔案格式的部份。

由於儲存演算法本身決定的因素，根據幾個圖像參數的不同計算出的大小與實際的檔案大小將會有一些細小的差別。

檔案格式 [編輯]

點陣圖圖檔由若干大小固定（檔案頭）和大小可變的結構體按一定的順序構成。由於該檔案格式幾經演進，這些結構體的版本也很多。

點陣圖檔案由以下結構體以此構成：

結構體名稱	可選	大小	用途	備註
點陣圖檔案頭	否	14位元組	儲存點陣圖檔案通用資訊	僅在讀取檔案時有用
DIB頭	否	固定（存在7種不同版本）	儲存點陣圖詳細資訊及像素格式	緊接在點陣圖檔案頭後
附加位遮罩	是	3或4 DWORD（12或16位元組）	定義像素格式	僅在DIB頭是BITMAPINFOHEADER時存在
調色盤	見備註	可變	定義圖像資料（像素陣列）所用顏色	色深≤ 8時不能省略
填充區A	是	可變	結構體對齊	點陣圖檔案頭中像素陣列偏移量的產物
像素陣列	否	可變	定義實際的像素數值	像素資料在DIB頭和附加位遮罩中定義。像素陣列中每行均以4位元組對齊

JPG 圖檔格式

BMP 是將影像像素一五一十全部儲存，但是各位一定會發現任一影像或照片，其相鄰像素會有很多重複，所以依照影像屬性，就有很多壓縮方式。JPG 圖檔格式會先壓縮、再儲存，其檔案格式與演算法如下圖。

編碼 [編輯]

在JPEG標準中這個選項大多都是很少使用。當應用到一個擁有每個像素24位元（24 bits per pixel，紅、藍、綠各有八位元）的輸入時，這邊只有針對更多普遍編碼方法之一的簡潔描述。這個特定的選擇是一種失真資料壓縮方法。

色彩空間轉換 [編輯]

首先，影像由RGB（紅綠藍）轉換為一種稱為YUV的不同色彩空間。這與模擬PAL制式彩色電視傳輸所使用的色彩空間相似，但是更類似於MAC電視傳輸系統運作的方式。但不是模擬NTSC，模擬NTSC使用的是YIQ色彩空間。

- Y成份表示一個像素的亮度
- U和V成份一起表示色調與飽和度。

YUV分量可以由PAL制系統中歸一化（經過伽馬校正）的R',G',B'經過下面的計算得到：

- Y=0.299R'+0.587G'+0.114B'
- U=-0.147R'-0.289G'+0.436B'
- V=0.615R'-0.515G'-0.100B'

這種編碼系統非常有用，因為人類的眼睛對於亮度差異的敏感度高於色彩變化。使用這種知識，編碼器（encoder）可以被設計得更有效率地壓縮影像。

縮減取樣（Downsampling） [編輯]

上面所作的轉換使下一步驟變為可能，也就是減少U和V的成份（稱為"縮減取樣"或"色度抽樣"（chroma subsampling）。在JPEG上這種縮減取樣的比例可以是4:4:4（無縮減取樣），4:2:2（在水平方向2的倍數中取一個），以及最普遍的4:2:0（在水平和垂直方向2的倍數中取一個）。對於壓縮過程的剩餘部份，Y、U、和V都是以非常類似的方式來個別地處理。

離散餘弦變換（Discrete cosine transform） [編輯]

下一步，將影像中的每個成份（Y, U, V）生成三個區域，每一個區域再劃分成如瓷磚般排列的一個個的8×8子區域，每一子區域使用二維的離散餘弦變換（DCT）轉換到頻率空間。

如果有一個如這樣的的8×8的8-位元（0~255）子區域：

$$\begin{bmatrix} 52 & 55 & 61 & 66 & 70 & 61 & 64 & 73 \\ 63 & 59 & 55 & 90 & 109 & 85 & 69 & 72 \\ 62 & 59 & 68 & 113 & 144 & 104 & 66 & 73 \\ 63 & 58 & 71 & 122 & 154 & 106 & 70 & 69 \\ 67 & 61 & 68 & 104 & 126 & 88 & 68 & 70 \\ 79 & 65 & 60 & 70 & 77 & 68 & 58 & 75 \\ 85 & 71 & 64 & 59 & 55 & 61 & 65 & 83 \end{bmatrix}$$

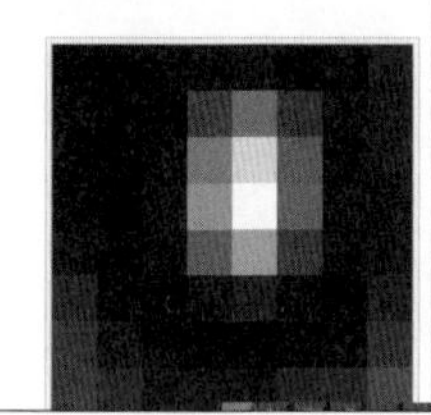

以上演算法有點深入，筆者舉一個簡單例子，若有資料如下

```
BBBAACCCCCCCCC
```

很多照片其實都這樣，相鄰像素都相同，為了減少儲存空間，以上資料其實可以用

```
3B2A9C
```

表示，這樣就可以節省很多記憶體，節省記憶體後，當然可以縮短傳輸時間，所以資料壓縮又是一門學科，有興趣同學可自行深入探索。

自我練習

1. 若有資料如下：3B2A9C、14AC5B6DGK，請寫程式轉為原始資料。

已壓縮資料	解壓縮
3B2A9C	BBBAACCCCCCCCC
11AC5B6DGK	ACACACACACACACACACACACBBBBBDGKDGKDGKDGKDGKDGK

16-5 動畫

能讓圖形在螢幕移動都稱為動畫。以下三個範例介紹動畫的製作，範例 16-5a 採用純手工，先擦掉上一畫面，再畫上新的；範例 16-5b 是採用 repaint() 要求重新執行 paint()；範例 16-5c 則採用移動畫布的方式，這樣效率最高了。

➔ 範例 16-5a

示範如何製作動畫。本例先擦掉上一畫面，再畫上新的，讓矩形向右移動。

執行結果

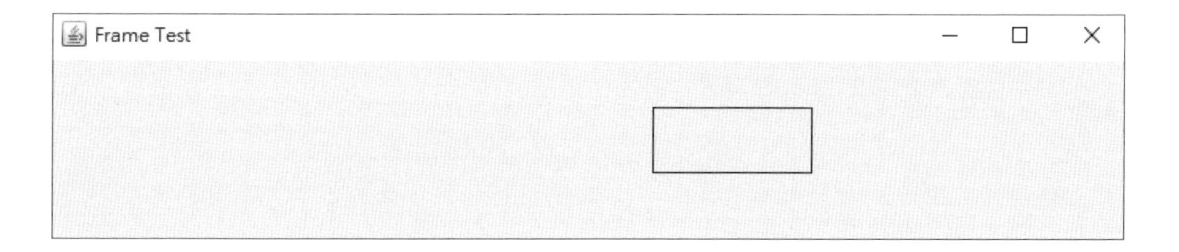

程式列印

```
import java.awt.*;
import java.awt.event.*;
import javax.swing.*;
public class e16 _ 5a extends JFrame implements ActionListener
{
    Timer timer;
    int x=0;
    public e16 _ 1b()
    {
        this.setLocation(100,50); //位置
        this.setSize(700,150);     //大小
        this.setTitle("Frame Test"); //標題
```

```
        timer=new Timer(100,this);
    }
    public static void main(String args[])
    {
        e16_1b frm =new e16_1b();
        frm.setDefaultCloseOperation(EXIT_ON_CLOSE);
        frm.setVisible(true);
        frm.timer.start();
    }
    public void actionPerformed(ActionEvent e)
    {
        Graphics g=getGraphics();
        //清除指定區域
        g.clearRect(0, 0, 700, 150);
        g.drawRect(x,60,100,40);
        x=(x+10)% 600;
    }
}
```

自我練習

1. 寫一程式，可以讓照片自然慢慢放大。

➔ 範例 16-5b

示範如何製作動畫。本例以 paint() 方法重作上一範例，讓矩形向右移動。

執行結果

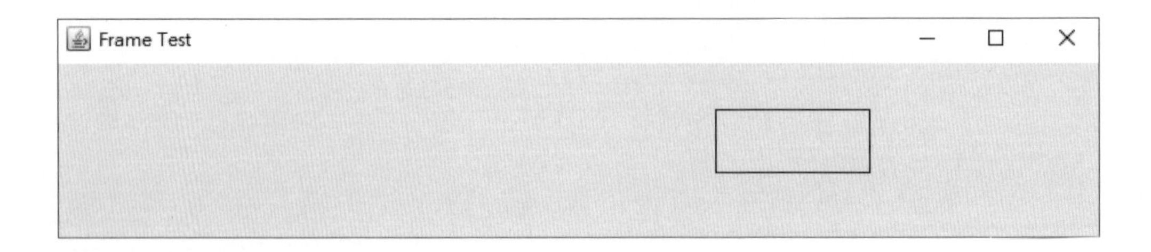

程式列印

```
import java.awt.*;
import java.awt.event.*;
import javax.swing.*;
public class e16_5b extends JFrame implements ActionListener
{
   Timer timer;
   int x=0;
   public e16_5b()
   {
      this.setLocation(100,50);      //位置
      this.setSize(700,150);         //大小
      this.setTitle("Frame Test"); //標題
      timer=new Timer(100,this);
   }
   public static void main(String args[])
   {
       e16_5b frm =new e16_5b();
       frm.setDefaultCloseOperation(EXIT_ON_CLOSE);
       frm.setVisible(true);
       frm.timer.start();
   }
   public void paint(Graphics g)
   {
       //清除指定區域
      g.clearRect(0, 0, 700, 150);
      g.drawRect(x,60,100,40);
   }
   public void actionPerformed(ActionEvent e)
   {
      x=(x+10)%600;
      repaint();//執行paint()
   }
}
```

自我練習

1. 寫一程式，可以讓照片每秒自動更新一張。

Canvas 類別

Canvas 字面意思是畫布，也就是提供一個可指定大小的畫布，然後在上面繪圖，因為畫布是一個輕量級物件，所以若要讓影像移動，那就是移動畫布就好。此類別繼承圖如下：

```
java.lang.Object
    java.awt.Component
        java.awt.Canvas
```

其次，Componnet 就有 paint 方法，所以也是改寫其 paint 方法就可在畫布上繪圖，然後移動畫布，就有動畫的效果。請看以下範例說明。

➔ 範例 16-5c

示範使用 Canvas 製作動畫效果。

執行結果

程式列印


```
import java.awt.*;
import java.awt.event.*;
import javax.swing.*;
public class e16_5c extends JFrame  implements MouseListener
{
   Canvas1 cas=new Canvas1();
   int x=0;
   e16_5c()
   {
      this.setLayout(null);
      this.setLocation(100,50); //位置
      this.setSize(300,150);     //大小
      cas.setSize(60,50);//指定一塊小畫布
      this.add(cas);
      this.addMouseListener(this);
   }
   public static void main(String args[])
   {
      e16_5c frm =new e16_5c();
      frm.setDefaultCloseOperation(EXIT_ON_CLOSE);
      frm.setVisible(true);
   }
   public void actionPerformed(ActionEvent e)
   {
      System.exit(0);
   }

   public void mouseClicked(MouseEvent e)
   {
      x=x+5;
      cas.setLocation(x,50);//移動畫布
   }
   public void mouseEntered(MouseEvent e)
   {
```

```
    }
    public void mouseExited(MouseEvent e)
    {
    }
    public void mousePressed(MouseEvent e)
    {
    }
    public void mouseReleased(MouseEvent e)
    {
    }
}
 class Canvas1 extends Canvas {
    //改寫paint方法
    public void paint(Graphics g) {
       g.drawString("Good", 30, 50);
    }
}
```

自我練習

1. 請寫一程式，表單有兩個畫布，第一個畫布，畫一個怪物，且讓其依照亂數自由移動，另一個是可用鍵盤上下左右移動的精靈，若兩者重疊則得一分。

2. 請設計一個打地鼠遊戲，有十隻地鼠依照亂數竄起，使用者可用滑鼠按一下，若按到得一分，請寫程式完成。

16-6 實例探討

小畫家畫直線

小畫家繪製直線的方法如下：

(1) 按一下 " 直線 " 圖項。

(2) 移滑鼠至直線起點。

(3) 拖曳直線的位置，電腦亦全程展示拖曳的過程。

(4) 放開滑鼠左鍵時，即可完成直線的繪製。

(5) 若要繼續本條直線的繪製，則繼續往直線的第 3 點拖曳即可。

➔ 範例 16-6a

請參考以上小畫家繪製直線的操作方式，並寫程式完成。

執行結果

1. 下圖左是程式執行之初始畫面。

2. 下圖右是連續繪製的四條直線。操作方式同小畫家，拖曳的過程均可見直線，直到滿意為止，放開左鍵即可得一條直線。

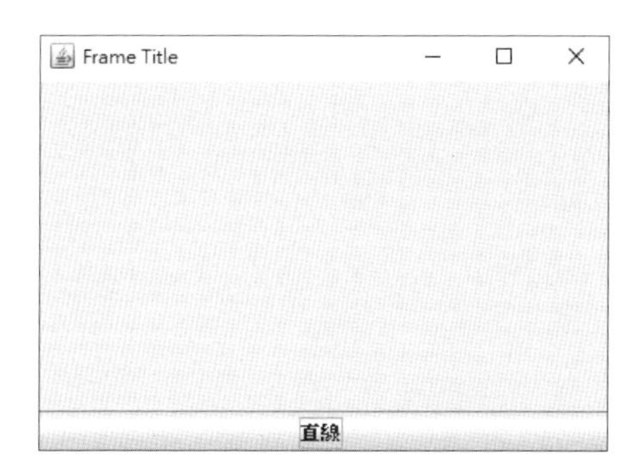

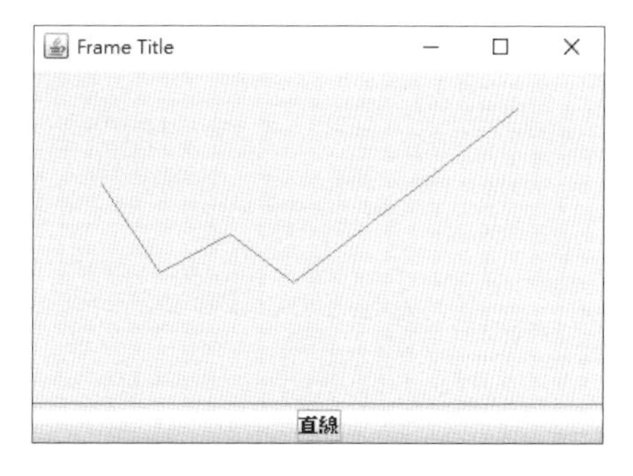

程式列印

```
import java.awt.*;
import java.awt.event.*;
import javax.swing.*;
class e16_6a extends JFrame
{
   BorderLayout borderLayout1 = new BorderLayout();
   JButton btnLine = new JButton("直線");
   boolean mp,md;    //mp mousePressed
                     //md mouseDragged
   int x1,y1;
   int xold,yold;
   Graphics g;
   Point lineStart;
   e16_6a()
   {
      Container c=getContentPane();  //取得ContentPane物件
      c.setLayout(borderLayout1);
      c.add(btnLine,BorderLayout.SOUTH);
      this.setSize(new Dimension(384, 272));
      this.setTitle("Frame Title");
      btnLine.addActionListener
                (new java.awt.event.ActionListener()
      {
         public void actionPerformed(ActionEvent e)
         {
            btnLine_actionPerformed(e);
         }
      });

      this.addMouseMotionListener
            (new java.awt.event.MouseMotionAdapter()
      {
         public void mouseDragged(MouseEvent e)
         {
            this_mouseDragged(e);
```

```
        }
    });

    this.addMouseListener(new java.awt.event.MouseAdapter()
    {
        public void mousePressed(MouseEvent e)
        {
            this_mousePressed(e);
        }
    });
}
public static void main(String args[])
{
    e16_6a frm =new e16_6a();
    frm.setDefaultCloseOperation(EXIT_ON_CLOSE);
    frm.setVisible(true);
}

void btnLine_actionPerformed(ActionEvent e)
{
   g=getGraphics();
    mp=false;
    md=false;
}
void this_mousePressed(MouseEvent e)
{
    mp=true;
    lineStart=e.getPoint();    //記錄畫直線起點
}

void this_mouseDragged(MouseEvent e)
{
   //假如是第一次進入，則直接畫一直線
    if (mp & !md)
    {
      g.setColor(Color.red) ;
        g.drawLine(lineStart.x,lineStart.y,e.getX(),e.getY());
```

```
            xold=e.getX();
            yold=e.getY();
        }
        md=true;
        //假如是第二次以後進入,
        //先擦掉剛剛的直線,再畫一新的直線
        if (mp & md)
        {
            g.setColor(getBackground());
            g.drawLine(lineStart.x,lineStart.y,xold,yold);
               //刪除舊的線段
            g.setColor(Color.red);
            g.drawLine(lineStart.x,lineStart.y,e.getX(),e.getY());
               //畫新的線段
            xold=e.getX();
            yold=e.getY();
               //記錄繪圖終點
        }
    }
}
```

自我練習

1. 請參考小畫家繪製矩形的操作方式，並寫程式完成。
2. 請寫一個程式，可以讓使用者在表單畫多邊形，操作步驟要求如下：
   (1) 於表單點選繪製封閉多邊形、填滿色的多邊形或未封閉的多邊形。
   (2) 使用者於表單點選多邊形的點。
   (3) 按二下滑鼠左鍵，表示結束點選多邊形的點（可用 getClickCount() 判斷滑鼠是否按二下），並繪出多邊形。

習題

本章補充習題請見本書下載檔案。

17

CHAPTER

專題製作

JAVA

學習程式設計並不在於指令或輸出入元件學很多，最重要的是能將日常生活所看的應用程式也寫出來。本章略舉兩個遊戲程式做為專題製作，希望大家能自己找題目，一步一步寫出自己的應用程式，能讓自己悸動與雀耀。

17-1 十點半遊戲之製作

專題學生：洪秉翊、洪鈺婷
指導老師：洪國勝
海青工商資訊科

摘要

十點半遊戲是一種家喻戶曉的紙牌遊戲，遊戲方式是每人先發一張牌，再決定是否補牌，只要點數不超過十點半就可補牌，玩家與莊家都至多有五次補牌機會，由點數較多者獲勝，點數相同亦是莊家贏，玩家若先獲得『十點半』或『五小』則可先獲得雙倍賭金。學了一學年的程式設計，包含了基本輸出入、決策、迴圈、陣列、程序、數值、字串、時間、輸出入元件與繪圖等處理，老師一再強調，程式設計乃是一協助處理日常生活與課業的工具，乃興起使用 Java 設計一個程式，讓玩者可以與電腦玩這一遊戲。

專題原理

1. 樸克牌編碼：分別以 0 到 51 代表樸克牌的 52 張牌，0 表示 1C，1 表示 1D，2 表示 1H，3 表示 1S，依此類推，如下表以 a 陣列表示。

2. 樸克牌的解碼：分別以 g0.jpg 表示 1C，g1.jpg 表示 1D，g2.jpg 表示 1H，g3.jpg 表示 1S，依此類推，如下表以 d 陣列表示。

3. 每張牌的點數：紙牌的 1 到 10 的點數即為牌面大小，J、Q、K 僅為半點，如下表以 p 陣列表示。

牌面	1C	1D	1H	1S	2C	2D	2H	2S
a陣列，編碼	0	1	2	3	4	5	6	7
d陣列，圖片	g0.jpg	g1.jpg	g2.jpg	g3.jpg	g4.jpg	g5.jpg	g6.jpg	g7.jpg
p陣列，點數	1	1	1	1	2	2	2	2
中間 3C 到 JS 略								
牌面	QC	QD	QH	QS	KC	KD	KH	KS
a陣列，編碼	44	45	46	47	48	49	50	51
d陣列，圖片	g44.jpg	g45.jpg	g46.jpg	g47.jpg	g48.jpg	g49.jpg	g50.jpg	g51.jpg
p陣列，點數	0.5	0.5	0.5	0.5	0.5	0.5	0.5	0.5

4. 圖片的顯示：預留 10 個 JLabel，顯示牌面。(兩個人，含第一張牌與後續補牌至多 10 張)

```
JPanel pan1=new JPanel();
this.add(pan1,BorderLayout.CENTER);
GridLayout lay1=new GridLayout(2,1);//(r,c)控制項間沒有間距
pan1.setLayout(lay1);
lbl=new JLabel[10];
for (int i=0;i<=9;i++) {
    lbl[i]=new JLabel();
    //lbl[i].addMouseListener(this);
    pan1.add(lbl[i]);
}
```

5. 下圖是事先準備的圖檔。

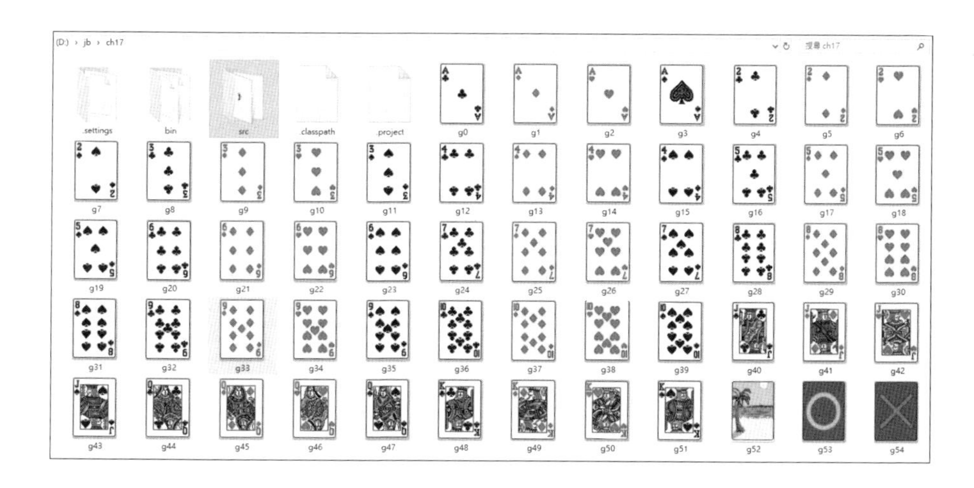

專題成果

1. 下圖是程式執行初始畫面。

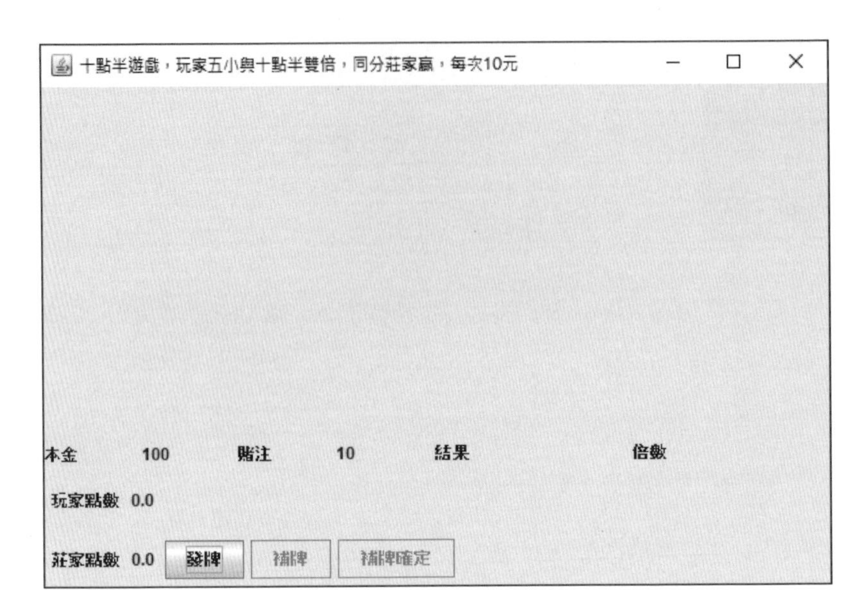

2. 下圖是按一下『發牌』的畫面。

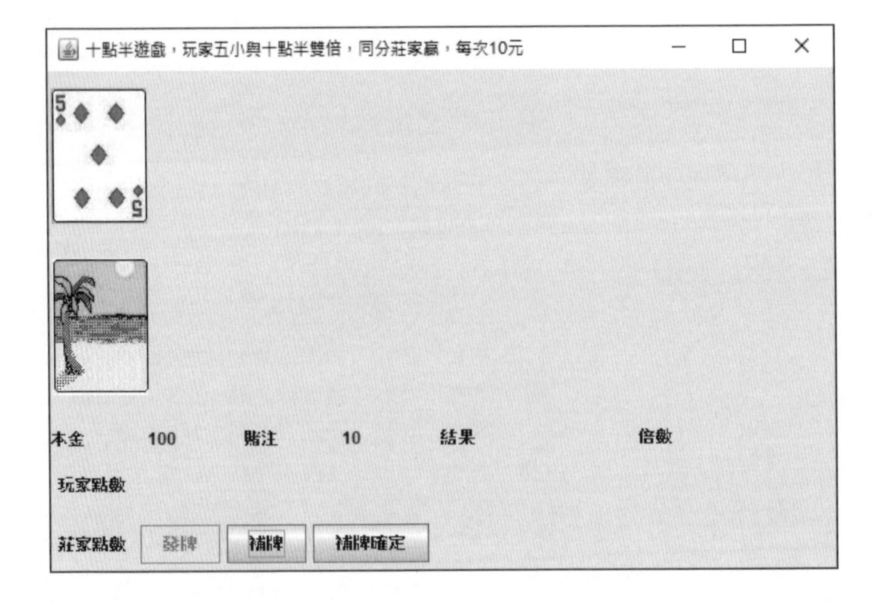

3. 下圖是按一下『補牌』的畫面，玩家超過十點半，爆了，本金已被扣走。

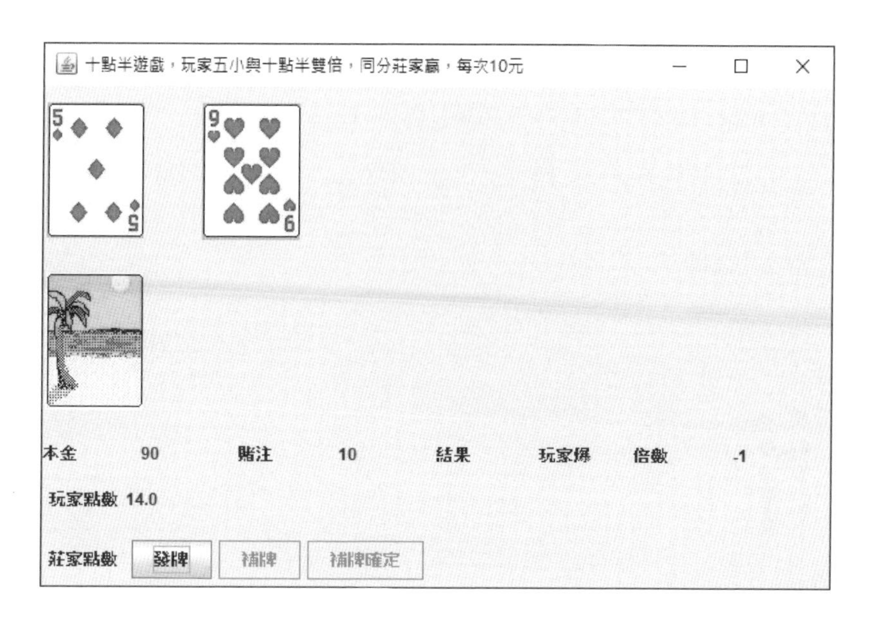

4. 下圖是玩家十點半，馬上可拿到雙倍賭金。(『五小』也是一樣，補了四張竟然沒有爆，稱為『五小』)

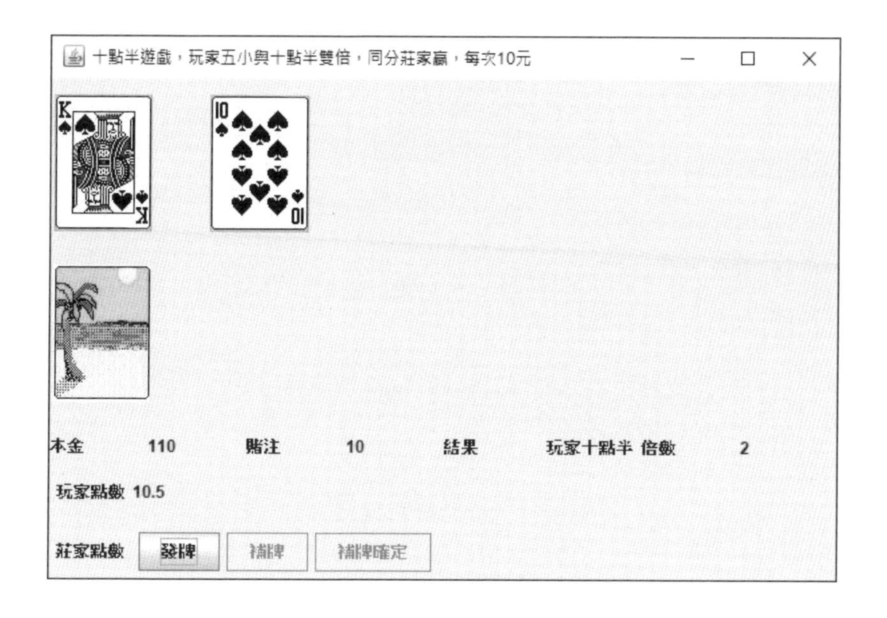

5. 下圖是莊家『五小』的畫面，莊家由人工智慧自動補牌，補牌的條件本例設定如下：

(1) 點數和小於玩家補牌的累計點數

(2) 莊家點數和小於 6

(3) 莊家全部張數小於 4

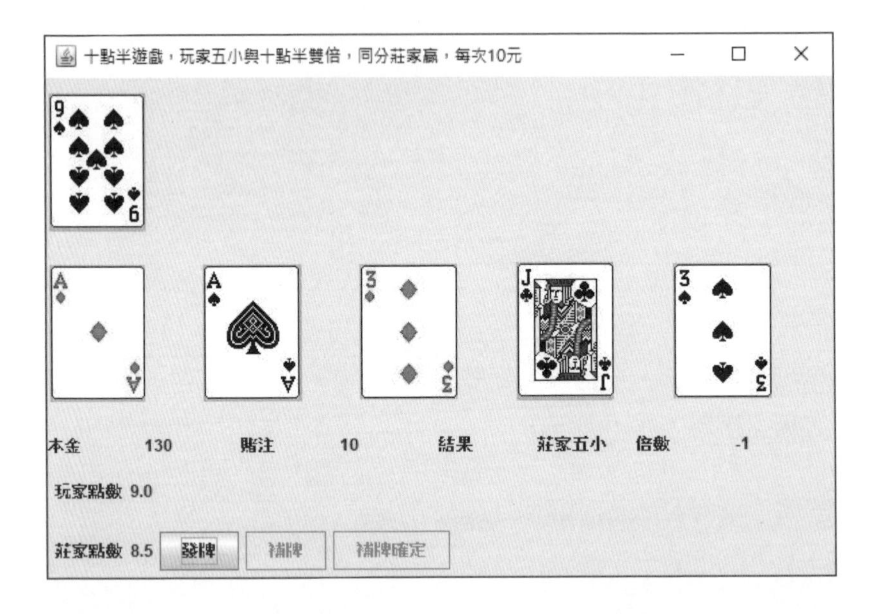

程式列印

```
import java.awt.*;
import java.awt.event.*;
import javax.swing.*;
public class e17_1a extends JFrame implements ActionListener
{
   JButton btnstart = new JButton("發牌");
   JButton btnadd = new JButton("補牌");
   JButton btnok = new JButton("補牌確定");
   Graphics g;
   Toolkit toolkit;
```

```
Image img1,img2;
Icon icon;
JLabel lbl[];
String[] d = new String[53]; // 牌面解碼
int[] a = new int[52]; // 牌面編碼
int j; // 紙牌序號
float p1=0, p2=0; // 玩家、莊家點數
float [] p ={1, 1, 1, 1, 2, 2, 2, 2, 3, 3, 3, 3, 4, 4, 4, 4, 5,
   5, 5, 5, 6, 6, 6, 6, 7, 7, 7, 7, 8, 8, 8, 8, 9, 9, 9, 9, 10, 10,
   10, 10, 0.5f, 0.5f, 0.5f, 0.5f, 0.5f, 0.5f, 0.5f, 0.5f, 0.5f,
   0.5f, 0.5f, 0.5f}; // 每一張牌面的點數
int rate;// 倍數
int money; // 本金餘額
int money1 = 10; // 每次賭注
JLabel lbl1=new JLabel("本金");
JLabel lbl2=new JLabel();
JLabel lbl3=new JLabel("賭注");
JLabel lbl4=new JLabel();
JLabel lbl5=new JLabel("結果");
JLabel lbl6=new JLabel();
JLabel lbl7=new JLabel("倍數");
JLabel lbl8=new JLabel();
JLabel lbl9=new JLabel("玩家點數");
JLabel lbl10=new JLabel(" 0.0 ");
JLabel lbl11=new JLabel("莊家點數");
JLabel lbl12=new JLabel(" 0.0 ");
public e17_1a()
{
   this.setLocation(100,50); //位置
   this.setSize(600,400);     //大小w,h
   this.setTitle("十點半遊戲，玩家五小與十點半雙倍，同分莊家贏，
     每次10元"); //標題
   BorderLayout lay=new BorderLayout();
   this.setLayout(lay);
   JPanel pan1=new JPanel();
   this.add(pan1,BorderLayout.CENTER);
```

```
GridLayout lay1=new GridLayout(2,1);//(r,c)控制項間沒有間距
pan1.setLayout(lay1);
lbl=new JLabel[10];
for (int i=0;i<=9;i++) {
 lbl[i]=new JLabel();
 //lbl[i].addMouseListener(this);//這樣元件就有事件處理能力
 pan1.add(lbl[i]);
}
lbl2.setText("100");
lbl4.setText("10");
JPanel pan2=new JPanel();
this.add(pan2,BorderLayout.SOUTH);
GridLayout lay2=new GridLayout(3,1);//(r,c)控制項間沒有間距
pan2.setLayout(lay2);
JPanel pan3=new JPanel();
JPanel pan4=new JPanel();
JPanel pan5=new JPanel();
pan2.add(pan3);
pan2.add(pan4);
pan2.add(pan5);
GridLayout lay3=new GridLayout(1,6);//(r,c)控制項間沒有間距
pan3.setLayout(lay3);
pan3.add(lbl1);
pan3.add(lbl2);
pan3.add(lbl3);
pan3.add(lbl4);
pan3.add(lbl5);
pan3.add(lbl6);
pan3.add(lbl7);
pan3.add(lbl8);
FlowLayout lay4=new FlowLayout(FlowLayout.LEFT);
  //(r,c)控制項間沒有間距
pan4.setLayout(lay4);
pan4.add(lbl9);
pan4.add(lbl10);
FlowLayout lay5=new FlowLayout(FlowLayout.LEFT);
```

```
      //(r,c)控制項間沒有間距
    pan5.setLayout(lay5);
    pan5.add(lbl11);
    pan5.add(lbl12);
    pan5.add(btnstart);
    pan5.add(btnadd);
    pan5.add(btnok);
    toolkit=Toolkit.getDefaultToolkit();
    btnstart.addActionListener(this);  //加入事件
    btnadd.addActionListener(this);    //加入事件
    btnok.addActionListener(this);     //加入事件
    btnadd.setEnabled(false); //先除能
    btnok.setEnabled(false);  //先除能
    for(int i=0;i<=52;i++)
      //d[i]="g"+String.valueOf(i)+".jpg";
      d[i]="g"+Integer.toString(i)+".jpg";
  }
  public static void main(String args[])
  {
    e17_1a frm =new e17_1a();
    frm.setDefaultCloseOperation(EXIT_ON_CLOSE);
    frm.setVisible(true);
  }
  public void actionPerformed(ActionEvent e)
  {
     if (e.getSource()==btnstart)
      btnstart();
     else
      if(e.getSource()==btnadd)
        btnadd();
      else
        btnok();
  }
  public void btnstart() {
    int i,t,k;
    //設定排面初值
```

```
      for(i=0;i<=51;i++)
         a[i]=i;
      //洗牌
      for (i=0 ;i<=51;i++)
      {
         k=(int)(Math.floor(Math.random()*52));
         t=a[i];a[i]=a[k];a[k]=t;
      }
      //顯示玩家牌面
     icon=new ImageIcon(d[a[0]]);
     lbl[0].setIcon(icon);
     //顯示莊家牌面,此時還蓋著
     icon=new ImageIcon(d[52]);
     lbl[5].setIcon(icon);
     p1=p[a[0]];
     j=1;//發牌序號
     btnstart.setEnabled(false);
     btnadd.setEnabled(true);
     btnok.setEnabled(true);
     //清除上次牌面
     for ( i=1;i<=4;i++){
        icon=new ImageIcon("");
          lbl[i].setIcon(icon);
    }
     for ( i=6;i<=9;i++){
      icon=new ImageIcon("");
        lbl[i].setIcon(icon);
      }
     lbl6.setText("");
     lbl8.setText("");
     lbl10.setText("");
     lbl12.setText("");
  }
  public void btnadd() {
    j++;//發牌序號
    String type="";
```

```
    boolean gameover=false;
    //顯示牌面
    icon=new ImageIcon(d[a[j]]);
      lbl[j-1].setIcon(icon);
      p1 = p1 + p[a[j]];// 玩家點數累計
      lbl10.setText(Float.toString(p1));
      rate = 0 ;
      if (p1 > 10.5)    {
       type = " 玩家爆";
       rate = -1;
       gameover = true ;
      }
      else if (p1 == 10.5)      {
       rate = 2;
       type = " 玩家十點半";
       gameover = true;
      }
      else if (j == 5)      {
       rate = 2;
       type = " 玩家五小";
       gameover = true;
      }
      if (gameover)    {
       money = Integer.parseInt(lbl2.getText());
       money = money + money1 * rate;
       lbl2.setText(Integer.toString(money));
       lbl6.setText( type);
       lbl8.setText(Integer.toString(rate));
       btnstart.setEnabled( true); //發牌
       btnadd.setEnabled( false);  //補牌
       btnok.setEnabled(false);    //補牌確定
      }
  }
  public void btnok() {
    String type=" 莊家贏";
    rate = -1;
```

```
// 打開莊家的牌
icon=new ImageIcon(d[a[1]]);
 lbl[5].setIcon(icon);
p2 = p[a[1]]; // 莊家累計點數
lbl12.setText(Float.toString(p2));
int k = 1;
p1 = p1 - p[a[0]]; //p1 目前是玩家補牌的累計點數
// 莊家補牌的條件為
//1、點數和小於玩家補牌的累計點數
//2、莊家點數和小於 6
//3、莊家全部張數小於 4
while (((p2 < p1) || (p2 < 6)) && k <= 4)
{
  j++ ;
  k++; // 莊家紙牌數目
  p2 = p2 + p[a[j]];
  icon=new ImageIcon(d[a[j]]);
    lbl[k+4].setIcon(icon);
}
p1 = p1 + p[a[0]];
if (p2 >10.5)       {
  rate = 1 ;
  type = " 莊家爆" ;
}
else
if (k==5)      {
  rate = -1 ;
  type = "莊家五小";
  }
else
  if (p1 > p2)       {
    rate = 1 ;
    type = " 玩家贏" ;
  }
 // 計算本金餘額
 money = Integer.parseInt(lbl2.getText());
```

```
            money = money + money1 * rate;
            lbl2.setText(Integer.toString(money));
            lbl6.setText( type);
            lbl8.setText(Integer.toString(rate));
            lbl10.setText(Float.toString(p1));
            lbl12.setText(Float.toString(p2));
            btnstart.setEnabled( true); // 發牌
            btnadd.setEnabled( false); // 補牌
            btnok.setEnabled(false); // 補牌確定
        }
    }
```

心得與討論

1. 關於圖片的顯示，我們本來想用 drawImage 方法，程式如下，

```
g=getGraphics();
img2=toolkit.getImage("g12.jpg");//死的沒問題
g.drawImage(img2, 30,300,80,130,this);//(img,x,y,w,h)
```

這樣沒有問題，但是圖檔名稱轉為變數，本例是 d[a[0]]，程式如下，卻出現不穩定（圖片不一定出現），

```
g=getGraphics();
img1=toolkit.getImage(d[a[0]]);//有問題
System.out.println(a[0]);
System.out.println(d[a[0]]);
g.drawImage(img1, 30,50,80,130,this);//(img,x,y,w,h)
```

所以，我們改用動態 JLabelc 物件，顯示圖片。

2. 本專題目前已經結合人工智慧完成人與電腦對弈的十點半紙牌遊戲，將來亦可擴充為網路版的遊戲程式或撿紅點遊戲。

17-2 梭哈遊戲

梭哈遊戲之製作

專題學生：洪鈺婷、陳雅玲
指導老師：洪國勝
海青工商資訊科

摘要

有一天路過一家便利商店，看到有人於電動遊戲台玩梭哈遊戲，遊戲內容大致如下：每次電腦自動發 5 張樸克牌，玩者可任意更換任一張牌，其方法是將那些不要的牌蓋起來，待全部確定之後，按一下『確定』鈕，即可重新補牌。然後，電腦依據梭哈遊戲規則，制訂一些賠率。例如，同花大順是 250 倍，同花順是 50 倍，鐵枝是 50 倍，葫蘆是 9 倍，同花是 6 倍，順子是 4 倍，三條是 3 倍，兩對是 2 倍，一對是 1 倍。學了一學年的程式設計之後，乃興起使用 Java 設計一個程式，讓玩者可以於電腦玩這一遊戲，而因為這個遊戲類似梭哈遊戲，所以將此專題訂為梭哈遊戲之製作。

專題原理

1. 使用 a 陣列記錄莊家的 52 張樸克牌。

2. 樸克牌編碼：將 52 張樸克牌分別以 0 到 51 編號，0 代表 1c(one Club)，1 代表 1d(one Diamon)，3 代表 1h(One Heart)，4 代表 1s(One Spade)，5 代表 2c，51 代表 ks，依此類推。

3. 樸克牌的顯示：準備 53 張圖片，g0.jpg~g51.jpg，同上一專題，分別是 52 張牌面，g52.jpg 則代表蓋起來的圖片。

4. 使用 b2 陣列紀錄 5 張牌出現的點數，b1 陣列紀錄出現的點數的數量 ,b3 陣列紀錄每種花色的數量。例如，若拿到的 5 張牌分別是 3d、7c、7s、10h、13h，則 b1、b2 陣列分別如下：

	索引	0	1	2	3	4	5	6	7	8	9	10	11	12
b2	出現的點數			3				7			10			13
b1	每點的數量			1				2			1			1

b3 陣列如右：

索引	0	1	2	3
花色	c	d	h	s
每一花色的數量	1	1	2	1

5. b1 與 b2 陣列同時依照每一點出現的數量 (b1) 由大而小排序，所以 b1、b2 陣列如下：

	索引	0	1	2	3	4	5	6	7	8	9	10	11	12
b2	出現的點數	7	3	10	13									
b1	每點的數量	2	1	1	1									

6. 判斷是否同花：若 b3 陣列有任一花色的數量為 5，則為同花。例如，3c、7c、9c、11c、13c，那 b3(0)=5，所以可逐一檢查任一索引的值是否為 5, 判斷是否同花。(本例 same_color 為 true)

7. 判斷是否為順或大順：

A. 構成順的首要條件是 b1 陣列索引 0 到 4 均要為 1。

B. 1 (ACE) 有兩種身份，分別是 0 與 13，若為 13 則為大順。

C. 1 先以 1 考慮。

D. 將 b2 陣列前 5 筆資料由小而大排序。例如，1h 2c 3d 4h 5h，則 b1、b2 陣列分別如下：

	索引	0	1	2	3	4	5	6	7	8	9	10	11	12
b2	出現的點數	1	2	3	4	5								
b1	每點的數量	1	1	1	1	1								

b3 陣列不變如下：

索引	0	1	2	3
花色	c	d	h	s
每一花色的數量	1	1	3	0

E. 若 b2 陣列的內容兩兩相減，其差均為 1，則我們肯定其為順。(本例 straight 為 true)

F. 1 再以 13 考慮，此時僅只要判斷 b2(0)、b2(1)、b2(2)、b2(3)、b2(4) 是否同時為 0，9，10，11，12，此即為大順。(本例 biger 為 true 且 straight 為 true)

8. 判斷是否鐵支。因為 b1 陣列已經由大而小排序，所以只要 b1(0)=4 則為鐵支。

```
if (b1[0] == 4) {
    cardType = "鐵支";
    cardRate = 25;
}
```

9. 判斷是否葫蘆。因為 b1 陣列已經由大而小排序，所以只要 b1(0) = 3 And b1(1) = 2 則為葫蘆。

```
if (b1[0]==3 & b1[1]==2)  {
    cardType = " 葫蘆";
    cardRate = 9;
}
```

10. 判斷是否三條。

```
if (b1[0] == 3 & b1[1] == 1){
    cardType = " 三條";
    cardRate = 3;
}
```

11. 判斷是否 Two Pair。

```
if (b1[0] == 2 & b1[1] == 2){
    cardType = "Two Pair";
    cardRate = 4;
}
```

12. 判斷是否 One Pair。

```
if (b1[0] == 2 )        {
    cardType = "One Pair";
    cardRate = 1;
}
```

專題成果

1. 下圖是程式執行初始畫面。

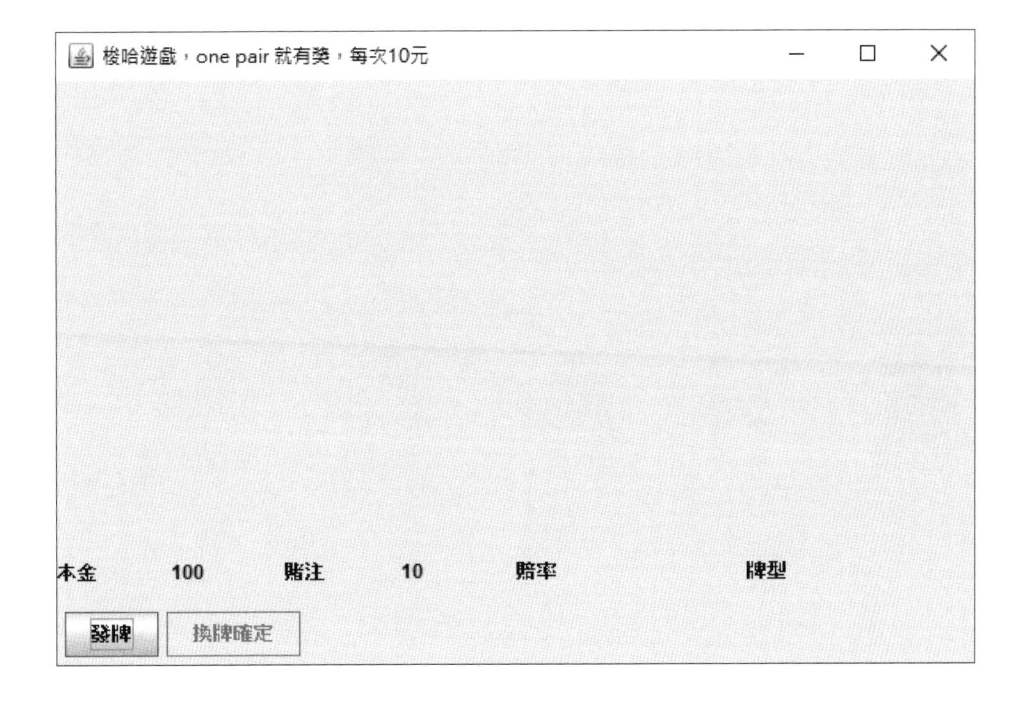

2. 下圖是按一下『發牌』的畫面。

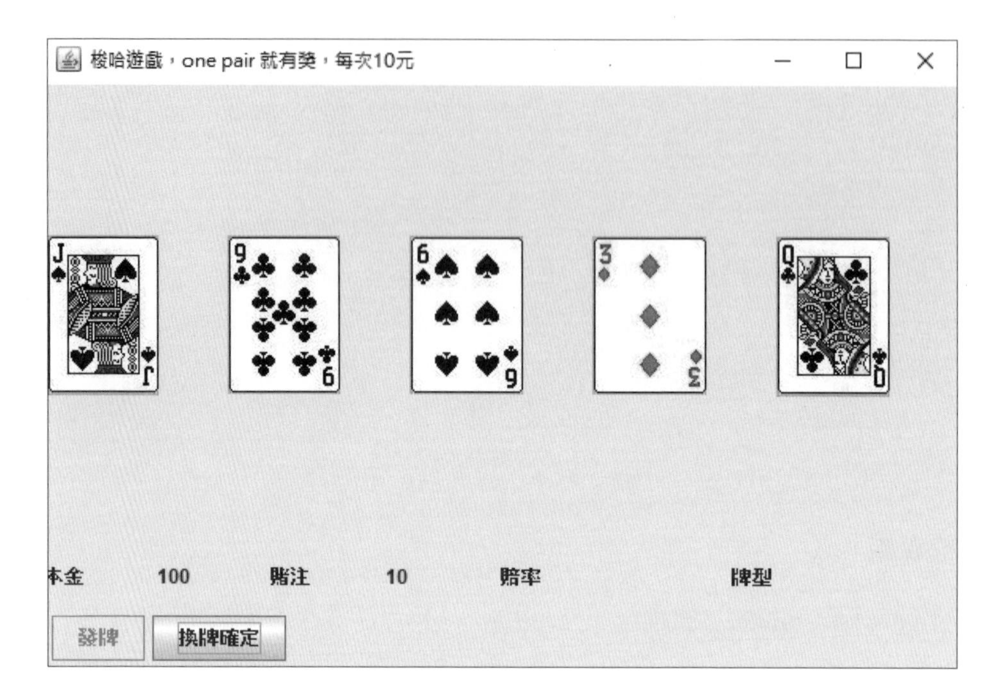

3. 不要的牌可直接按一下，畫面如下圖。

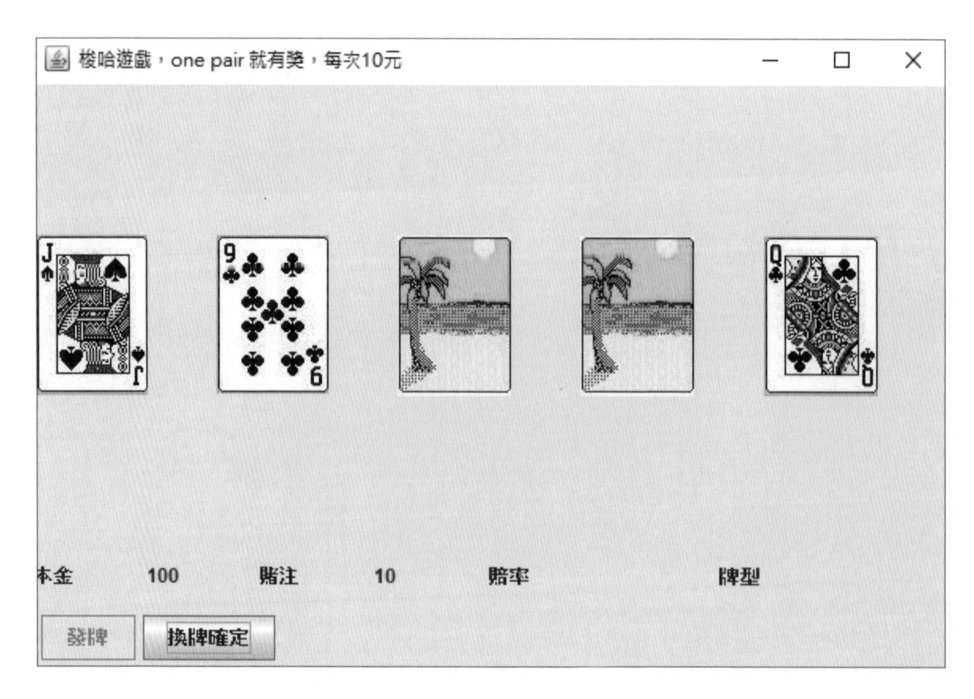

4. 下圖是按一下『換牌確定』的畫面，沒有牌型，10 元被沒入。

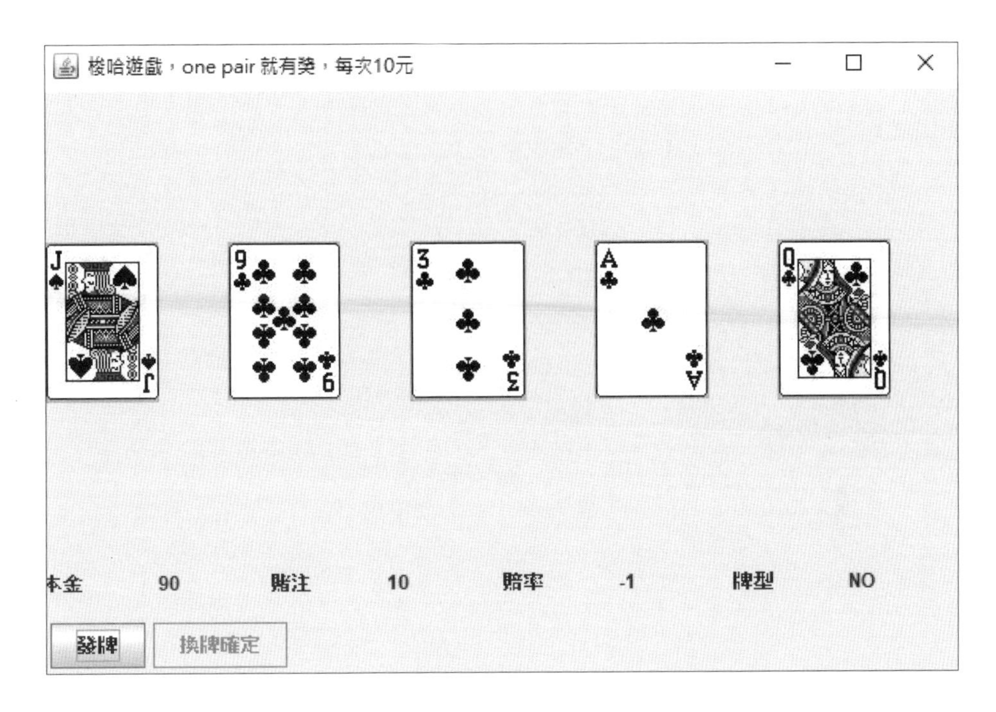

程式列印

```
import java.awt.*;
import java.awt.event.*;
import javax.swing.*;
public class e17 _ 2a extends JFrame implements
    ActionListener,MouseListener
{
    JButton btnstart = new JButton("發牌");
    JButton btnok = new JButton("換牌確定");
    Graphics g;
    Icon icon;
    JLabel lbl[];
    String[] d = new String[53]; // 牌面解碼
    int[] a = new int[52]; // 牌面編碼
    boolean []cover=new boolean[5];
    int index;
```

```
JLabel lbl1=new JLabel("本金");
JLabel lbl2=new JLabel("100");
JLabel lbl3=new JLabel("賭注");
JLabel lbl4=new JLabel("10");
JLabel lbl5=new JLabel("賠率");
JLabel lbl6=new JLabel();
JLabel lbl7=new JLabel("牌型");
JLabel lbl8=new JLabel();

public e17 _ 2a()
{
  this.setLocation(100,50); //位置
  this.setSize(600,400);     //大小w,h
  this.setTitle("梭哈遊戲,one pair 就有獎,每次10元"); //標題

  BorderLayout lay=new BorderLayout();
  this.setLayout(lay);
  JPanel pan1=new JPanel();
  this.add(pan1,BorderLayout.CENTER);
  GridLayout lay1=new GridLayout(1,5);//(r,c)控制項間沒有間距
  pan1.setLayout(lay1);
  lbl=new JLabel[5];
  for (int i=0;i<=4;i++) {
   lbl[i]=new JLabel();
   lbl[i].addMouseListener(this);
   pan1.add(lbl[i]);
  }

  JPanel pan2=new JPanel();
  this.add(pan2,BorderLayout.SOUTH);
  GridLayout lay2=new GridLayout(2,1);//(r,c)控制項間沒有間距
  pan2.setLayout(lay2);
  JPanel pan3=new JPanel();
  JPanel pan4=new JPanel();
  pan2.add(pan3);
```

```
    pan2.add(pan4);

    GridLayout lay3=new GridLayout(1,6);//(r,c)控制項間沒有間距
    pan3.setLayout(lay3);
    pan3.add(lbl1);
    pan3.add(lbl2);
    pan3.add(lbl3);
    pan3.add(lbl4);
    pan3.add(lbl5);
    pan3.add(lbl6);
    pan3.add(lbl7);
    pan3.add(lbl8);

    FlowLayout lay4=new FlowLayout(FlowLayout.LEFT);
      //(r,c)控制項間沒有間距
    pan4.setLayout(lay4);
    pan4.add(btnstart);
    pan4.add(btnok);

    btnstart.addActionListener(this);  //加入事件
    btnok.addActionListener(this);  //加入事件
    btnok.setEnabled(false);//先除能
    for(int i=0;i<=52;i++)
      d[i]="g"+Integer.toString(i)+".jpg";
  }
  public static void main(String args[])
  {
    e17_2a frm =new e17_2a();
    frm.setDefaultCloseOperation(EXIT_ON_CLOSE);
    frm.setVisible(true);
   }
  public void actionPerformed(ActionEvent e)
  {
    if (e.getSource()==btnstart)
      btnstart();
```

```
    else
      btnok();
  }
  public void btnstart() {
    int i,t,p;
    //設定排面初值
      for(i=0;i<=51;i++)
         a[i]=i;
      //洗牌
      for (i=0 ;i<=51;i++)
      {
         p=(int)(Math.floor(Math.random()*52));
         t=a[i];a[i]=a[p];a[p]=t;
      }
      //顯示牌面
      for (i=0;i<=4;i++) {
       icon=new ImageIcon(d[a[i]]);
       lbl[i].setIcon(icon);
       cover[i]=false;
      }
      btnstart.setEnabled(false);
      btnok.setEnabled(true);
  }
  //打開的蓋起來,蓋起來的打開
  public void mouseClicked(MouseEvent e)
  {
      for (int i=0 ;i<=4;i++)
        if (e.getSource()==lbl[i]) {
         index=i;
         if (cover[index]) {
           icon=new ImageIcon(d[a[index]]);
           lbl[index].setIcon(icon);
           cover[index]=false;
         }
         else {
```

```
            icon=new ImageIcon(d[52]);
            lbl[index].setIcon(icon);
            cover[index]=true;
          }
        }
      }
      public void mouseEntered(MouseEvent e)
      {
      }
      public void mouseExited(MouseEvent e)
      {
      }
      public void mousePressed(MouseEvent e)
      {
      }
      public void mouseReleased(MouseEvent e)
      {
      }
      public void btnok() {
        int[] b1 = new int[13];
        int[] b2 = new int[13];
        int[] b3 = new int[4];
        int i;
        int j=5;//莊家代發紙牌序號
        int cardRate = -1;
        String cardType = "NO";
        int point, color = 0;
        boolean same _ color = false;
        boolean biger = false;
        // 定義4 種花色的名稱
        String []f = new String[4];
        f[0] = "Club"; f[1] = "Diamond"; f[2] = "Heart"; f[3] = "Spade";
        // 逐一檢查每一張牌，若是蓋起來，表示此張牌要換，並從莊家的牌第 5 張
          起，逐一替換
        for (i = 0; i <= 4; i++)
```

```
      if (cover[i])   {
        a[i] = a[j];
        j++ ;
      }
    // 測試資料
    // 同花大順
    //a[0] = 0; a[1] = 36; a[2] = 40; a[3] = 48; a[4] = 44;
    // 同花順
    //a[0] = 0; a[1] = 12; a[2] = 4; a[3] = 16; a[4] = 8;
    // 同花
    //a[0] = 37; a[1] = 45; a[2] = 5; a[3] = 33; a[4] = 13;
    // 順
    // a[0] = 21; a[1] = 24; a[2] = 16; a[3] = 12; a[4] = 8;
    // 葫蘆
    //a[0] = 6; a[1] = 33; a[2] = 7; a[3] = 34; a[4] = 35;
    // 鐵支
    //a[0] = 8; a[1] = 33; a[2] = 9; a[3] = 11; a[4] = 10;
    // 三條
    //a[0] = 8; a[1] = 33; a[2] = 7; a[3] = 34; a[4] = 35;
    //Two Pair
    //a[0] = 6; a[1] = 33; a[2] = 7; a[3] = 34; a[4] = 0;
    // 一對
    //a[0] = 8; a[1] = 33; a[2] = 7; a[3] = 34; a[4] = 51;
    // 將更換的牌翻開
    for (i=0;i<=4;i++) {
        icon=new ImageIcon(d[a[i]]);
        lbl[i].setIcon(icon);
        cover[i]=false;
      }
    for (i = 0; i <= 12; i++)         {
      b1[i] = 0;
      b2[i] = 0;
    }
    for (i = 0; i <= 3; i++)
      b3[i] = 0;
```

```
    // 紀錄5 張牌出現的點數.出現點數的數量.每種花色的數量
    for (i = 0; i <= 4; i++)        {
      color =(byte) a[i] % 4; // 花色
      point = (int) (a[i] / 4) ; // 點數
      b1[point] = b1[point] + 1; // 每一點數的張數
      b2[point] = point; // 點數
      b3[color] = b3[color] + 1; // 每一種花色的數量
  }
  // 依照每一點出現的數量由大而小排序
  for (i = 0; i <= 11; i++)
    for (j = 0; j <= 11-i ;j++ )
      if (b1[j] < b1[j + 1])       {
        int t;
        t = b1[j]; b1[j] = b1[j + 1]; b1[j + 1] = t;
        t = b2[j]; b2[j] = b2[j + 1]; b2[j + 1] = t;
      }
  // 檢查是否同花
  same _ color = false;
  for (i=0; i <= 3; i++)
    if (b3[i] == 5)
      same _ color = true;
  // 檢查是否為順或大順
  boolean straight;
  straight =false ;
  biger = false;
  if ((b1[0] == 1) & (b1[1] == 1) & (b1[2] == 1) & (b1[3] == 1) &
   (b1[4] == 1))       {
    // 將b2 陣列前5 張，由大而小排列
    for (i = 0; i <= 3; i++)
      for (j = 0; j <= 3 - i;j++ )
        if (b2[j] > b2[j + 1])       {
          int t;
          t = b2[j]; b2[j] = b2[j + 1]; b2[j + 1] = t;
        }
  // 順
```

```
if ((b2[4] - b2[3]) == 1 & (b2[3] - b2[2]) == 1 & (b2[2]- b2[1])
  == 1 & (b2[1] - b2[0]) == 1)
  straight = true;
else
// 大順
  if (b2[0] == 0 & b2[1] == 9 & b2[2] == 10    & b2[3] == 11 &
    b2[4] == 12) {
    biger = true;
    straight = true;
  }
}
if (straight & same _ color & biger)    {
  cardType = f[color] + "同花大順";
  cardRate = 250;
}
else if (straight & same _ color)       {
  cardType = f[color] + "同花順";
  cardRate = 50;
}
else if (same _ color) {
  cardType = f[color] + "同花";
  cardRate = 4;
}
else if (straight)   {
  cardType = " 順子";
  cardRate = 6;
}
else if (b1[0] == 4) {
  cardType = "鐵支";
  cardRate = 25;
}
else if (b1[0]==3 & b1[1]==2)      {
  cardType = " 葫蘆";
  cardRate = 9;
}
else if (b1[0] == 3 & b1[1] == 1){
```

```
            cardType = " 三條";
            cardRate = 3;
            }
          else if (b1[0] == 2 & b1[1] == 2){
            cardType = "Two Pair";
            cardRate = 4;
          }
          else if (b1[0] == 2 )              {
            cardType = "One Pair";
            cardRate = 1;
          }
          int money=Integer.parseInt(lbl2.getText());
          money=money+cardRate*10;
          lbl2.setText(Integer.toString(money));
           lbl6.setText(Integer.toString(cardRate));
           lbl8.setText(cardType);
           btnstart.setEnabled( true); // 發牌
           btnok.setEnabled(false); // 補牌確定
        }
    }
```

結論

『本專題已經成功的完成單人玩的梭哈遊戲，使我們雀躍萬分，久久不能成眠，更確定我將來要走軟體工程的研究路線。更要感謝洪老師一路相隨，遇到問題都無怨無悔的指導與除錯。所以專題的結束，並不代表學習的中斷，而是激發我們發展更多的遊戲程式。例如，開發兩人對玩或與電腦對玩的梭哈程式，學習網路元件，開發網路版的梭哈遊戲等，期望將來能得到更多的樂趣與成就。』

17-3 參考專題

Java 還可以實作超級記憶卡（也稱釣魚）、時鐘程式、梭哈，十三支、撿紅點等遊戲，這些專題的實作內容請見書附範例。

17-4 何處有題目可增加程式設計功力

學習程式設計最需要不斷做題目，這樣功力才會增強。筆者曾任教高職，每年幾乎都指導選手參加程式設計比賽，所以本書範例中的『程式設計競賽試題』資料夾，亦蒐集職業學校工商科程式設計競賽試題、高中資訊能力檢定試題（簡稱 APCS），這些題目解說與測試資料都非常完整，有的還有演算法或用途。所以非常適合讀者仔細觀摩與實作，部分年代的試題解析可參考本人著作『Visual Basic 2017 程式設計（台科大）』與『高中程式設計與 APCS 先修檢測（台科大），最新試題請自行查閱相關競賽官網，職業學校技藝競賽官網是（http://sci.me.ntnu.edu.tw/）；APCS 官網是（https://apcs.csie.ntnu.edu.tw/index.php）。

旗標 FLAG

好書能增進知識　提高學習效率　卓越的品質是旗標的信念與堅持

旗 標 FLAG
http://www.flag.com.tw